含章
图鉴系列

阅读图文之美 / 优享快乐生活

U0178538

鸟图鉴

壹号图编辑部　编著

江苏凤凰科学技术出版社 · 南京

图书在版编目（CIP）数据

鸟图鉴 / 壹号图编辑部编著. — 南京 : 江苏凤凰
科学技术出版社, 2017.4（2022.5 重印）
（含章·图鉴系列）
ISBN 978-7-5537-7322-3

Ⅰ. ①鸟… Ⅱ. ①壹… Ⅲ. ①鸟类 – 图集 Ⅳ.
①Q959.7-64

中国版本图书馆CIP数据核字(2016)第246665号

含章·图鉴系列

鸟图鉴

编　　　著	壹号图编辑部	
责 任 编 辑	汤景清　倪　敏	
责 任 校 对	仲　敏	
责 任 监 制	方　晨	

出 版 发 行	江苏凤凰科学技术出版社
出版社地址	南京市湖南路 1 号 A 楼，邮编：210009
出版社网址	http://www.pspress.cn
印　　　刷	天津丰富彩艺印刷有限公司

开　　　本	880 mm × 1 230 mm　1/32
印　　　张	8
插　　　页	1
字　　　数	300 000
版　　　次	2017年4月第1版
印　　　次	2022年5月第4次印刷

标 准 书 号	ISBN 978-7-5537-7322-3
定　　　价	45.00元

图书如有印装质量问题，可随时向我社印务部调换。

前言

鸟是自然界的精灵，它们种类繁多，千姿百态。鸟是人类的朋友，是自然生态系统的重要组成部分，因为有了鸟类，人们的生活变得更加有趣，大自然也显得更加生机勃勃。

不仅如此，鸟类在文化、科学、娱乐和经济等领域也给人类带来了各种益处。许多国家都将最爱和最有特色的鸟类选为自己的"国鸟"。在我国古诗文中也不乏鸟类的身影，不少诗人、词人曾借助鸟的形象来表达情感、寄托情怀，比如《诗经》中的"关关雎鸠，在河之洲"，唐代杜甫的"两个黄鹂鸣翠柳，一行白鹭上青天"，北宋苏轼的"拣尽寒枝不肯栖，寂寞沙洲冷"……此外，鸟类美丽的体貌、色彩斑斓的羽毛、优美的飞行姿态、婉转清脆的鸣叫，都能带给人以极大的愉悦。鸟类还曾带给人类很多启示，在启发人类智慧方面起到了很大的作用，例如根据鸟的飞行原理而发明的飞机，根据鸽子的特殊结构仿制出的地震仪，根据鹰眼的特点发明出的"电子鹰眼"等。

鸟类如此美丽、如此有趣、如此重要，引起了越来越多的关注，这本《鸟图鉴》就是专门为对鸟类感兴趣，想认识鸟、了解鸟的人打造的。本书兼有科学性、观赏性和实用性，是现代人认识鸟类、熟悉鸟类的实用指南。全书共收录了400多种鸟，包括国家级重点保护鸟类、我国特有物种以及分布区域狭窄、数量稀少的罕见种类，详细介绍每种鸟的科名、体重、别名、特征、主要分布地等方面内容，以图文并茂的形式细致描绘了鸟类各个部位的特征，为读者提供了丰富的鸟类科学知识。

本书内容丰富，插图精美，可供广大鸟类爱好者使用和收藏。打开本书，既能了解到鸟类的基本知识，又能从中收获无限乐趣。希望本书能够让越来越多的人喜欢上这些美丽的精灵，从而去体会人与自然和谐相处的奇妙，唤起保护鸟、保护大自然的意识，共同维护我们赖以生存的环境。

阅读导航

介绍鸟类的科名、别名、体重，了解鸟类的基本情况

■ 科名: 企鹅科　　体重: 20~45 千克　　别名: 帝企鹅、王企鹅

皇帝企鹅

皇帝企鹅体积庞大，身长超过 90 厘米，体重高达 50 千克，是世界上体型最大的企鹅；以海洋捕食为生，是海底猎食高手。身体脂肪较多，耐寒性高，靠着翅膀在海洋里游泳捕食，其游泳速度极快，每小时可达 6~9 千米。此类企鹅具有在冰上直立行走的特征，也可以用股部着地，靠翅膀在地面上滑行。主要是在南极冰面上群体繁殖，彼此之间用声音来辨识亲属。皇帝企鹅是一夫一妻制，每对夫妻都会在早冬时期进行交配，雌鸟在产下卵后，需去海中找食物。

黑色的头部

介绍鸟类的基本知识，包括它们的生活习性、身体特征和分布范围，让读者更容易识别和分辨

◎ 形态特征: 皇帝企鹅全身羽毛颜色主要为黑白两色，脖子下面有少许橙黄色的羽毛，呈渐变状态，越来越浅，耳朵后部颜色最重，为鲜黄橘色，喙为橙色，颈部为淡黄色，全身的色泽美丽。

◎ 主要分布: 南极和附近海域。

脖子下面有橙黄色的羽毛

脂肪厚，羽毛浓密，保暖性好

尾巴短且坚硬

说明雌鸟和雄鸟的羽色是否有差异

雌雄差异: 雌雄相似	是否迁徙: 部分迁徙	栖息地: 海洋和冰面

138 鸟图鉴

科名: 企鹅科　体重: 约 4 千克　别名: 麦氏环企鹅

麦哲伦企鹅

麦哲伦企鹅是航海家麦哲伦最早发现的，是温带企鹅中最大一个种类。麦哲伦企鹅是群居性动物，通常在水深低于 50 米的浅区觅食，食物以鱼、虾和甲壳类动物为主。雌企鹅在每年的 10 月中旬开始产蛋，一般每窝会有 2 只，每枚蛋约重 125 克。

》形态特征: 麦哲伦企鹅在企鹅中属中等身材，身高约 70 厘米左右。它们的头部大部分为黑色，胸前有两条完整的黑环图案，有一条白色的宽带，从眼后过耳朵一延伸至下颌附近，腹部为白色，脚踝呈黑色，有脚趾。

》主要分布: 南美洲阿根廷、智利和南美洲南海岸、富克兰群岛沿海。

胸前的黑环图案

鳍状的翅膀

白色的腹部

有趾的短蹼

雌雄差异: 羽色相似	是否迁徙: 迁徙	栖息地: 近海小岛、灌木或草丛

科名: 企鹅科　体重: 4.5 千克　别名: 阿黛利企鹅

阿德利企鹅

阿德利企鹅善于游泳和潜水，有一定的攻击性，其全身羽毛较厚，像动物的皮毛一样，保暖性很强。其生活在南极一带，喜欢结群生活，食物以磷虾、乌贼、海洋鱼类为主。繁殖期在南极的夏天，群体筑巢繁殖，每只鸟都会寻找原有的配偶进行繁殖。通常情况下，每一对阿德利企鹅都会哺育两只幼鸟。

》形态特征: 阿德利企鹅的眼圈为白色，嘴为黑色，嘴角有细长的羽毛，其羽毛由黑、白两色组成。它们的头部、背部、翼背面以及下颌均为黑色，其余部分呈白色，腿较短，爪为黑色。

》主要分布: 南极洲，南乔治亚岛和南桑威奇群岛。

羽毛浓密且厚，防水性强

腿较短

有蹼趾，且较肥大

雌雄差异: 雌雄相同	是否迁徙: 迁徙	栖息地: 海洋、海岸及附近岛屿

通过对鸟类身体的图解，让读者快速认识鸟类身体的各部位

介绍鸟类所栖息的自然环境、是否迁徙

全书配有高清图片，让读者能通过视觉直观地认识和欣赏鸟类

目录

金黄鹂

第一章 鸣禽

和平鸟

红胁蓝尾鸲

家八哥

第四章　涉禽

苍鹭

第五章 猛禽

红隼

栗头蜂虎

双角犀鸟

走进鸟的世界

提到鸟类，人们自然而然地想到在天空飞翔的大雁、麻雀、天鹅等。其实，鸟的种类很多，不仅有天上飞的，地上跑的，还有可以潜水游泳的，比如企鹅。全世界目前已知的鸟类有 9000 多种，中国有 1186 种。鸟对于人类的重要，不仅是因为鸟类有绚丽多彩的羽色，婉转动听的鸣叫声，还因为鸟类能够消灭害虫，为维护生态平衡做出贡献。我们周围的益鸟，包括啄木鸟、猫头鹰、燕子以及杜鹃、大山雀等，数量众多。

鸟类主要分布在热带、亚热带以及温带，中国国内的鸟类大多分布在华南、西南、中南、华东以及华北地区，大部分鸟类都是树栖生活。鸟类的食性比较复杂，可分为食虫、食肉、食鱼和食植物以及杂食性等类型。它们的消化力强，新陈代谢旺盛，因此鸟类的食量相当大，以蜂鸟为例，它每天吸食花蜜的重量和自身的体重相当。

每到春回大地之时，鸟类便开始了求爱、生殖、筑巢、孵卵和育雏等一系列的活动。众多的鸟类中，鸵鸟是体型最大的，非洲鸵鸟身高可达 2.75 米，体重可达 160 千克，鸵鸟所产下的蛋也是鸟蛋中最大的；而最小的鸟则是蜂鸟，体长只有 0.05 米，体重相当于 1 枚硬币；安第斯神鹫是世界上最凶猛的鸟类，也是世界上最大的飞禽；而最为耐寒的鸟类，恐怕要数在极地生活的企鹅了。

大部分的鸟类都善于飞翔，在这些会飞的鸟类当中，军舰鸟无疑是出色的飞行家，其体重只有 1.5 千克左右，翅展却可以达到 2 米，飞行快如闪电，捕食猎物时飞行时速最快可达 418 千米每小时，是世界上飞行速度最快的鸟，有"飞行冠军"的称号。而飞行距离最远的则是燕鸥，它们可以从南极飞到遥远的北极，全程约 1.76 万千米。此外，有些鸟类虽然可以飞行，飞行距离却不远，以双翅短小的家鸡为例，它们不能高飞，只可以飞行几十米的距离。

这个世界由于有了众多的鸟类才更加丰富多彩。假如天空不再有鸟的踪迹，我们再也听不到鸟类优美的的鸣叫声，我们该会多么寂寞啊！

鸟的分类

鸟类按形态特征和生活习性可分为鸣禽、走禽、游禽、涉禽、猛禽和攀禽。

鸣禽

鸣禽也即是雀形目的鸟类，多属中小型鸟类，是天然的歌手，大自然的精英，其种类较多，有 100 科，分布很广泛，可适应多样的生态环境，所以它们的外部形态复杂多变，彼此的差异也很明显，外形和大小都不相同，大部分为候鸟。鸣禽嘴较小，都善于鸣叫，鸣声大多婉转悦耳，羽毛华丽，脚短而强，发声器官很发达是鸣禽的共同特征。多数种类的鸣禽树栖生活，少数部分为地栖。

走禽

走禽也叫路禽、陆禽，是鸟类中善于行走或奔跑而无法飞翔的鸟类，包括鸵形目以及鸡形目的所有种类。很多走禽的翼短小，翅膀退化，失去了飞翔的能力。它们的脚长而强大，下肢比较发达，前趾和后趾可对握，适合栖息在在树枝上，嘴较短，大部分结群生活，一般在地面活动和觅食，常见的有鸵鸟、原鸡、鹌鹑等。大部分走禽种类为留鸟，只有少数种类为候鸟。

游禽

游禽包含了雁形目、企鹅目、潜鸟目、䴙䴘目、鹱形目、鹈形目和鸥形目中的所有种类，常见的有鸭、雁、天鹅等，体形相差较大。游禽喜欢在水面上游泳和潜水，它们的脚向后伸，趾间均生长着肉质的脚蹼，适合游泳；嘴扁阔或尖，方便在水中抓取食物，身上覆盖着厚而浓密羽毛，保暖效果较好。大部分游禽不善于行走，但飞翔速度较快。

涉禽

涉禽指适应在沼泽和水边栖息生活的鸟
类，都是湿地水鸟，大都分布在湿地或沿海，
但是不包括海边有蹼的海鸟。涉禽包括鹭类、
鹳类、鹤类和鹬类等，其体型大小相差较大。
涉禽有"三长"：嘴长、颈长和脚长，这是
它们比较明显的特征。涉禽不适合游泳，足
蹼位于趾间的基部，可增加和地面的接触面
积，有助于在湿地上活动，涉水而行，有些
种类如秧鸡，脚趾细而且长，可以在荷叶或
浮萍上快速行走。它们一般从污泥中或水底
取得食物，休息时经常用一只脚站立。

猛禽

猛禽分布广泛，除南极洲以外均有分布，
多在高山草原和针叶林地区生活，涵盖隼形
目和鸮形目的所有种类，包括鹰、雕、鹗、
鸢、鹫、隼、鹞、鸮等鸟类，都是掠食性鸟类，
数量比其他类群要少，却处于食物链的顶层。
它们大多性情凶猛，翅膀较大，擅长飞翔；
强大的嘴呈钩状，脚生有锐爪，强而有力，
视力良好，捕食鼠、蛇、兔和其他鸟类等，
因此很多猛禽都是益鸟。鉴于很多猛禽正濒
临灭绝，我国将隼形目和鸮形目中的所有种
类均列为国家级保护动物。

攀禽

攀禽涵盖了鹦形目、雨燕目、鹃形目、
咬鹃目、鼠鸟目、夜鹰目、鴷形目和佛法僧
目的鸟类，它们的脚短而强健，脚趾两个向
前，两个向后，有利于攀缘树木，这是攀禽
最明显的特征。大多数的攀禽选择独栖，主
要在有树木的平原、山地或者悬崖附近活动。
攀禽的翅膀一般为圆形或近圆形，因此很多
攀禽不善于飞翔，尤其不善于长距离的飞行。
攀禽的食性较杂，食物包括昆虫、昆虫幼虫、
植物果实和种子以及鱼类等。大部分的攀禽
属于留鸟。其中的夜鹰目鸟类为夜行性鸟类。

鸟类的身体构造

鸟类是一种飞行动物，飞行活动是它们赖以适应环境和维持生命的重要手段，其全身的构造都和飞行有关联。它们的身体呈流线型，全身被覆羽毛，体型短小而且结实，内脏由胸骨和骨盆保护着，胸骨上附着用于飞行的肌肉。鸟类的脚是它们起飞和着陆时的工具，鸟类在起飞时要用脚用力蹬地，降落时也必须利用脚来缓冲巨大的冲击力。因此，鸟类的脚强健而富有弹性。鸟的翅膀和人类的手一样，都是由前肢演化而成的，虽然两节指骨消失且另外一节退化，但发达的翅膀展开时，像是挥动着大羽毛扇子，能产生飞行动力。喙就像它们灵巧的手，代替鸟类进行各种觅食活动；而它们的扇形尾羽附着在尾综骨上，有助于鸟类在飞行中保持平衡。翼和尾看上去很短小。另外，鸟类的全副骨骼坚固而轻，甚至比它的全身羽毛还轻，骨片薄，长骨内中空，有气囊穿入，有助于飞行。

喙硕长而稍弯

颈细长，灵活

休息时翅膀收拢到背上

尾羽在飞翔中起舵的作用

体上着生各种羽毛

脚强健，有弹性

鸟羽的 4 种类型

鸟的绝大部分身体被羽毛所覆盖，只有双腿是裸露的。羽毛不仅能使鸟的身体保持温暖干燥，更重要的是能够让鸟飞行。鸟类的羽毛大致可以分为 4 种类型：体羽、绒羽、尾羽和翼羽。体羽较为细小，覆盖全身，其流线型的轮廓适合飞行。体羽下面是绒毛状的绒羽，它留住空气，在皮肤上形成一个保暖层。长而坚硬尾羽和翼羽用于飞行。其中尾羽羽支基本上是两侧对称的，但是翼羽则是不对称的。

翼羽　　　　　　体羽　　　　　　　　尾羽　　　　　　绒羽

外形和运动

物竞天择，适者生存，这样的道理同样适用于鸟类。随着鸟类对大自然环境不断变化的适应，鸟类的外形可以说是千奇百怪，反过来讲，鸟类的外形恰好能够反映出它们各自不同的生活方式。例如，不同形状的鸟喙，正好配合各品种的特殊取食方式。

鸬鹚嘴粗长，前端有钩，利于捕鱼　　　蜂鸟的喙又长又尖像吸管，方便吸吮花蜜　　　池鹭以短剑般的利喙戳鱼和抓鱼　　　兀鹫的上喙边端有弧形的垂突，利于撕裂猎物吞食

绿头鸭的宽喙在水中可以滤取食物　　　普通秋沙鸭喙的边缘是锯齿状的，有利于捉鱼　　　啄木鸟的喙又长又硬，能啄开树皮，卷走害虫

此外，鸟类站立、行走、飞行的姿势，甚至包括双足跳跃移动或是迈步向前，也和自身的生活方式有密切的关系。鸟类的足趾分为凹蹼足、半蹼足、全蹼足、瓣蹼足。有些鸟类的爪能够抓握栖木，而有些鸟的爪间有蹼膜，能够在水中划水潜行。

各种鸟类展翅飞翔时的轮廓大都不相同。鸢的翼宽且圆，燕子的翼窄而且尖。

隼的翼和尾末窄而尖，白尾海雕的翼伸展宽大。

鸢　　　　　　　燕子　　　　　　　　隼　　　　　白尾海雕

再来看鸟类爬树的方式。啄木鸟用尖锐的爪爬树，而秧鸡体窄而趾长，很方便在沼泽植被中钻行。

鸟在停栖时的姿势和步行的姿态也有不同。

苇莺停栖时会抓握垂直的树枝，而麻雀则会在地面双脚跳跃着行走。

啄木鸟

苇莺

秧鸡

麻雀

鸟类的飞行姿态

飞行姿态是鸟类的一个重要特征，当鸟展翅在高空飞行的时候，经验丰富的赏鸟人很容易就可以从它的飞行姿态将它认出来。

此外，鸟类在求偶期间特有的炫耀式飞行姿态和觅食时的空中盘旋姿态也可以帮助识别鸟的种类。

雁类、乌鸦类、鸽类和一些小型鸟类飞行时平稳，拍翼均匀，且飞行路线笔直。

许多大型鸟类喜欢在空中盘旋或滑翔，遇到上升气流时便可以升高一些。

一些小型鸟类，会在每次拍翼时使身体升高一些，之后便收拢翅膀向前冲，这样飞行能够节省体能，雀科就是其中的代表。

一些大型鸟类在每次用力拍打双翼之后，都会进行长距离的滑翔，这样的飞行姿态也可以节省一些体能。

啄木鸟会先连续拍动双翼，使身体升高，然后像雀类那样收拢双翼，但改为向下俯冲，这样的飞行姿态是波浪式的。

鸟类在求偶期间常常以特殊的炫耀式飞行姿态来凸显自己，以达到吸引配偶的目的，尤其是在开阔地带生活的鸟类，经常可以看到这样的现象。

小辫鸻有时会以旋转身体的奇特方式飞行，口中发出粗厉的叫声。

一些大型的鹰类会有时会收拢翅膀从高空向下俯冲，然后再张开翅膀上升到原来的高度。

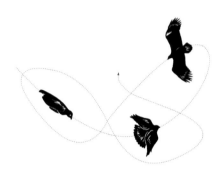

一些猛禽经常会进行"钟摆式"的飞行表演。

斑尾林鸽常常从树的顶端起飞，用力拍翼使身体迅速升高，然后向下俯冲。

雄性草地鹨生性比较机警，它常常会从地面起飞，振翅急速升空，并在这时发出微弱的叫声，然后再向下降落，发出长长的啭鸣。

如何观赏鸟

城市的郊区、公园、花园以及庭院都是比较适合观赏鸟类活动的场所。如果我们在自家阳台、庭院中有养鸟，则随时可以观赏鸟儿的活动，听到鸟儿的鸣叫。如果没有养鸟，则可以在自家阳台、庭院里提供一些对鸟儿有用的设施，吸引鸟儿来此。如放置水盘供鸟儿饮用和清洗，安置合适的巢箱吸引鸟儿停留和栖息等等。如此，鸟儿会把这里当成家，我们也就能在自家阳台和庭院中享受赏鸟的乐趣了。

山雀、鹟鸟等小型雀形目鸟类和猛禽等都能够利用巢箱筑巢，以下是几种不同巢箱的样式。

水盘不仅可以盛清水供鸟儿饮用，还能让鸟儿在里面洗澡。雀形目的鸟类喜欢放在高处的水盘，而其他的鸟类则喜欢放在地上的浅水盘。

水盘

有些食物适合悬挂起来，有些食物则适合放在高处或洒在地上。

喂食罐

巢箱的样式

坚果和脂肪

种子混合物

玉米粒

如何识别鸟类

鸟类优美的飞行动作、艳丽华美的羽色、独特的生活习性，都强烈地吸引着人观赏之、拍摄之。然而，如何才能够快速而准确地识别各种鸟类，那必须在你了解了鸟类的各种形态特征和行为特征以后，才能够轻松做到这些。

根据鸟类形态特征进行识别

（1）体长和体型

这是最直观的判断，并由此可以熟记和区分。如与麻雀相似的有山雀、鹀等；与鸡相似的有各种雉类；与鹰相似的有鸳、鸢、雕等，这样分类记忆相似体长和体型的鸟，便于大致区别和判断。

（2）翅型

鸟类的翅型是多样的，翅型按翅端的形状大致分为尖形、圆形、方形。通过分辨翅型有时可以进行初步的分类辨识。

尖形：最外侧的飞羽最长，其内侧数枚飞羽逐渐短缩，成尖形翅端，如须浮鸥。

须浮鸥

方形（或称方翼）：最外侧飞羽和内侧的几乎等长，成方形翼端，如凤头麦鸡。

凤头麦鸡

最外侧和内侧飞羽短，中间的长，成圆形翼端，如鹰。

鹰

（3）尾型

鸟类的尾型具有多种形态，大致可分为凹尾、叉尾、平尾、圆尾、凸尾、楔尾、铗尾、尖尾等。

黑耳鸢(楔尾)

叉尾太阳鸟

有的鸟类特征明显，仅仅凭借它的一枚尾羽便可以让人迅速识别，如白冠长尾雉、红嘴蓝鹊、白腹锦鸡、寿带等。

此外，翅型和尾型综合起来判断也比较重要。

白冠长尾雉（长尾）

（4）羽色

鸟的羽色是一种可视性状，是识别鸟的重要元素。不同的鸟身上具有不同的色彩和分布，同一种鸟也有不同颜色的羽毛，甚至鸟的每根羽毛都是不同的。首先，可观察鸟的主色，即全身的主要颜色。

几乎全为白色的鸟有白鹭、白鹳以及白鹤等。

白鹳

几乎全为黑色的鸟有乌鸦、乌鸫、黑卷尾等。

黑卷尾

以蓝色为主的鸟有蓝翡翠、普通翠鸟、蓝鹛、蓝马鸡等。

普通翠鸟

以灰色为主的鸟有灰鹤、灰翅鸥、灰卷尾、灰头麦鸡等。

灰鹤

以红色为主的鸟有红腹锦鸡、朱雀等。

红腹锦鸡

其次，可从鸟的局部羽色如鸟头、颈、翅、尾、胸、腹、腰、背的颜色，抓住1~2个主要特征辨识。例如，棕颈钩嘴鹛、斑胸钩嘴鹛、棕头钩嘴鹛和红嘴钩嘴鹛，就是从不同部位的不同颜色把几种钩嘴鹛区别开来。类似的还有白喉噪鹛、白冠噪鹛、白颈噪鹛和白颊噪鹛。

根据鸟类行为特征进行识别

鸟的基本活动都是以飞行来完成的，鸟类的行为多种多样，却有着群类特性和种的特性。我们可以从飞行姿态和停落姿态，区分群落以至种的特征。

（1）根据鸟的行为姿态进行识别

可根据鸟的飞行路线进行识别。大部分的鸟采取平稳飞行的方式，飞行路线近乎呈一条直线。

蓝耳翠鸟

有的鸟采取上下波浪形飞行，飞行路线呈规律的曲线。喜欢曲线飞行方式的鸟有啄木鸟、鹡鸰、戴胜等。

戴胜

其次，可根据鸟的停落姿态进行识别。鸟类的停落姿态各式各样，多数鸟挺胸抬头，站姿直立；有的则是身体前倾，如大杜鹃，远观时比较容易识别。

大杜鹃

（2）根据鸟的觅食习性进行识别

一些善于捕捉昆虫的鸟会长时间停落在枝头，如蓝喉蜂虎。

蓝喉蜂虎

一些猎食水生物的鸟喜欢在水边的石头上站立，如褐河乌、红尾水鸲、溪鸲等。

白顶溪鸲

一些以鱼类为主要食物的鸟喜欢在浅水中行走。如黑鹳、反嘴鹬、鹤鹬、秧鸡等。

鹤鹬

（3）根据鸣叫声识别鸟类

鸟的鸣叫是在其行为过程中伴有的特定的鸣声。鸟的语言非常丰富，鸟的占据领地、报警、求偶炫耀、交配、集群等行为都是在鸣叫中完成的，因此我们可以借以进行识别。

鸟类的迁徙

很多鸟类在不同的季节会更换栖息地，不管是从营巢地区转移到越冬地区，还是从越冬地区回到营巢地区，这种季节性的现象都属于鸟类的迁徙。不仅是鸟类，一些蝴蝶、海龟、海豹等都有季节性的迁徙行为。鸟类迁徙原因较多，一般是为了躲避恶劣的环境和天敌、寻找食物和合适的繁殖地等，这是鸟类遵循大自然环境的生存本能反应。由于迁徙习性的不同，鸟类可分为留鸟、夏候鸟、冬候鸟、旅鸟、迷鸟等类型。

留鸟：

留鸟指的是没有迁徙行为的鸟类，常年居住在出生地，例如喜鹊、麻雀等属于留鸟。大部分的留鸟可能终生都不离开它们的巢区。而一些留鸟则会进行不定向的短距离迁移，以乌鸦为例，它们在冬季时会向城市中心聚集，在城市中心越冬，到了夏季，乌鸦会分散到郊区或山区生活。而对于雪鸡，则会根据季节变化在高、低海拔间进行迁移，雪鸡在夏季时会转移到雪线上的区域生活，冬季则下降到灌丛带以下，甚至云杉林中生活。

候鸟：

候鸟指的是那些有迁徙行为的鸟类，它们总是在春季和秋季沿着固定路线在繁殖地和避寒地之间往返，例如家燕、天鹅等。鸿雁、鹭、鹤等体形较大的鸟类在迁徙飞行时多呈"人"字形或"一"字形，雀形目鸟类及体形较小的鸟类在迁徙时一般采用封闭群，其数量多少不同，数量多的如虎皮鹦鹉，能结成上万只的大群飞行。

北极燕鸥在北极地区繁殖后代，在南极海岸越冬，它们的迁徙全程达 40000 多千米，是已知的动物中迁徙距离最远的。鸟类在迁徙时一般飞得高度为几百米左右，少数鸟类如大天鹅能够飞越珠穆朗玛峰，飞行高度最高可达 9 千米以上。

旅鸟：

旅鸟指鸟类在迁徙时经过某个地区，但是不在这个地区繁殖后代或越冬，对于这个地区而言，这样的鸟种便可以叫作旅鸟。

迷鸟：

个别鸟类在迁徙过程中，由于狂风、暴雨等恶劣的天气或其他自然原因偏离了自己的迁徙路线，最终出现在了本来不该出现的地方，这样的鸟便是迷鸟。迷鸟一般没有定居的能力，不会成为外来物种。以我国境内的普通秋沙鸭为例，它们在中国西部和东北地区繁殖，迁徙到黄河以南越冬，偶尔在台湾出现的普通秋沙鸭即是迷鸟。

事实上，候鸟和留鸟并不是绝对的，由于种种原因，同一鸟种在不同的地区或在同一个地区会表现出不同的居留类型，比如雀鹰，北京的雀鹰有一些是候鸟，而有些则是留鸟。再如黑卷尾，它们在云南、海南岛等地为留鸟，在华北地区、长江流域则为夏候鸟。

鸟类的生存和保护

"走过那条小河，你可曾听说，有一位女孩她曾经来过。走过这片芦苇坡，你可曾听说，有一位女孩，她留下一首歌……"这段细腻而凄美歌词讲述了一个真实的故事，在当时引起了强烈的反响和震撼，打动了无数的听众。1987年9月，在盐城自然保护区从事养鹤工作的徐秀娟，为了救助一只受伤的白天鹅，不幸溺水身亡，牺牲时年仅23岁。

人们在被徐秀娟的感人事迹深深打动时，也不禁为鸟类的生存环境忧心不已。在20世纪60年代的夏季，常常可以看到杜鹃、黄鹂、卷尾等食虫的鸟类，如今这些鸟类已日渐稀少，甚至销声匿迹。在过去500年内，共有279种鸟的种类和亚种类消失。如今的鸟类资源相比之前的几十年明显减少，很多珍贵的鸟类正濒临灭绝，鸟类灭绝的速度比以往的任何时候都要快。

众所周知，森林是鸟类重要的栖息和觅食场所，大部分鸟类在森林里休养生息、繁衍后代。而随着现代化进程的加快，人们不合理地砍伐森林、侵占湿地等行为，使得鸟类的栖息地迅速减少，也对自然环境造成了巨大的破坏，严重地影响了生态环境的平衡。在农业方面，人们长期、大量使用化学药剂，造成了水源的污染，大量的鸟类食用了被农药杀死的虫子、被农药污染的水源和种子，纷纷中毒身亡。此外，不少利欲熏心的人大量捕捉鸟类，也使得鸟类的种群和数量不断减少。

广西北海位于大陆架最南端，紧邻北部湾，物种资源十分丰富，该区域还位于东亚—澳大利亚候鸟的迁徙通道上，是候鸟越冬或停歇的重要地区。有记录表明，该地有360多种鸟类，其中包括中华秋沙鸭、黑脸琵鹭、白腹海雕等全球濒危的鸟种。而到了每年的9～10月间，迁徙的鸟类成群结队，捕鸟的现象也随之疯狂起来。捕鸟人使用猎枪、弹弓、沾网、扣网等大肆捕杀来到此地的鸟类，当地捕捉、贩卖野生鸟类的现象屡禁不止。

鸟类是我们人类的朋友，采取各种措施保护鸟类，使鸟类摆脱灭绝的边缘已经是迫在眉睫，刻不容缓。我们应该呼吁身边更多的人加入保护鸟类的队伍中，保护鸟类在自然界的繁殖，设立更多的鸟类自然保护区和禁猎区。

没有买卖，就没有杀害。杜绝捕杀，从自身做起，让我们齐心协力，给鸟类创造一个和谐安定的生存繁衍环境，创造一个美好的未来。

鸟类的观赏价值

鸟类不仅具有一定的经济价值，还具有很强的观赏价值。鸟类美丽的体态、婉转的叫声、精彩的技艺表演，不仅可以为艺术家提供创作的灵感，还可以为人们的生活提供消遣和娱乐。我国饲养鸟类以供观赏的历史非常久远，从周代已经开始饲养鹦鹉，汉代开始养鸽子，唐代开始养黄鹂，而到了宋代，玩养画眉和百灵鸟比较盛行。

黄鹂

鹦鹉

现代社会，对于在城市生活的居民来讲，整天看到的是楼房大厦、工厂、道路，耳边听到的是机器声、车辆声、轰鸣声，对大自然的美接触较少，而鸟类则可以弥补这一缺憾，给人们的生活增添许多灵动、活泼的气氛，从而丰富人们的精神世界。因此，养鸟无疑是一项有益身心的活动。

观赏鸟类多以听其鸣声和观其羽色为主。百灵、柳莺、金翅雀、云雀、树莺画眉、红点颏、蓝点颏、鹊鸲、黄雀、白头鹎、红

耳鹎、红嘴蓝鹊、白喉矶鸫、相思鸟、乌鸫等鸟类以鸣声为特色。这些鸟善于鸣叫，堪称是鸟类界的"歌唱家"，其叫声或是激昂悠扬，或是流畅清朗，或是婉转动听，扣人心弦，给人以不同的艺术享受。而如果同时饲养有几个品种时，鸟鸣声此起彼落，会让听者感到妙趣横生，心情舒畅。百灵的叫声尤其有特点，最能唱的百灵鸟据说有"十三套音韵"，简直如同乐器齐全的合唱队。

相思鸟

百灵

有一些鸟以表演杂技为主。这类型的鸟比较聪明，经过训练可能掌握一定的技艺与表演能力。如黄雀、蜡嘴雀、交嘴雀、燕雀、朱顶雀、白腰文鸟等，它们通过训练以后，便可以完成一些杂技表演。还有一些鸟可以模仿人语，八哥、鹦鹉、鹩哥等经过人类的训练，可以模仿人类的语言，或者可以模仿

自然界其他鸟兽的叫声以及火车、汽车的鸣笛声等多种声响。有的甚至能够依照主人的语言指示叼携物体，逗主人开心。

黄雀

八哥

以羽色著名的鸟主要有翠鸟、红嘴、寿带鸟、红嘴蓝鹊、蓝翡翠、三宝鸟、金山珍珠、白腹蓝鹟、高冠鹦鹉、牡丹鹦鹉等。还有一些体型较大的如孔雀、山鸡等也是羽色艳丽的鸟。这些鸟一般外表华丽，羽色鲜艳，体态优美，而且大多活泼好动，深受大众和观赏鸟饲养者的喜爱。

蓝翡翠

孔雀

此外，以习舞为特色的包括百灵、绣眼鸟和云雀等。这些鸟姿态优雅，有时颤动双翅，有时冲向天空，有时翻身旋转，有时长时间滑翔，好像出色的杂技表演。

云雀

绣眼鸟

以争斗为主的则有鹌鹑、棕头鸦雀等。斗鹌鹑源于唐玄宗时期，由于斗鹌鹑在秋末端冬初进行，又被称为"冬兴"。

鹌鹑

棕头鸦雀

百灵、画眉、绣眼、点颏是我国四种最著名的观赏鸟。宋代时便有不少人饲养百灵和画眉，百灵和画眉到了清代时已进入千家万户。约在那时，绣眼和点颏鸟也先后进入"名鸟"的行列。北方的百灵和点颏与南方的画眉和绣眼脱颖而出，它们南北称雄，各领风骚，成为中外闻名的中国四大名鸟。这四大名鸟都具有很高的观赏价值和知名度，都有其正统的鉴赏标准和驯养的套路，以及专用的笼具和较为规范化的鸟笼造型、样式，包括笼中的鸟具、鸟缸等物都有很高的档次。

第一章
鸣禽

常见的鸣禽有画眉、百灵、八哥、云雀、黄鹂和家燕等，
由于鸣禽善于鸣叫，被誉为"天然的歌手"，
因此也是笼养鸟的首选。
在现代社会，家庭饲养鸣禽不仅可以美化家居，
还可以增加生活的情趣，娱乐身心，
"花影不离身左右，鸟语只在耳东西"，
婉转悦耳的鸟叫声在喧闹的都市无疑是一抹鲜亮的色彩。
其中，百灵、画眉、绣眼以及点颏被称为"中国四大名鸟"。

■ 科名：雀科　　体重：0.016 ~ 0.02 千克　　别名：麻雀、霍雀、瓦雀、家雀

树麻雀

　　树麻雀是世界分布广、数量多和最常见的小鸟，生性大胆，喜结群，除繁殖期外，常结成群活动，秋冬季节会结成数百只的大群，喜欢在地上奔跑，叫声叽叽喳喳。主要以谷粒、草籽等为食物。繁殖期为 3 ~ 8 月，每窝通常产卵 4 ~ 8 枚，卵呈椭圆形。

○ 形态特征：树麻雀体长 13 ~ 15 厘米，嘴为黑色或褐色，下嘴黄色，头顶至后颈为栗褐色，头侧为白色，耳部有一个黑斑，背部为沙褐色或棕褐色，喉部为黑色，胸部和腹部淡灰近白，翅上有两道近白色的横斑纹，脚和趾均为污黄褐色。

○ 主要分布：欧亚大陆，包括朝鲜、日本等地。

头顶呈栗褐色

嘴呈黑色或褐色

污黄褐色的脚

雌雄差异：羽色相似	是否迁徙：不迁徙	栖息地：山地、平原、丘陵、草原

■ 科名：梅花雀科　　体重：0.01 ~ 0.02 千克　　别名：花斑衔珠鸟、麟胸文鸟、小纺织鸟

斑文鸟

　　斑文鸟飞行迅速，两翅扇动有力，常常发出"呼呼"的振翅声响。由于其小巧玲珑，易于驯养，是很好的笼养观赏鸟。一般成 20~30 只的小群活动，食物以谷粒等农作物为主，也吃昆虫和草籽等。繁殖期持续时间较长，每窝通常产卵 4 ~ 8 枚。

○ 形态特征：斑文鸟体长为 10 ~ 12 厘米，嘴为蓝黑色或黑色，眼、头顶、后颈、背部、肩部为淡棕褐或淡栗黄色，喉部为暗栗色，颈侧为栗黄色，上胸、胸侧均为淡棕白色，羽毛常有两道红褐或浅栗色的鳞片状斑，腹部中央多为白色或皮黄白色，脚为暗铅色或铅褐色。

○ 主要分布：中国南方、尼泊尔、印度和孟加拉国等地。

嘴为蓝黑色或黑色

尾羽为灰褐色

脚呈暗铅色或铅褐色

雌雄差异：羽色相似	是否迁徙：不迁徙	栖息地：低山、丘陵、平原地带的耕地农田

■ 科名：文鸟科　体重：0.01 ~ 0.03 千克　别名：无

黄胸织布鸟

嘴粗厚呈锥状

胸部多为
茶黄色

雄鸟

尾短，羽色
较浅淡

　　黄胸织布鸟属于小型鸟类，常在枝间跳跃和鸣叫，生性活泼而大胆，不太怕人，喜欢结成数只或 10 多只的小群活动。以稻谷、草籽、种子等为食。繁殖期为 4 ~ 8 月，雌鸟负责孵卵。

◐ 形态特征：黄胸织布鸟体长 13 ~ 17 厘米，雄鸟嘴粗厚呈锥状，头侧部呈浅褐棕色，颈侧和胸部多为茶黄色，其余下体为皮黄白色；雌鸟上体为沙褐色或棕黄色，下体为棕黄色，胸部和两肋颜色加深，两肋有黑色的条纹，背部和肩部的条纹较粗，下背到尾部羽色较浅淡，尾部较短。

◐ 主要分布：巴基斯坦、印度、孟加拉国、中国等地。

雌雄差异：羽色不同	是否迁徙：不迁徙	栖息地：原野、河流、湖泊、水渠

■ 科名：文鸟科　体重：0.03 ~ 0.04 千克　别名：无

石雀

嘴短，呈圆锥状

翅膀较长

淡黄褐色的脚

　　石雀属中型雀类，飞行力强，经常在地面上奔跑或并足跳动。叫声多变，有一些特别的金属声，喜欢成对或结成小群活动，食物主要是草和草籽等。在悬崖和岩石缝中筑巢，一般 5 月开始繁殖，一年约产 2 ~ 3 窝，每窝产卵 4 ~ 7 枚。

◐ 形态特征：石雀体长约为 14 厘米，嘴短，呈圆锥状，喉部带黑色斑点或黄色斑，头顶中央部位形成一条淡色带。背部羽毛有条纹，常为淡褐或淡灰褐色。翅膀较长，多为暗褐色，羽缘为淡灰皮黄色。尾部较短，腰部多为淡褐色或淡灰褐色，脚为淡黄褐色。

◐ 主要分布：阿富汗、阿尔巴尼亚、阿尔及利亚、阿塞拜疆、蒙古、中国北方等地。

雌雄差异：羽色相似	是否迁徙：不迁徙	栖息地：荒芜山丘、沟壑深谷

■ 科名：文鸟科　体重：0.01～0.02千克　别名：无

栗腹文鸟

　　栗腹文鸟属小型鸟类，飞行时呈波浪式前进。生性活泼大胆，一般结成群活动，多成3～5只的小群，食物以谷物和杂草种子为主。繁殖期为3～8月，多在草丛、和芦苇丛筑巢，每窝通常产卵4～7枚，卵呈椭圆形、白色。

○ 形态特征：栗腹文鸟的嘴为蓝灰色，圆锥状，从头部、颈部、颈侧、颏、喉部到上胸部多为黑色，背部、肩部和两翅覆羽毛为淡栗色，下胸和尾上覆羽均为深栗色，两胁为栗色或淡栗色，尾部呈赤褐色或栗红色，脚为蓝灰色。

○ 主要分布：中国、尼泊尔、印度、斯里兰卡，中南半岛等地。

背部为淡栗色

嘴蓝灰色，呈圆锥状

胸上部为黑色

脚为蓝灰色

尾呈赤褐或栗红色

| 雌雄差异：羽色相似 | 是否迁徙：部分迁徙 | 栖息地：低山丘陵、平原地带的灌丛 |

■ 科名：文鸟科　体重：0.007～0.008千克　别名：梅花雀、红雀、珍珠鸟

红梅花雀

　　红梅花雀属小型的鸟类，飞行迅速，喜欢结成群活动，多为十几只至二十多只的小群，夜晚一般在高草丛中或苇丛中休息。食物以谷粒、杂草种子和芦苇子为主。每窝通常产卵6～8枚，卵呈白色，雌雄亲鸟轮流孵卵，孵化期10～11天。

○ 形态特征：红梅花雀雄鸟的体羽主要为红色，嘴为红色，尾上覆羽为朱红色，喉部、胸部和两胁为朱红色，肩部、下背部和尾上覆羽均有白色小斑点。雌鸟两翅为暗褐色，腹部橙黄色渲染朱红或橘红色，缀有白色斑点，尾下覆羽近黑色，脚为蜡黄色或肉色。

○ 主要分布：中国云南、贵州、海南岛、缅甸。

尾上覆羽呈朱红色

朱红色的头部

红色的嘴

脚呈蜡黄色或肉色

雄鸟

| 雌雄差异：羽色不同 | 是否迁徙：不迁徙 | 栖息地：沿岸地带的稀树草坡、灌丛 |

■ 科名：雀科　　体重：0.02~0.03 千克　　别名：英格兰麻雀

家麻雀

　　家麻雀可能是世界上数量最庞大的小鸟，除繁殖期间单独或成对活动外，其他季节多结小群。主要以谷物、昆虫及树叶等为食物。繁殖期为 4~8 月，每窝通常产卵 5 ~ 7 枚。

○ 形态特征：家麻雀的嘴为黑色，头顶和后颈均为灰色，眼后有一条栗色带，背部为栗红色或棕栗色，有黑色的纵纹，腰部和尾上覆羽为灰色，长的尾上覆羽和尾羽为暗褐色，尾羽有淡棕色的羽缘，喉至上胸中央均为黑色，其余下体白色或白色微沾棕，脚为淡肉褐色或皮黄色。

○ 主要分布：欧洲、北美洲及南美洲，西非、泰国、中国等地。

背部为栗红色或棕栗色　　头顶呈灰色

尾羽为暗褐色

脚为淡肉褐色或皮黄色

雌雄差异：羽色相近	是否迁徙：不迁徙	栖息地：山地、平原、丘陵、草原

■ 科名：太平鸟科　　体重：0.04 ~ 0.07 千克　　别名：连雀、十二黄

太平鸟

　　太平鸟属小型鸣禽，繁殖期一般结成对活动，其他时候多结成群，有时可达近百只。它的食性较杂，尤其喜欢吃蔷薇果和多汁性的果实。繁殖期为 5 ~ 7 月，每窝通常产卵 4 ~ 7 枚，卵呈灰色或蓝灰色，雌鸟负责孵卵。

○ 形态特征：太平鸟体长 18 厘米左右，嘴为黑色，头顶前部为栗色的簇状羽冠，上嘴基部、眼先至眼后形成黑色的纹带，背部、肩羽、胸部为灰褐色，腰部和尾上覆羽为褐灰至灰色，喉部为黑色，腹部以下为褐灰色，尾下覆羽为栗色，脚为黑色。

○ 主要分布：欧洲北部、亚洲、加拿大西部和美国西北部等地。

灰褐色的背部　　黑色的嘴

脚为黑色

尾下覆羽为栗色

雌雄差异：羽色相似	是否迁徙：迁徙	栖息地：针叶林、针阔叶混交林

■ 科名：和平鸟科　体重：0.06 ~ 0.1千克　别名：仙蓝雀

和平鸟

　　和平鸟属中型鸟类，种群数量稀少，生性胆怯，一般单独或结成对活动，有时也集成小群。主要以昆虫和植物果实与种子为食。繁殖期为4 ~ 6月，每窝通常产卵2 ~ 3枚，卵呈淡灰色、皮黄色，长卵圆形，雌鸟负责孵卵。

◒ 形态特征：和平鸟的眼睛为红色，嘴为黑色，雄鸟的头顶、后颈、背部、肩部、腰部以及翅上小覆羽、中覆羽和尾上、尾下覆羽均为辉蓝色，内侧数枚大覆羽有蓝紫色的端斑，其余上体和下体为乌黑色，脚为黑色。雌鸟全身蓝绿色，腰及臀色彩鲜亮。

◒ 主要分布：孟加拉国、不丹、文莱、中国、印度、印度尼西亚、老挝等地。

嘴为黑色
眼睛为红色
两翅为黑褐色
黑色的脚

雄鸟

雌雄差异：羽色不同	是否迁徙：不迁徙	栖息地：常绿阔叶林、低山和山脚地带

■ 科名：八色鸫科　体重：0.1 ~ 0.114千克　别名：无

蓝八色鸫

　　蓝八色鸫善于在地面奔跑、活动和觅食，很少飞行。告警时会发出粗喘声，有短期迁移的现象。主要以甲虫等昆虫为食物。在缅甸的繁殖期为5 ~ 7月，每窝通常产卵4 ~ 5枚，卵呈淡红色、暗紫色或白色。

◒ 形态特征：蓝八色鸫体长约24厘米，嘴为亮黑色，头部较艳丽，前额的嘴基至后枕部的中央冠纹为黑色，头顶后部至颈部为金红色，宽阔的眼后黑纹可达颈侧；喉部为白色，上体均为亮蓝色，胸部渗淡黄色，两胁和腹部为渗淡紫色，脚趾为黄褐色。

◒ 主要分布：不丹、印度、缅甸、越南、老挝、泰国、中国等地。

宽阔的眼后黑纹
亮蓝色的背部
嘴亮黑色
胸部渗淡黄色
黄褐色的脚趾

雌雄差异：羽色相似	是否迁徙：不迁徙	栖息地：常绿林、半落叶林、竹丛

■ 科名：八色鸫科　　体重：0.04 ~ 0.07 千克　　别名：五色轰鸟、印度八色鸫

蓝翅八色鸫

　　蓝翅八色鸫的体型圆而胖，身体有红、绿、蓝、黑、黄、栗等色，色彩艳丽，很有观赏价值。一般在树冠下结群休息，或在树枝上活动。食物以甲虫、白蚁、蚯蚓等为主。每窝通常产卵 5 ~ 7 枚，卵呈乳白色，雄鸟和雌鸟共同筑巢和孵卵。

● 形态特征：蓝翅八色鸫的嘴长而侧扁，褐色或黑色，头部、枕部为深栗褐色，眉纹为茶黄色，冠纹黑色，下体为淡茶黄色，腹部中央至尾羽均为猩红色，背部为亮油绿色，翅膀、腰部和尾羽为亮粉蓝色，长腿为棕褐色。

● 主要分布：中国，东南亚、马来半岛、苏门答腊等地。

嘴长而侧扁，褐色或黑色

翅膀为亮粉蓝色

胸部为淡茶黄色

棕褐色的腿

雌雄差异：羽色相似	是否迁徙：迁徙	栖息地：平坝、丘陵、林缘溪流边

■ 科名：八色鸫科　　体重：0.04 ~ 0.07 千克　　别名：无

仙八色鸫

　　仙八色鸫属于中等体型的鸟类，堪称鸟中"美女"，它的色彩艳丽，叫声清晰，一般单独在灌木草丛中活动。主要以蚯蚓、蜈蚣及鳞翅目幼虫为食物。繁殖期为 5 ~ 7 月，每窝通常产卵 4 ~ 6 枚，在密林的树枝上做窝，雌雄亲鸟轮流孵卵。

形态特征：仙八色鸫的嘴为黑色，前额到枕部为深栗色，眉纹为淡黄色，中央冠纹为黑色，颊部为黑褐色，喉部白色。背部、肩部及内侧羽毛均为绿色，下体色浅，多为灰色，翼部有天蓝色的斑块，腹部中央和尾下覆羽均为朱红色，脚为淡褐色。

● 主要分布：缅甸、泰国、印度尼西亚、日本、朝鲜、中国等地。

前额到枕部为深栗色

背部为绿色

黑色的嘴

尾下覆羽为朱红色

脚为淡褐色

雌雄差异：羽色相似	是否迁徙：迁徙	栖息地：平原至低山的次生阔叶林内

■ 科名：八色鸫科   体重：0.10 ~ 0.14 千克   别名：锅巴雀

栗头八色鸫

　　栗头八色鸫的体型中等，一般独自或结成对在林下阴湿处活动，善于奔跑和跳跃。主要以昆虫为食物，也吃种子和果实等。喜欢在竹林或灌丛中筑巢，雌雄亲鸟共同筑巢、孵化和喂雏，每窝通常产卵 4 ~ 5 枚，卵呈淡红色、暗紫色或白色。

◎ 形态特征：栗头八色鸫的上嘴为黑色，下嘴为黄褐色，头顶至后颈均为亮金栗色，前额、喉部至上胸部渲染葡萄红色，背部、肩部、翅上覆羽均为铜绿色，有金属光泽。腰部沾蓝色，下体为茶黄色，脚为粉褐色。

◎ 主要分布：中南半岛，中国的东南沿海地区和太平洋诸岛屿。

头部为亮金栗色
铜绿色的背部有金属光泽
上嘴为黑色
下嘴为黄褐色
脚为粉褐色

雌雄差异：羽色相似	是否迁徙：不迁徙	栖息地：热带、亚热带的常绿阔叶林

■ 科名：八色鸫科   体重：0.06 ~ 0.07 千克   别名：无

绿胸八色鸫

　　绿胸八色鸫共一般独自活动，有时成 2 ~ 3 只的小群，经常用脚翻转地上的落叶，寻找食物，主要以蚂蚁、蚯蚓以及种子、果实等为食物。雌雄鸟共同筑巢、孵化和喂雏，繁殖期为 5 ~ 7 月，每窝通常产卵 3 ~ 6 枚，卵呈淡红色、暗紫色或白色。

◎ 形态特征：绿胸八色鸫体长为 16 ~ 18 厘米，嘴为黑色或黑褐色，喉部和颈项、后颈部均为黑色，头顶至后枕部呈深褐色，背部和肩羽为亮油绿色，胸部、腹部和两胁均为淡草绿色，腹部中央至尾羽为猩红色，尾部稍短，腿细长，为褐灰色。

◎ 主要分布：印度至中国西南部、东南亚、菲律宾、苏拉威西岛、新几内亚岛等地。

后颈部黑亮
嘴为黑色或黑褐色
绿色的肩羽
尾稍短
腿细长，呈褐灰色

雌雄差异：羽色相似	是否迁徙：不迁徙	栖息地：疏林、灌丛、次生林和小树丛

■ 科名：雀科　体重：0.042~0.048千克　别名：红衣主教

北美红雀

　　北美红雀以谷物为主食，也吃甲虫、草蜢、蜗牛、昆虫和果实等。它们有特别的警报声，有很强的地盘性，雄鸟会以歌声来定界。多在储木房、果园、灌木、沼泽等地生活。雌鸟每次会产下3~4只白色卵，一般由雌鸟负责孵蛋。

● 形态特征：北美红雀体长为约24厘米。雄鸟全身为鲜红色，面部为黑色，一直伸延到上胸部，背部和双翼最为沉色，喙为鲜珊瑚色，呈圆锥状。雌鸟全身多为灰棕色，双翼、冠和尾羽上有红彩，雌雄鸟都有隆起的冠羽。

● 主要分布：南加拿大、美国东部缅因州至得克萨斯州，墨西哥等地。

喙为鲜珊瑚色，圆锥状

隆起的冠羽呈鲜红色

红色的胸部

雄鸟

雌雄差异：羽色不同	是否迁徙：不迁徙	栖息地：林地、灌木丛、公园、沼泽

■ 科名：雀科　体重：0.01~0.02千克　别名：无

红额金翅雀

　　红额金翅雀属小型鸟类，飞行直而快且较高，除繁殖期以外多成小群活动，或成数十只甚至上百只的大群。主要以草籽、植物果实、种子、嫩叶、花蕊等植物性食物为食。繁殖期5~8月，每窝通常产卵3~5枚，卵呈淡蓝白色，由雌鸟负责孵卵。

● 形态特征：红额金翅雀的嘴为肉黄色，尖端暗褐色，额和头顶前部、上喉部均为朱红色，上体为淡灰褐或乌褐色，往腰部逐渐变淡，头侧、颈侧和胸以及两胁为灰褐或乌褐色，翅上形成一大块黄色斑，腹部和尾下覆羽为白色，尾呈黑色，脚呈淡褐色。

● 主要分布：亚速尔群岛、英伦三岛、欧洲北部，往南到地中海、蒙古西北部等地。

额和头顶前部呈朱红色

嘴呈肉黄色

两翅有黄色斑

黑色的尾

淡褐色的脚

雌雄差异：羽色相似	是否迁徙：迁徙	栖息地：高山针叶林和针阔叶混交林

▌科名：雀科　体重：0.01 ~ 0.04 千克　别名：无

黄嘴朱顶雀

嘴黄色，短圆锥形

头部呈褐色

　　黄嘴朱顶雀属于植食性鸟类，飞行叫声为带鼻音的啾啾声。它们性喜群居，繁殖期结成对活动，繁殖期以外多成几十只的小群或几百只的大群。食物主要为植物种子，每窝通常产卵 4 枚。

● 形态特征：黄嘴朱顶雀体型较小，虹膜为深褐色，嘴为黄色，呈短圆锥形，先端较尖；头部褐色较浓，上体为沙棕色，有暗褐色的羽干纹；翅和尾为黑褐色，有白色的羽缘；褐白色的下体有暗色的纵纹。雄鸟的腰部呈玫瑰红色，部分为淡皮黄色至白色，有淡褐色纵纹，脚近黑色。

● 主要分布：英国、北欧，俄罗斯、蒙古、印度以及中国等地。

脚近黑色

尾较长，黑褐色

雌雄差异：羽色相似	是否迁徙：不迁徙	栖息地：岩壁、石缝、农田、牧场

▌科名：雀科　体重：0.02 ~ 0.05 千克　别名：蜡嘴雀、老西子

锡嘴雀

头顶多为棕褐色或棕色

背部为茶褐色或暗棕褐色

嘴为铅蓝色

胸部为葡萄红色

　　锡嘴雀生性大胆，不怕人，一般单独或结成对活动，非繁殖期喜欢成群活动，有时集成多达数十只甚至上百只的大群。食物以植物果实、种子为主，也吃昆虫。5 月中下旬开始结对和筑巢，繁殖期为 5 ~ 7 月，每窝通常产卵 3 ~ 7 枚，卵呈淡黄绿色或灰绿色。

● 形态特征：锡嘴雀雄鸟的嘴为铅蓝色，颏部和喉中部均为黑色，额和颊棕黄或淡皮黄色，头顶至后颈多为棕褐色或棕色，背、肩部均为茶褐色或暗棕褐色，尾上覆羽为棕黄色或棕色，胸部、腹部、两肋和覆腿羽均为葡萄红色，脚为肉色或褐色。

● 主要分布：欧亚大陆和非洲北部，往东从巴尔干半岛一直至乌苏里江流域，日本等地。

肉色或褐色的脚

雌雄差异：羽色相似	是否迁徙：部分迁徙	栖息地：阔叶林、针阔叶混交林

■ 科名：雀科　　体重：0.01 ~ 0.03 千克　　别名：无

燕雀

　　燕雀属小型鸟类，鸣声悦耳，易于驯养，可作观赏鸟或表演用鸟。除繁殖期间成对活动外，其他季节多成群，特别是迁徙期间常集成大群。主要以草籽、果食、种子等植物性食物为食。繁殖期 5 ~ 7 月，每窝通常产卵 5 ~ 7 枚，卵呈绿色。

嘴尖

黑色的尾羽

暗褐色的脚

○ 形态特征：燕雀体长 14 ~ 17 厘米，嘴粗壮而尖，嘴尖为黑色。雄鸟的虹膜为褐色或暗褐色，从头至背部均为辉黑色，背部有黄褐色羽缘，喉部、胸部均为橙黄色，腰部为白色，腹部至尾下覆羽为白色，两肋为淡棕色，两翅和尾羽为黑色。雌鸟体色与雄鸟近似，但色泽较淡。脚为暗褐色。

○ 主要分布：北欧、亚洲，从挪威到中国等地。

雌雄差异：羽色相似	是否迁徙：迁徙	栖息地：阔叶林、针叶阔叶混交林

■ 科名：雀科　　体重：0.01 ~ 0.02 千克　　别名：黄鸟、金雀、芦花黄雀

黄雀

　　黄雀的羽毛鲜艳，生性较大胆，除繁殖期成对生活外，有时结成几十只的群，春秋季迁徙时或成大群，繁殖期则会躲藏起来。雌雄鸟一起筑巢，以雌鸟为主，每窝通常产卵 4 ~ 6 枚，卵呈鲜蓝到蓝白色，雌鸟负责孵卵。

头顶为黑色

嘴为暗褐色

暗褐色的腿

黑褐色的中央尾羽

雄鸟

○ 形态特征：黄雀雄鸟的头顶和枕部为黑色，嘴为暗褐色，眉纹为鲜黄色，贯眼纹黑色，喉中央为黑色，羽尖沾黄；胸部为亮黄色，灰白色的腹部微沾黄色，腰部为亮黄色，近背部有褐色的羽干纹，中央一对尾羽为黑褐色，两肋和尾下覆羽均为灰白色。雌鸟的额和头顶褐色带绿，下体淡绿色。腿为暗褐色。

○ 主要分布：南欧至埃及、东至日本、中国、朝鲜半岛等地。

雌雄差异：羽色不同	是否迁徙：不迁徙	栖息地：杂木林、丛林、公园、苗圃

■ 科名：雀科　体重：0.03 ~ 0.05 千克　别名：交嗉鸟、青交嘴

红交嘴雀

　　红交嘴雀是小型燕雀，飞行迅速而带起伏，部分喜欢结群迁徙，它们只以落叶松的种子为食物，一般倒悬进食。每窝通常产卵 3 ~ 5 枚，卵呈污白而带浅绿。雌鸟负责孵卵，在孵卵期由雄鸟饲喂雌鸟。

● 形态特征：红交嘴雀体长约 16 厘米，雄鸟通体为朱红色，红色一多杂斑，嘴粗大，近黑色，上体颜色较暗，头侧为暗褐色；下腹部为白色，翅膀和尾部近黑色，脚近黑色。雌鸟头侧为灰色，腰部较淡或鲜绿色，整体为暗橄榄绿或染灰色。

● 主要分布：北美洲、欧洲北部、非洲西北部，土耳其等地。

朱红色的头顶

翅膀近黑色

脚近黑色

雄鸟

雌雄差异：羽色略有不同	是否迁徙：部分迁徙	栖息地：岩壁、石缝、农田、牧场

■ 科名：雀科　体重：0.01 ~ 0.04 千克　别名：红麻料、青麻料

普通朱雀

　　普通朱雀是小型鸟类，生性活泼，平时很少鸣叫，但繁殖期间雄鸟鸣声悦耳。一般单独或结成对活动，非繁殖期则多成几只至十余只的小群活动和觅食。主要以果实、种子、嫩叶等植物性食物为食。繁殖期为 5 ~ 7 月，每窝通常产卵 3 ~ 6 枚，卵呈淡蓝绿色。

● 形态特征：普通朱雀体长 13 ~ 16 厘米，嘴为淡褐色，雄鸟头顶、枕、喉和上胸部为深朱红色或深洋红色，后颈、背部、肩部为暗褐或橄榄褐色，有暗褐色的羽干纹，腰部为玫瑰红色或深红色，腹部为淡洋红色或淡红色，尾羽为黑褐色，脚为褐色。

● 主要分布：芬兰南部、瑞典南部，往南到德国东部、中国南方等地。

头顶呈深朱红色或深洋红色

淡褐色的嘴

褐色的脚

尾羽为黑褐色

雄鸟

雌雄差异：羽色不同	是否迁徙：部分迁徙	栖息地：针叶林、针阔叶混交林

■ 科名：山雀科　　体重：0.01 ~ 0.03 千克　　别名：无

苍头燕雀

　　苍头燕雀常成对或结群，与其他雀类混群，叫声特别，富有韵律。苍头燕雀为杂食性鸟类，喜欢在地面寻找食物，食物以草籽、果食、种子等植物性食物为主，繁殖期间则主要以昆虫为食。繁殖期多为5 ~ 7月，每窝通常产卵5 ~ 7枚，卵呈绿色。

● 形态特征：雄鸟的嘴为灰色，头顶为淡蓝色，面颊和胸部粉红色至赭色，有白色肩块和翼斑，背部为赭褐色，腰部为微绿色，脚为粉褐色。雌鸟鸟羽暗而多灰色。繁殖期雄鸟的顶冠和颈背均为灰色，上背部为栗色。

● 主要分布：欧洲，北非至西亚，中国等地。

头顶呈淡蓝色

背部为赭褐色

灰色的嘴

粉褐色的脚

雌雄差异：羽色略有不同	是否迁徙：迁徙	栖息地：阔叶林、针叶阔叶混交林

■ 科名：山雀科　　体重：0.01 ~ 0.02 千克　　别名：灰山雀

大山雀

　　大山雀属中小型鸟类，生性活泼，行动敏捷，常在树枝间穿梭跳跃，边飞边叫。繁殖期间成对活动，秋冬季多结成3 ~ 5只的小群。主要以金花虫、金龟子等昆虫为食物。繁殖期为4 ~ 8月，每窝产卵6 ~ 13枚。

● 形态特征：大山雀的嘴为黑褐色或黑色，头部为黑色，两侧有大型的白斑，前额和后颈上部基本均为辉蓝黑色，脸颊、耳羽和颈侧均为白色，后颈上部形成黑带，上背和两肩为黄绿色，下背至尾上覆羽为蓝灰色，下体多为白色，脚为暗褐色或紫褐色。

● 主要分布：非洲西北部、欧洲、中亚、西伯利亚、远东等地。

头部呈黑色

嘴为黑褐色或黑色

尾上覆羽呈蓝灰色

暗褐色或紫褐色的脚

雌雄差异：羽色相似	是否迁徙：不迁徙	栖息地：低山和山麓地带

科名：山雀科　　体重：0.01 ~ 0.015 千克　　别名：无

杂色山雀

　　杂色山雀体型小，是我国分布区域最小的鸟，大连市区内是它们的主要分布区。杂色山雀色彩艳丽，十分有特色，鸣叫声丰富而多变，经常在林冠层活动和觅食，也同其他种类混群，有贮藏坚果的习性。每年 5 月飞至瓦房店等山林中繁育后代，10 月中下旬返回市区。

双翼为蓝灰色

黑色的嘴

腹部为栗红色

脚为灰色

◐ 形态特征：杂色山雀全长约 13 厘米，嘴为黑色，额部、眼先至颈侧均为乳黄色，头顶至后颈黑色，后头中央有白斑，上背部为栗色，喉部为黑色，喉部与上胸间有乳黄色的横斑，腹部和两胁为栗红色，尾下覆羽为淡黄褐色，脚为灰色。

◐ 主要分布：欧洲、非洲和阿拉伯半岛等地。

雌雄差异：羽色相似	是否迁徙：不迁徙	栖息地：阔叶林及市区、乡村

科名：山雀科　　体重：0.009 ~ 0.015 千克　　别名：无

褐冠山雀

　　褐冠山雀为小型鸣禽，惧生而喜静，常在枝头跳跃或树间短距离飞行。非繁殖期喜集群，在树洞或岩缝中筑巢，叫声尖细。一般在枝间觅食，食物以金花虫、金龟子、直翅目、同翅目等昆虫和昆虫幼虫为主。繁殖期 5 ~ 7 月，通常每窝产卵 5 ~ 12 枚。

背部呈褐灰色

尾部方形或稍圆形

喙略呈锥状

蓝灰色的爪

◐ 形态特征：褐冠山雀的喙略呈锥状，近黑色，前额、眼先和耳覆羽为皮黄色或灰褐色，头顶至后颈、背部、肩部、腰部等上体均为褐灰色和暗灰色；飞羽为褐色，喉部、胸部至尾下覆羽等下体均为淡棕色，尾部方形或稍圆形，脚爪均为蓝灰色。

◐ 主要分布：印度、尼泊尔、不丹、缅甸以及中国等地。

雌雄差异：羽色相似	是否迁徙：不迁徙	栖息地：高山针叶林或灌丛

科名：山雀科　　体重：约 0.008 千克　　别名：无

煤山雀

　　煤山雀是小型鸣禽，生性活跃，常在枝头
跳跃，在树皮上啄昆虫，或在树间短距离飞行。
除繁殖期间成对活动外，其他季节多成小群，
繁殖期鸣声较为洪亮。主要以金花虫、蚂蚁、
松毛虫等昆虫和昆虫幼虫为食。繁殖期 3 ~ 5
月，每窝产卵 8 ~ 10 枚。

⊃ 形态特征： 煤山雀的喙短且钝，略呈锥状，
嘴呈黑色，边缘灰色，头顶、颈侧、喉部到上
胸均为黑色，颈背部有大块白斑，背部为灰色
或橄榄灰色，翅膀短圆，腹部为白色，尾部呈
方形或稍圆形，脚为青灰色。

⊃ 主要分布： 欧洲、北非及地中海，中国、日
本等地。

颈部的白斑

黑色的嘴

脚为青
灰色

雌雄差异：羽色相似	是否迁徙：不迁徙	栖息地：次生阔叶林、阔叶林

科名：山雀科　　体重：0.009 ~ 0.014 千克　　别名：采花鸟、黄豆崽、黄点儿

黄腹山雀

　　黄腹山雀属于小型鸟类，经常单独或成对
或成小群，有时与其他种类混群，大部分时间
在树枝间跳跃穿梭，或在树冠间飞窜。食物以
直翅目、半翅目、鳞翅目、鞘翅目的昆虫为主。
繁殖期 4 ~ 6 月，通常每窝产卵 5 ~ 7 枚。

形态特征：黄腹山雀的嘴为蓝黑色或灰蓝黑色，
雄鸟头部和上背为黑色，脸颊和后颈有白斑，
下背和腰部为亮蓝灰色，翅上覆羽呈黑褐色，
颔部至上胸为黑色，下胸到尾下覆羽为黄
色，腹部为鲜黄色，尾羽为黑色，脚为铅
灰色或灰黑色。其雌鸟头部灰绿色，后颈有一
淡黄色斑。其余部分则相似。

⊃ 主要分布： 中国甘肃西南部、陕西南部秦岭
太白山、四川北部平武等地。

头部呈黑色

嘴呈黑褐
色或黑色

尾上覆羽
呈蓝灰色

暗褐色或紫
褐色的脚

雄鸟

雌雄差异：羽色略有不同	是否迁徙：不迁徙	栖息地：低山和山麓地带

黄颊山雀

　　黄颊山雀属小型鸟类，生性活泼，整天不停在大树顶端枝叶间跳跃穿梭，经常成对或成小群活动。主要以昆虫和昆虫幼虫为食，也吃植物果实和种子等植物性食物。繁殖期 4 ~ 6 月，每窝通常产卵 3 ~ 7 枚。

◆ 形态特征：黄颊山雀的嘴为黑色，前额和头侧均为鲜黄色，眼后有黑纹，眉纹、耳羽等头侧和颈侧前部呈鲜黄色，头顶和羽冠为黑色，有蓝色的金属光泽；上背为黄绿色，下背为绿灰色，喉部、胸部均为黑色，腹中部形成宽阔的黑色纵带，脚为铅黑色或暗蓝灰色。

◆ 主要分布：不丹、中国、印度、老挝、缅甸、尼泊尔、泰国、越南等地。

鲜黄色的头侧

上背为黄绿色

嘴为黑色

脚为铅黑色或暗蓝灰色

雌雄差异：羽色相似	是否迁徙：不迁徙	栖息地：针阔叶混交林、针叶林

绿背山雀

　　绿背山雀是在中低海拔山区的雀鸟，生性活泼，行动敏捷，不停在树枝叶间跳跃或来回穿梭，有时也飞到地上觅食，冬季常形成群落。主要以昆虫和昆虫幼虫为食。繁殖期为 4 ~ 7 月，每窝通常产卵 4 ~ 6 枚。

◆ 形态特征：绿背山雀体长约 13 厘米，嘴呈黑色，头顶、枕部至后颈为黑色，有蓝色光泽，面颊、耳羽和颈侧呈白色，脸颊白斑明显；上背和两肩均为黄绿色，下背和腰部为蓝灰色，翅上形成两道白色的翅带；两胁辉黄色沾绿，腹部中央有黑色的纵带，脚呈铅黑色。

◆ 主要分布：巴基斯坦、克什米尔、印度、中国、缅甸和越南等地。

两肩为黄绿色　　头顶为黑色

腹部中央的黑色纵带

铅黑色的脚

雌雄差异：羽色相似	是否迁徙：不迁徙	栖息地：针阔叶混交林、阔叶林

■ 科名：山雀科　体重：约 0.012 千克　别名：小仔伯、仔仔红、红子

沼泽山雀

　　沼泽山雀比大山雀体型较小，一般喜欢单独或成对活动，有时加入混合群。经常出没栎树林及其他落叶林、密丛、河边林地和果园。主要以蝗虫、角蝉、斑蛾等各种昆虫及其幼虫、卵和蛹为食。繁殖期为 3～5 月，通常每窝产卵 4～6 枚。

灰褐色的上背部

喙为黑色

深灰色的脚

尾羽为深灰褐色

◐ 形态特征：沼泽山雀的虹膜呈深褐色，喙为黑色，喙下基部有黑色的羽毛，好似山羊胡子；两颊及喉部白色居多，延伸到颈后，头顶和后颈为黑色，上背、翅膀及腰部均为灰褐色，胸部和腹部为污白色，两胁略沾褐色，尾羽为深灰褐色，脚为深灰色。

◐ 主要分布：俄罗斯、日本、中国、印度等地。

雌雄差异：同形同色	是否迁徙：不迁徙	栖息地：针叶林阔叶或针阔混交林

■ 科名：山雀科　体重：0.008～0.01 千克　别名：唧唧鬼子

褐头山雀

　　褐头山雀为小型鸟类，是重要的森林益鸟，生性活泼，常常在林间枝叶间来回穿梭。多结成小群或达 100 余只的大群活动，有时也会结成对或单独活动。食物主要以半翅目、鞘翅目的成虫及幼虫为主。繁殖期为 4～8 月，每窝通常产卵 7～9 枚，雌鸟负责孵卵。

头顶呈栗褐色

嘴略黑

暗褐色的翅膀

深蓝灰的脚

◐ 形态特征：褐头山雀体型小，嘴略黑，头顶和后颈为栗褐色，颈侧白色，颏部和喉部均为褐色，背部、腰部及尾上覆羽为暗褐色，翅膀为暗褐色，外侧羽片具较宽的赭褐色的羽缘，下体接近白色，腹部呈淡棕褐色，腹部中央色较淡，脚呈深蓝灰色。

◐ 主要分布：英国、法国、意大利、蒙古、中国、日本、朝鲜等地。

雌雄差异：羽色相似	是否迁徙：部分迁徙	栖息地：针叶林或针阔混交林

银喉长尾山雀

　　银喉长尾山雀属小型雀类，是罗马尼亚的国鸟。行动敏捷，喜群居或与其他雀类混居，繁殖期成对活动，喜欢在树冠间或灌丛顶部跳跃。主要啄食昆虫，繁殖期为 3 ~ 4 月，每窝通常产卵 6 ~ 8 枚，雌鸟负责孵雏。

○ 形态特征：银喉长尾山雀的嘴呈黑色，头顶黑色，有浅色纵纹，颈侧为葡萄棕色，部分喉部有暗灰色的块斑；背部、两翼和尾羽基本都为黑色或灰色，下体呈纯白或淡灰棕色，向后沾葡萄红色，尾部较长，脚为淡褐色。

○ 主要分布：北欧和东北欧、西伯利亚、堪察加半岛、中国、日本和朝鲜等地。

黑色的头顶，有浅色纵纹

暗褐色的嘴

尾部较长

脚呈淡褐色

雌雄差异：羽色相似	是否迁徙：不迁徙	栖息地：山地针叶林或针阔叶混交林

崖沙燕

　　崖沙燕飞行轻快而敏捷，在接近地面和水面的低空飞行捕食，经常结成群生活，多为 30 ~ 50 只的群落。休息时常停栖在沙丘、沼泽地或沙滩上，主要以蚊、蝇、蚁和蜉蝣等昆虫为食。繁殖期 5 ~ 7 月，每窝通常产卵 4 ~ 6 枚。

○ 形态特征：崖沙燕的嘴为黑褐色，耳羽为灰褐色，颈侧呈灰白色，胸部有灰褐色横带，背羽为褐色或砂灰褐色；两翅内侧飞羽和覆羽和背部颜色相同，外侧的飞羽和覆羽为黑褐色，两胁灰白而沾褐色，腹部呈白色或灰白色，尾部呈浅叉状，脚为灰褐色，爪为褐色。

○ 主要分布：世界各地均有，除澳大利亚外。

黑褐色的嘴

胸部有灰褐色横带

腹部为白色或灰白色

褐色的爪

雌雄差异：羽色相似	是否迁徙：部分迁徙	栖息地：湖泊、泡沼和江河

■ 科名：燕科　　体重：0.011 ~ 0.016 千克　　别名：太平洋燕、洋斑燕

洋燕

　　洋燕属于小型鸟类，善于飞行，飞行迅速
敏捷，叫声为悦耳的"啾啾"声，常结成小群
活动，一般在平地至低海拔空中或电线上出现。
主要以双翅目、鳞翅目等昆虫为食物。繁殖期
和产下白色的卵数量因地而异。

◎ 形态特征：洋燕体型略小，它的喙短而宽扁，
基部宽大，眼先为绒黑色，前额呈红褐色或暗
栗红色，喉部和上胸部为棕栗褐色或淡茶褐色，
背部黑色，有蓝色光泽；双翅为深褐色，腰部
为深蓝色，腹中部有白缘，尾为暗褐色，呈叉状，
形成"燕尾"，脚短而细弱。

◎ 主要分布：琉球群岛、印度南部、斯里兰卡、
澳大利亚、新西兰、中国台湾等地。

前额呈红褐色
或暗栗红色

黑色的背部，
有蓝色光泽

喙短而宽扁

尾呈叉状

雌雄差异：羽色相似	是否迁徙：不迁徙	栖息地：岛屿或山脚坡地、草坪

■ 科名：燕科　　体重：0.018 ~ 0.021 千克　　别名：赤腰燕

金腰燕

　　金腰燕善于飞行，迅速敏捷，飞行时振翼
较缓慢，喜欢高空翱翔，鸣叫声响亮。经常在
无叶的枝条或枯枝上结成小群活动，喜欢栖息
在低山及平原的居民点附近，主要以双翅目、
鳞翅目、膜翅目昆虫为食。繁殖期为 4 ~ 9 月，
每窝通常产卵 4 ~ 6 枚。

◎ 形态特征：金腰燕体长约 17 厘米，嘴为黑色，
喙短而宽扁，上喙近先端有缺刻，口裂很深，
面颊为棕色，上体大部分呈黑色，有辉蓝色光
泽；翅膀长而尖，下体为棕白色，多有黑色的
细纵纹，腰部为栗黄色，尾部呈叉状，脚短而
细弱，趾三前一后。

◎ 主要分布：欧亚大陆、非洲北部、中南半岛
及中国东南沿海等地。

黑色的嘴

尾呈叉状

两肋为皮
黄色

翅膀长而尖

趾三前一后

雌雄差异：羽色相似	是否迁徙：部分迁徙	栖息地：低山及平原的居民点附近

■ 科名：燕科　体重：0.014 ~ 0.022 千克　别名：燕子、拙燕

家燕

　　家燕善于飞行，迅速轻捷，叫声尖锐而急促。活动范围不大，但时间比较长，喜爱群体活动，每年都进行长途旅行，由北方飞向南方。主要以蚊、蝇、蛾、蚁等昆虫为食，属益鸟。在房顶或房檐下横梁上筑巢，繁殖期为 4 ~ 7 月，多数一年繁殖两窝。

◎ 形态特征：家燕的喙短而宽扁，基部宽大，呈倒三角形，喉部和上胸为栗色或棕栗色，后面具有黑色的环带，上体多为蓝黑色；翅膀狭长而尖，翅膀飞行时像镰刀，腹面部为白色，尾部呈叉状，腿部细弱，脚和趾呈黑色。

◎ 主要分布：世界各地皆有。

喙短而宽扁

上胸为栗色或棕栗色

黑色的脚

尾部叉状

雌雄差异：羽色相似	是否迁徙：迁徙	栖息地：房顶或村落附近的河滩、田野

■ 科名：雀科　体重：0.032 ~ 0.045 千克　别名：雪雀、路边雀

雪鹀

　　雪鹀属于小型鸣禽，善于飞行。当群鸟升空时飞行呈波状起伏，炫耀舞姿，然后突然下降；也常在地面上快步疾走，或并足跳行。冬季时群栖，一般不和其他种类混群。主要以种子、昆虫为食。雌鸟通常每窝产卵 4 ~ 6 枚。

◎ 形态特征：雪鹀体形矮小，嘴为黑色，喙呈圆锥形，比较细弱，边缘微向内弯。繁殖期间，雄鸟头部为白色，背部为黑灰色，下体和翼斑和其余的黑色体羽成鲜明对比；雌鸟头顶部、脸颊及颈部、背部都有近灰色的纵纹，胸部带有橙褐色的纵纹。不论雌雄，脚通常为黑色。

◎ 主要分布：欧亚、北美等极北地区以及中国黑龙江、吉林等地。

雄鸟

头部为白色

黑色的嘴

背部为黑灰色

尾呈浅叉状

脚通常为黑色

雌雄差异：羽色略有不同	是否迁徙：迁徙	栖息地：低山区和丘陵地带的开阔区

■ 科名：黄鹂科　体重：0.053 ~ 0.085 千克　别名：欧洲金黄鹂、欧亚金黄鹂

金黄鹂

金黄鹂是中型鸣禽，主要在高大乔木的树冠层活动，很少下到地面。它们喜欢单独或成对活动，繁殖期间喜欢隐藏在树冠层枝叶丛中鸣叫，叫声清脆婉转。以昆虫、浆果为主食，每窝通常产卵 3 ~ 5 枚，主要由雌鸟孵化。

◐ 形态特征：金黄鹂的嘴为紫红色，鸟喙粗壮，上体多为辉黄色，肩羽与背羽均为黄色，飞羽为黑色，黑色翅覆羽具有黄色的羽缘，下体多为鲜黄色，腰羽微染橄榄色，尾部短圆，外侧尾羽为黑色，有大块的黄斑。雌鸟上体为橄榄绿色，下体为亮白色。脚爪为黑色。

◐ 主要分布：欧亚大陆至西伯利亚西部、非洲，印度。

雄鸟

背羽为黄色

喙粗壮

翅膀尖长

脚爪呈黑色

雌雄差异：羽色不同	是否迁徙：部分迁徙	栖息地：天然次生阔叶林、混交林

■ 科名：黄鹂科　体重：0.06 ~ 0.1 千克　别名：黄鹂、黄莺、黄鸟

黑枕黄鹂

黑枕黄鹂属于中型雀类，飞行多呈波浪式，有时边飞边鸣。经常独自或成对活动，也呈松散群落。喜欢在高大乔木的树冠层活动，很少下到地面。主要食物有鞘翅目、鳞翅目、尺蠖蛾科幼虫等。繁殖期为 5 ~ 7 月，每窝通常产卵 4 枚。

◐ 形态特征：黑枕黄鹂的嘴较为粗壮，嘴峰稍向下弯曲，黑色的贯眼纹延伸到枕部，体羽大部分为金黄色；下背部为绿黄色，两翅尖且长，呈黑色。腰间和尾上覆羽为柠檬黄色，尾部短圆，除中央一对尾羽外，均有宽阔的黄色端斑，脚趾短而弱。

◐ 主要分布：柬埔寨、中国、印度等地。

嘴较为粗壮

黑色的贯眼纹

颈部为金黄色

两翅尖长

雌雄差异：羽色相似	是否迁徙：部分迁徙	栖息地：天然次生阔叶林、混交林

■ 科名：百灵科　体重：0.02 ~ 0.04 千克　别名：大鹨、天鹨、百灵

小云雀

小云雀善于奔跑，主要在地上活动，有时也停歇在灌木上。飞行时起伏不定，除繁殖期成对活动外，其他时候多成群，鸣声清脆悦耳。主要以禾本科、茜草科和胡枝子等植物为食。繁殖期为 4 ~ 7 月，每窝产卵 3 ~ 5 枚。

○ 形态特征：小云雀的嘴为褐色，下嘴基部淡黄色，头顶和后颈为黑褐色。上体呈沙棕色或棕褐色，带黑褐色的纵纹，背部呈黑色且纵纹较粗、翅膀为黑褐色，下体呈白色或棕白色，胸部为棕色，有黑褐色的干纹，尾羽羽缘白色，脚为肉黄色。

○ 主要分布：欧亚大陆、非洲北部、印度次大陆及中国的西南地区。

嘴呈褐色

黑褐色的翅膀

脚为肉黄色

雌雄差异：羽色相似	是否迁徙：部分迁徙	栖息地：草地、干旱平原、泥淖及沼泽

■ 科名：百灵科　体重：0.03 ~ 0.05 千克　别名：叫天子、告天鸟、阿兰

云雀

云雀的体型较小，善于飞行，起伏不定，在高空振翅飞行时鸣唱，接着俯冲而回到地面，鸣声活泼而悦耳，是鸣禽中少数的能在飞行中唱歌的鸟类。经常集群活动，主要以植物种子、昆虫等为食物。繁殖期为 4 ~ 8 月，每窝通常产卵 3 ~ 5 枚。

○ 形态特征：云雀体长约 18 厘米，头后部有羽冠，上体呈黑褐色，胸部为淡棕色，有多数黑褐色的斑点，背部为花褐色或浅黄色；翅膀各羽外缘呈淡棕色，下体多为白色，腹部为白色至深棕色，尾部呈分叉状且为棕色，外尾羽呈白色，腿强健有力，脚为肉色。

○ 主要分布：阿富汗、阿尔巴尼亚、阿尔及利亚、安道尔等地。

竖起的羽冠

胸部为淡棕色

尾部分叉

肉色的脚

雌雄差异：羽色相似	是否迁徙：部分迁徙	栖息地：草地、干旱平原、泥淖及沼泽

科名：百灵科　　体重：0.03 ~ 0.05 千克　　别名：凤头阿鹨儿、大阿勒

凤头百灵

　　凤头百灵中体型略大，善于飞行和在地面奔走，或做波状飞行，鸣叫声慢、短而清晰。非繁殖期多结群活动和觅食，主要以植物性食物为食，也吃昆虫等动物性食物。繁殖期为5 ~ 7月，每窝通常产卵 4 ~ 5 枚。

○ 形态特征：凤头百灵的鸟喙略长而下弯，为黄粉色，喙端部深色，冠羽长而窄，上体多为沙褐色，带有近黑色的纵纹；翅膀尖而长，下体呈浅皮黄色，胸部有近黑色的纵纹，尾部覆羽为皮黄色，腿和脚强健有力，爪偏粉色。

○ 主要分布：欧洲至中东、非洲、中亚、蒙古、朝鲜及中国。

冠羽长而窄

鸟喙略长，下弯

爪偏粉色

背部呈沙褐色

翅膀尖而长

雌雄差异：羽色相近	是否迁徙：部分迁徙	栖息地：干燥平原、旷野、半荒漠

科名：百灵科　　体重：0.018~0.025 千克　　别名：白眉

大短趾百灵

　　大短趾百灵是典型的干燥草原鸟，常在地面行走或振翼飞行，喜欢站在高土岗或沙丘上不停鸣叫，叫声优美。食物以草籽、嫩芽等为主，也捕食蚱蜢、蝗虫等。繁殖期为 5 ~ 7月，每窝通常产卵 3 ~ 5 枚，卵呈白色或近黄色，雌雄亲鸟轮流孵卵。

○ 形态特征：大短趾百灵全长 13~14 厘米，翼展 27 ~ 32 厘米，冠羽较短，嘴粗短，喉皮为黄色，喉部与胸部交界处有一道粗横纹；上体为沙褐色，有黑色的纵纹，胸部为浅褐色，前胸两侧各有一条黑色斑纹，腹部为污白色，翅膀稍尖长，脚为肉棕色。

○ 主要分布：欧亚大陆及非洲北部，非洲中南部地区，印度次大陆及中国的西南地区。

嘴粗短

翅膀尖且长

肉棕色的脚

雌雄差异：羽色相近	是否迁徙：迁徙	栖息地：温带草原、热带沙漠、牧草地

■ 科名：百灵科　　体重：0.03～0.05千克　　别名：无

角百灵

　　角百灵属小型鸣禽，善于在地面短距离奔跑，主要在地上活动，善于鸣叫，声音清脆，喜欢单独或成对活动。主要以草籽等植物性食物为食，也吃昆虫。繁殖期为5～8月，通常每窝产卵2～5枚，雌雄鸟轮流孵化。

◐ 形态特征：角百灵雄鸟的前额为白色，眉纹为白色或淡黄色，头顶部为红褐色，有犄角状的羽冠，但雌鸟的羽冠短或不明显；上背呈粉褐色、褐色或灰褐色，颊部为白色，胸带宽阔，两翅为褐色，腰部呈棕褐色，具有暗褐色的纵纹，尾部为暗褐色。

◐ 主要分布：美洲、印度次大陆及中国的西南地区。

角状的羽冠

上背呈粉褐色、褐色或灰褐色

雄鸟

尾部为暗褐色

雌雄差异：羽色略相似	是否迁徙：部分迁徙	栖息地：草地、荒漠、半荒漠、戈壁滩

■ 科名：百灵科　　体重：不详　　别名：无

二斑百灵

　　二斑百灵属小型鸣禽，善于奔走，飞行呈波状，可直冲入云。受惊扰时，它常藏匿不动，因有保护色而不易被发觉，飞行时叫声沙哑洪亮。主要以草籽、嫩芽等为食。繁殖期为5～6月，通常每窝产卵3～4枚，雌雄鸟轮流孵卵。

◐ 形态特征：二斑百灵身长16～18厘米，嘴厚且钝，呈圆锥状，眉纹和眼下部染白色斑纹，上体有浓褐色杂斑，胸侧略有纵纹；翅膀稍尖而长，下体白色居多，两胁为棕色，尾部较短，并有狭窄的白色羽端。脚橘黄色，后爪细长而直。

◐ 主要分布：俄罗斯、伊朗、阿富汗、印度、中国新疆等地。

背部浓褐色的杂斑

嘴部尖细

腹部呈白色

橘黄色的脚

翅膀稍尖而长

雌雄差异：羽色略有不同	是否迁徙：迁徙	栖息地：沙漠、小灌丛、近水草地

科名：莺科　体重：0.006 ~ 0.01 千克　别名：普通缝叶莺

长尾缝叶莺

　　长尾缝叶莺的体型较小，尾巴喜欢上扬，飞行有力，翅膀拍打发出声音。它生性活泼，经常不停地运动或发出刺耳尖叫声，喜欢隐匿在树林下层且多在浓密枝叶覆盖之下。一般在带刺的荆棘丛里筑窝，鸟巢精致而漂亮，十分隐蔽。

⬤ 形态特征：长尾缝叶莺体长 12 厘米左右，虹膜为浅皮黄色，上嘴为黑色，下嘴偏粉色，前顶冠为棕色，头侧部接近白色，后顶冠及颈背偏灰色，背部、两翼及尾部均为橄榄绿色。下体白色居多，两胁则为灰色，尾部较长，脚为粉灰色。

⬤ 主要分布：印度至中国，东南亚，爪哇岛。

尾羽较长

棕色的前顶冠

头侧近白色

腹部呈白色

雌雄差异：羽色相近	是否迁徙：不迁徙	栖息地：稀疏林、次生林及林园

科名：莺科　体重：0.007 ~ 0.011 千克　别名：无

褐头鹪莺

　　褐头鹪莺是小型鸟类，生性活泼，行动敏捷，飞行呈波浪式，很少做长距离飞行；喜欢单独或成对活动，偶尔也成小群，多在灌木下部和草丛中跳跃和觅食。主要以甲虫、蚂蚁等鞘翅目等昆虫和昆虫幼虫为食。繁殖期 5 ~ 7 月，每窝通常产卵 4 ~ 6 枚。

⬤ 形态特征：褐头鹪莺的上嘴为褐色或黑褐色，眉纹和眼周均为棕白色，面颊和耳羽为淡褐色或黄褐色，上体基本为灰褐色或灰褐色沾棕；翅上覆羽为浅褐色，背部与腰部沾橄榄色，胸部、两胁为白色微沾皮黄色，尾部长且呈凸状，脚呈肉色或肉红色。

⬤ 主要分布：中国、巴基斯坦、印度、尼泊尔等地。

上嘴为褐色或黑褐色

飞羽褐色

脚呈肉色或肉红色

长尾呈凸状

雌雄差异：羽色相似	是否迁徙：不迁徙	栖息地：低山丘陵、山脚和平原地带

■ 科名：燕雀科　　体重：不详　　别名：无

红腹灰雀

　　红腹灰雀属于小型鸟类，经常出现在终年常青的树林和灌木丛中，鸣声委婉动听，好像吹奏的喇叭，是人们喜欢的笼鸟之一。它喜欢栖息在林地、果园及花园，冬季通常结成小群活动和觅食。筑巢在树上，繁殖期为 5 ~ 7 月，每窝通常产卵 4 ~ 6 枚。

● 形态特征：红腹灰雀嘴部为黑色，粗厚而略带钩，通体大多数为粉红色，顶冠为黑色，头顶部为淡灰色，背部为灰色；翅膀为黑色，下体基本为灰色而杂染有粉色，腹部呈橘红色，腰部和臀部为白色，脚多为黑褐色。

● 主要分布：欧洲、北亚、朝鲜半岛，中国、日本等地。

顶冠呈黑色
嘴厚而略带钩
背部呈灰色
腹部呈橘红色
黑褐色的脚

雌雄差异：羽色相似	是否迁徙：部分迁徙	栖息地：白桦林和次生林区

■ 科名：燕雀科　　体重：约 0.01 千克　　别名：无

长尾雀

　　长尾雀属于小型鸟类，叫声十分悦耳，喜欢单独或成对活动，幼鸟喜欢结群，主要生活在山区，多在平原、丘陵、低矮的灌丛、沿溪小柳丛、蒿草丛和次生林以及公园和苗圃中出没。食物以植物果实、种子、草籽和谷粒等农作物为主。

● 形态特征：长尾雀是中等体型而尾长的雀鸟，体长约 17 厘米，嘴部浅黄而粗厚。繁殖期雄鸟的面颊、腰部及胸部都为粉红色，额部与颈部、背部均为苍白色，两翼多为白色，上背部为褐色，而带有近黑色且边缘粉红的纵纹。雌鸟的腰及胸为棕色，翼带有灰色纵纹，脚为灰褐色。

● 主要分布：俄罗斯，日本北部，朝鲜半岛，西伯利亚南部，哈萨克斯坦、中国等地。

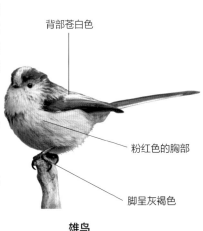

背部苍白色
粉红色的胸部
脚呈灰褐色

雄鸟

雌雄差异：羽色略有差异	是否迁徙：部分迁徙	栖息地：亚热带常绿阔叶林

■ 科名：燕雀科　体重：0.052 ~ 0.078 千克　别名：无

松雀

松雀体型略大，该物种的原产地在瑞典。雄雌鸟异色，当它们栖息在树枝上的时候，红绿相映，十分有趣。生性胆大，叫声响亮而悦耳，颤鸣好似笛声。冬天常常结成小群到山下活动，主要以松子为食物。

◎ 形态特征：松雀体长 22 厘米左右，嘴部带钩且为灰色，下嘴基粉红。雄鸟大部分为深粉红色，脸部有灰色图纹，双翼为近黑色，带有白色翼斑，尾部较长，脚为深褐色。雌鸟与雄鸟的显著区别是通体为橄榄绿色。

◎ 主要分布：北欧、阿拉斯加、西伯利亚，蒙古以及中国东北等地。

嘴部带钩

头部呈深粉红色

深粉红色的胸部

深褐色的脚

雄鸟

雌雄差异：羽色不同	是否迁徙：迁徙	栖息地：山地森林以及针叶林和针阔混交林

■ 科名：鹟科　体重：0.002 ~ 0.018 千克　别名：无

文须雀

文须雀属于小型鸟类，飞行较低，两翅扇动缓慢而弱。生性活泼，行动敏捷，喜欢在靠近水面的芦苇下部活动，喜欢成对或结成小群，有时集成数十只的大群。食物主要为昆虫、芦苇种子与草籽等。繁殖期 4 ~ 7 月，通常每窝产卵 5 ~ 6 枚，雌雄亲鸟共同育雏。

◎ 形态特征：文须雀的嘴为橙黄色或黄褐色，形状直而尖，前额和头侧为淡烟灰色或灰色，眼先、眼周呈黑色，经颊部形成髭状黑斑；背部、肩部和腰部均淡棕色或赭黄色，腹部为皮黄白色，尾部较长，呈凸状，中央一对赭黄色尾羽最长，脚为黑色。

◎ 主要分布：欧洲、非洲、阿拉伯半岛以及中国等地。

髭状黑斑

头侧为淡烟灰色或灰色

背部为淡棕色或赭黄色

雌雄差异：羽色相似	是否迁徙：部分迁徙	栖息地：湖泊及河流沿岸芦苇沼泽

■ 科名：鹟科　体重：0.007 ~ 0.013 千克　别名：无

红头穗鹛

红头穗鹛属于小型鸟类，经常在灌丛枝叶间飞行，喜欢单独或结成对活动，有时成小群或其他鸟类混群。主要以昆虫为食，也吃植物果实与种子。繁殖期 4 ~ 7 月，通常每窝产卵 4 ~ 5 枚，雌雄亲鸟轮流孵卵。

尾部呈褐色或暗褐色

上嘴为褐色

胸部呈浅灰茶黄色

脚趾呈肉黄色

◎ 形态特征：红头穗鹛上嘴为褐色，额部、头顶为棕红或橙栗色，眼上为浅黄色或橄榄褐色，上体呈淡橄榄褐色染绿色；飞羽为暗褐色，下体颏部、喉部和胸部为浅灰黄色，尾部为褐或暗褐色，脚趾呈肉黄色。

◎ 主要分布：中国、不丹、印度、缅甸、老挝和越南等地。

雌雄差异：羽色相似	是否迁徙：不迁徙	栖息地：山地森林

■ 科名：鹟科　体重：0.014 ~ 0.033 千克　别名：长尾鹟、练鹊、三光鸟

寿带鸟

寿带鸟生性羞怯，常活动在森林中下层茂密的树枝间，喜欢单独或成对活动。主要以甲虫、金龟甲、蝗虫等昆虫及其幼虫为食物。繁殖期为 5 ~ 7 月，每窝通常产卵 2 ~ 4 枚。

口裂大

背部呈带紫的深栗红色

尾部呈栗色或栗红色

雄鸟

◎ 形态特征：寿带鸟的口裂较大，雄鸟头部及额、喉部和上胸均为蓝黑色，背、肩、腰和尾上覆羽均为带紫的深栗红色；胸部和两胁为灰色，腹部为白色，尾部呈栗色或栗红色，中央的两枚尾羽特别延长，腿较短。白色型雄鸟的背部至尾等上体为白色，各羽有细窄的黑色羽干纹。雌鸟上体余部包括两翅和尾表面均为栗色，中央尾羽不延长，尾下覆羽微沾淡栗色。

◎ 主要分布：阿富汗、孟加拉国、不丹、文莱、柬埔寨、中国、印度等地。

雌雄差异：羽色略有不同	是否迁徙：迁徙	栖息地：低山丘陵和山脚平原地带

■ 科名：鹟科　　体重：0.007 ~ 0.01 千克　　别名：柳叶儿、口子喇子

黑眉苇莺

　　黑眉苇莺一般在路边、湖边和沼泽地的灌丛及近水的草丛中活动，繁殖期间经常站在开阔草地上的小灌木或蒿草梢上鸣叫，鸣声短促，十分嘈杂。繁殖期为 5 ~ 7 月，通常每窝产卵 4 ~ 5 枚，卵呈椭圆形、灰绿色。

➲ 形态特征：黑眉苇莺的嘴为黑褐色，下嘴基淡褐色，眉纹为淡黄褐色，杂有黑褐色的纵纹；眼后有淡棕褐色贯的暗线，上体呈橄榄棕褐色；飞羽为黑褐色，下体羽毛呈污白色，胸部和两肋均缀有深棕褐色，腰部为暗棕褐色，脚为暗褐色。

➲ 主要分布：西伯利亚南部，蒙古、俄罗斯、中国、朝鲜、日本、泰国等地。

嘴呈黑褐色

胸部污白色的羽毛

暗褐色的脚

尾较长

雌雄差异：羽色相似	是否迁徙：迁徙	栖息地：低山和山脚平原地带

■ 科名：鹟科　　体重：不详　　别名：圃苇莺

布氏苇莺

　　布氏苇莺属于小型鸟类，活泼而机敏，喜欢单独或成对活动，常在低矮的树上跳来跳去。繁殖季节雄鸟多在晚间鸣叫，鸣声尖锐，急促而富有变化。食物以昆虫及其幼虫为主。繁殖期 5 ~ 7 月，通常每窝产卵 3 ~ 4 枚。

➲ 形态特征：布氏苇莺上嘴为暗褐色，下嘴呈黄色，眼周羽毛为皮黄色，上体呈橄榄褐色，染有黄色，翅膀为黑褐色，喉部呈白色，腹部为淡皮黄色，两肋的颜色较暗，尾上覆羽有浅赤褐色，脚为淡黄色到淡褐色。

➲ 主要分布：俄罗斯、乌克兰、土耳其、芬兰南部、蒙古西北部、中国新疆。

黑褐色的翅膀

上嘴为暗褐色

白色的喉部

腹部呈淡皮黄色

雌雄差异：羽色相似	是否迁徙：迁徙	栖息地：水域附近灌丛、苇丛和草丛

科名：鹟科　体重：0.014 ~ 0.019 千克　别名：灰莺

灰白喉林莺

灰白喉林莺为小型鸟类，喜欢单独或成对活动，经常在灌木丛枝叶间穿梭，有时到地面或飞向空中捕食，繁殖期间多站在树丛顶端鸣唱。主要以昆虫及昆虫幼虫为食。繁殖期 5 ~ 7 月，每窝通常产卵 4 ~ 6 枚。

◎ 形态特征：灰白喉林莺的嘴峰为黑褐色，下嘴基部灰褐色，头部为纯灰色，头顶至后颈均为灰色，背部为灰褐色，飞羽为褐色，颏部、喉部均为白色，下体余部均为淡粉红白色，尾羽大部分为褐色，有淡色的狭缘。雌鸟头部、背部为灰褐色，下体沾赭褐色。脚均为淡褐色。

◎ 主要分布：北欧斯堪的纳维亚半岛，俄罗斯、德国、丹麦等地。

雌雄差异：羽色略有不同	是否迁徙：迁徙	栖息地：荒漠、林缘、溪流、湖泊

科名：鹟科　体重：约 0.008 千克　别名：嚣鶲鸟、棕柳莺

叽咋柳莺

叽咋柳莺体型小，鸣叫声平缓而圆滑，多在灌丛中活动，单独或 8 ~ 10 只结成群。食物以象鼻虫、小型甲虫和蚜虫等为主。在灌丛或草丛覆盖的堤坝地面上筑巢，繁殖期为 5 ~ 7 月，每窝通常产卵 4 枚。

◎ 形态特征：叽咋柳莺的嘴为淡黄色，眉纹短而呈淡白色，贯眼纹为黑褐色，上体呈淡绿褐色；翅下覆羽和腋羽为硫黄色，胸部和两胁为淡白染以皮黄色，腰部为绿色，腹部中央颜色较淡，尾羽为黑褐色，脚为黑褐或暗褐色。

◎ 主要分布：北非，印度、伊朗、伊拉克，俄罗斯西伯利亚，中国新疆、内蒙古等地。

雌雄差异：羽色相似	是否迁徙：迁徙	栖息地：低山、丘陵和山脚平原地带

■ 科名：鹟科　　体重：0.008 ~ 0.012 千克　　别名：小白喉莺、白喉莺、沙白喉莺

白喉林莺

褐色的嘴
飞羽呈褐色
胸部沾褐色
或淡粉红色
脚为黄绿色
或灰铅色

　　白喉林莺体型略小，生性活泼，生活十分隐蔽，不容易被发现，有时也在树顶短暂停息。颤鸣声细弱，也有尖厉刺耳的音调。它喜欢单独或成对活动，不断在灌木、树枝间飞窜，食物多为金花虫、蚂蚁及其他昆虫。繁殖期 5 ~ 7 月，每窝通常产卵 5 枚。

○ 形态特征：白喉林莺的嘴为褐色，头顶与背部为灰色，贯眼纹黑褐或暗褐色，喉部为白色，飞羽为褐色，具有淡砂褐色的羽缘。下体呈污白色，胸部沾褐色或淡粉红色，两胁沾皮黄色，尾羽呈暗褐色，脚为黄绿色或灰铅色。

○ 主要分布：欧亚大陆、小亚细亚、中亚，伊朗、印度等地。

雌雄差异：羽色相似	是否迁徙：迁徙	栖息地：山麓、森林林缘及灌丛草坡

■ 科名：鹟科　　体重：0.011 ~ 0.015 千克　　别名：无

水蒲苇莺

眉纹粗
背部有黑褐
色的条纹
爪呈黑褐色

　　水蒲苇莺属小型鸟类，生性机警，喜欢在草丛和灌丛中躲藏，繁殖期间雄鸟不停鸣叫，有时进行飞行炫耀，经常独自或结群活动，鸣叫声沙哑。食物以昆虫及其幼虫为主。繁殖期为 5 ~ 7 月，在草茎或灌木下面做窝。

○ 形态特征：水蒲苇莺体长为 12 ~ 14 厘米，下嘴基部呈粉黄色，眉纹呈皮黄白色，上体为褐色，头顶和背部有黑褐色的条纹，腰部和尾上覆羽均呈淡棕色；下体为白色，双胁为赭色，两翅和尾褐色而沾灰，脚为蓝灰色，爪为黑褐色。

○ 主要分布：欧洲、小亚细亚、中亚、非洲，叶尼塞河流域，中国新疆天山、伊犁谷地。

雌雄差异：羽色相似	是否迁徙：迁徙	栖息地：湖泊、溪流、水塘、水库

厚嘴苇莺

　　厚嘴苇莺体型较大，行动迅速而敏捷，行为十分隐蔽，经常单独或成对地在茂密的灌丛、草丛中活动和觅食。食物主要为甲虫、象鼻虫、蝗虫、蟋蟀、蚂蚁等昆虫。繁殖期为 5 ~ 8 月，每窝通常产卵 5 ~ 6 枚。

◎ 形态特征：厚嘴苇莺的嘴部宽厚，呈黑褐色，下嘴基部淡黄褐色，嘴须非常发达，眼周为皮黄色，额羽松散，上体羽毛大部分为橄榄棕褐色，下体羽毛接近白色，略沾淡棕色；腰部和尾上覆羽为鲜亮棕褐色，腰部凸状明显，尾羽呈棕褐色，脚为暗铅褐色。

◎ 主要分布：西伯利亚南部，蒙古、俄罗斯、中国、日本、印度、缅甸等地。

腰覆羽为鲜亮棕色

嘴为黑褐色

暗铅褐色的脚

雌雄差异：羽色相似	是否迁徙：迁徙	栖息地：低山丘陵和山脚平原地带

鸲蝗莺

　　鸲蝗莺属于小型鸟类，鸣声快速流畅；行踪隐秘，多出没于河流、湖泊和附近，经常躲藏在厚密的灌丛和草丛中。主要以昆虫等动物性食物为食。繁殖期为 5 ~ 7 月，通常每窝产卵 4 ~ 5 枚。雌鸟独自孵卵，雄鸟负责警戒。

◎ 形态特征：鸲蝗莺的虹膜呈淡褐色，嘴为褐色，贯眼纹呈黑褐色，上体从头至尾均为棕褐色或锈褐色，微带青色，背部呈棕褐色；翅膀尖长，飞羽颜色较淡，颏部、喉部和腹部均为白色，胸部和两胁均呈黄褐色，尾呈凸状，缀有颜色深浅相间的横斑，脚为淡肉色。

◎ 主要分布：葡萄牙、西班牙、法国、荷兰、德国、波兰、匈牙利、中国等地。

嘴呈褐色

背部呈棕褐色

黄褐色的胸部

淡肉色的脚

雌雄差异：羽色相似	是否迁徙：迁徙	栖息地：河流、湖泊、草原及沼泽地带

■ 科名：鹟科　体重：0.024 ～ 0.031 千克　别名：无

大苇莺

　　大苇莺属于小型鸟类，生性活跃，十分警觉。鸣叫声响亮，喜欢单独或成对在草茎、芦苇丛和灌丛之间跳跃、攀缘。主要以甲虫、金花虫等昆虫幼虫以及蚂蚁为食。繁殖期 5 ～ 7 月，通常每窝产卵 3 ～ 6 枚，雌鸟负责孵卵。

● 形态特征：大苇莺体长为 14 ～ 17 厘米，鸟喙较薄，上嘴为黑褐色，下嘴苍白，先端为黑茶色，眉纹为淡棕黄色，上体大部分为黄褐色；两肋颜色较深，腹面呈淡棕黄色，腹部中央为乳白色，翅膀覆羽为褐色，具有淡棕色的边缘，尾羽也为浅褐色，脚呈铅蓝色。

● 主要分布：欧洲到中亚的大部分地区。

鸟喙较薄

翅膀覆羽为褐色

淡铅蓝色的脚

雌雄差异：羽色相似	是否迁徙：迁徙	栖息地：湖畔、河边、水塘、芦苇沼泽

■ 科名：鹟科　体重：0.022 ～ 0.027 千克　别名：无

横斑林莺

　　横斑林莺属于小型鸟类，性情活跃，行动敏捷又谨慎，鸣声短促而深沉，喜欢单独或结成对活动。主要以昆虫或其幼虫为食，也吃植物果实、种子、浆果等。繁殖期 6 ～ 7 月，通常每窝产卵 4 ～ 6 枚，双亲共同孵卵和育雏。

● 形态特征：横斑林莺的嘴为蓝黑色，头侧羽毛带有灰白色的羽缘，形成鳞状横斑，此横斑雌鸟仅限于两肋；上体多为灰褐色，双翼近黑色，翅上覆羽羽缘为灰白色；下体白色羽毛有灰黑色的横斑，形成波浪状斑纹，腹部为乳白色，尾羽多为褐灰色，带有暗色的横斑，脚为青灰色。

● 主要分布：欧洲中部，芬兰、瑞典、丹麦、德国、意大利等地。

背部呈灰褐色

嘴为蓝黑色

腹部为乳白色

尾羽多呈褐灰色

雄鸟

青灰色的脚

雌雄差异：羽色略有不同	是否迁徙：迁徙	栖息地：农田、灌木丛、城市林园

■ 科名：鹟科　体重：0.009 ～ 0.015 千克　别名：厚嘴树莺、大眉草串儿

巨嘴柳莺

　　巨嘴柳莺生性胆小，经常在密枝上跳跃或飞窜，有时也在河谷灌丛中活动。繁殖季节雄鸟鸣叫不停，鸣叫时嘴伸向上，喉部突出，双翅轻微抖动。食物主要有蚂蚁、草籽及果实等。繁殖期为 5 ～ 7 月，每窝通常产卵 5 枚。

嘴较厚

尾羽呈暗褐色

黄褐色的脚

◉ 形态特征：巨嘴柳莺的嘴较厚，上嘴为黑色，下嘴黄褐色，眉纹和眼圈均为棕色，两颊为棕褐色，喉部近白色，两翅的外侧覆羽和飞羽均为暗褐色，胸部和两肋覆羽为棕黄色，腹部为鲜黄色，尾羽为暗褐色，边缘微带棕褐色，脚为黄褐色。

◉ 主要分布：俄罗斯、朝鲜、缅甸、泰国，中南半岛、中国新疆等地。

雌雄差异：羽色相似	是否迁徙：迁徙	栖息地：灌丛、矮树、林缘草地

■ 科名：鹟科　体重：0.008 ～ 0.014 千克　别名：白点颏、黑尾杰、红胸翁

红喉姬鹟

　　红喉姬鹟属于小型鸟类，性情活泼，喜欢将尾部散开和轻轻上下摆动，很少鸣叫，但繁殖期间鸣声婉转，在树枝间跳跃或飞行，一般单独或成对活动，食物以叶甲、金龟子、蜷象等昆虫和昆虫幼虫为主。繁殖期 5 ～ 7 月，每窝通常产卵 4 ～ 7 枚。

◉ 形态特征：红喉姬鹟雄鸟嘴为黑色，眼先和眼周为白色或污白色，耳羽为灰黄褐色，背部、肩部到腰为灰褐色或灰黄褐色，飞羽暗灰褐色，颏部和喉部均为橙红色，喉侧和胸部淡灰色，腹部为白色或灰白色，尾部为黑色。雌鸟颈部、喉部为白色，胸部沾棕黄褐色。脚为黑色。

◉ 主要分布：欧洲、亚洲、埃及等地。

喉部呈橙红色

淡灰色的胸部

腹部呈白色或灰白色

尾部呈黑色

雄鸟

雌雄差异：羽色略有不同	是否迁徙：迁徙	栖息地：阔叶林、针阔林混交林

科名：鹟科　体重：0.006 ~ 0.01 千克　别名：无

棕胸蓝姬鹟

棕胸蓝姬鹟属于小型鸣禽，飞行灵活，善于在空中飞捕昆虫。生性胆怯，可长时间待在地面或齐足跳进。主要以天牛科成虫、叩头虫、瓢虫等鞘翅目昆虫为食物。繁殖期为 4 ~ 6 月，每窝通常产卵 4 ~ 6 枚。

● 形态特征：棕胸蓝姬鹟雄鸟鸟喙呈黑色，宽阔而扁平。羽毛大部分呈灰蓝色及棕色，上体基本为青石蓝色，翅膀短而圆，下体橘黄色居多，喉部、胸部及两胁均为皮黄色，尾部呈楔形。雌鸟上体褐色，下体皮黄色，额、眉和眼圈均为淡锈黄色。腿部较短，脚爪为肉色。

● 主要分布：孟加拉国、不丹、柬埔寨、中国、印度、印度尼西亚、缅甸、尼泊尔等地。

喙宽阔而扁平

背部为青石蓝色

雄鸟

尾部呈楔形

脚爪呈肉色

雌雄差异：羽色不同	是否迁徙：不迁徙	栖息地：潮湿低地森林和山地森林

科名：鹟科　体重：0.01 ~ 0.015 千克　别名：黄腰姬鹟

白眉姬鹟

白眉姬鹟是小型鸟类，喜欢单独或结成对，多在树冠下层低枝处活动和觅食。繁殖期间雄鸟叫声清脆，平时叫声低沉。主要以天牛科、瓢虫、象甲、金花虫等昆虫及其幼虫为食。繁殖期为 5 ~ 7 月，每窝通常产卵 4 ~ 7 枚。

● 形态特征：白眉姬鹟体长 11 ~ 14 厘米，嘴为黑色，眉纹呈白色，雄鸟前额、头顶、枕部、后颈、颈侧、上背及肩部均为黑色，两翅为黑色，翅上具有白斑；下体多为鲜黄色，胸部沾橙色，下背和腰部为鲜黄色，尾部和尾上覆羽均为黑色。雌鸟上体大部为橄榄绿色，下体为淡黄绿色。脚呈铅黑色。

● 主要分布：中国、印度尼西亚、朝鲜、韩国、老挝、马来西亚、蒙古、新加坡等地。

白色的眉纹

嘴为黑色

翅上有白斑

铅黑色的脚

雄鸟

雌雄差异：羽色不同	是否迁徙：迁徙	栖息地：阔叶林和针阔叶混交林

■ 科名：鹟科　体重：0.01 ~ 0.014 千克　别名：无

海南蓝仙鹟

海南蓝仙鹟是小型鸟类，喜欢栖息在低地常绿林的中高层，经常单独或成对，偶尔也会3 ~ 5只在一起，喜欢频繁地穿梭在树枝和灌丛间，繁殖期间鸣声响亮婉转，主要以甲虫、象甲、鳞翅目幼虫、蚂蚁等昆虫为食，繁殖期为4 ~ 6月。

◎ 形态特征：海南蓝仙鹟的嘴为黑色，雄鸟前额有鲜亮的眉斑，头部和两侧沾灰色，下胸和两胁为蓝灰色，两翅和尾均为暗蓝色。雌鸟上体大部分呈橄榄褐色，喉部与胸部为橙皮黄色，腹部覆羽白色，脚为紫黑色或肉黄色。

◎ 主要分布：柬埔寨、中国、老挝、缅甸、泰国、越南等地。

雄鸟

背部呈橄榄褐色　嘴呈黑色

紫黑色或肉黄色的脚

雌雄差异：羽色不同	是否迁徙：不迁徙	栖息地：低地常绿林的中高层

■ 科名：鹟科　体重：0.017 ~ 0.024 千克　别名：无

棕腹仙鹟

棕腹仙鹟生性较安静，喜欢单独或成对活动，一般飞到地上捕食，有时也在空中捕食飞行性昆虫。主要以甲虫、蚂蚁、蛾、蚊等昆虫为食物，繁殖期为5 ~ 7月，每窝通常产卵4枚。

◎ 形态特征：棕腹仙鹟额头、眼先、颊部及喉部均为黑色，头顶呈钴蓝色，颈侧有钴蓝色的长细斑纹，上体多为黑蓝紫色；下体多呈棕色，胸部为栗色，腰部呈钴蓝色，尾羽为黑褐色，尾下覆羽为棕色。雌鸟上体为橄榄褐色，喉和上胸为淡皮黄色或棕褐色，下胸、腹和两胁均为橄榄褐色，上胸中部有一块白色块斑，下腹为棕白色。脚为灰色。

◎ 主要分布：孟加拉国、不丹、中国、印度、缅甸、尼泊尔等地。

头顶呈钴蓝色

喉部呈黑色

胸部为栗色

尾羽为黑褐色

灰色的脚

雄鸟

雌雄差异：羽色不同	是否迁徙：迁徙	栖息地：阔叶林、竹林、针阔叶混交林

■ 科名：鹟科　　体重：0.012 ~ 0.024 千克　　别名：黑喉鸲、谷尾鸟、石栖鸟

黑喉石鸭

　　黑喉石鸭能够鼓动着翅膀停留在空中或垂直飞翔，喜欢单独或结成对活动，繁殖期间多在高处鸣叫，鸣声尖细而响亮；多从低树枝跃下地面捕食，主要以蝗虫、蚱蜢、甲虫等昆虫和昆虫幼虫为食物。繁殖期为 4 ~ 7 月，每窝通常产卵 5 ~ 8 枚。

◯ 形态特征：黑喉石鸭中等体型，头顶、头侧、喉部、背部及肩均为黑色，颈侧和肩部具有白斑，颈侧和上胸两侧形成白色半领状，胸部为锈红色，腰部为白色，腹部和两肋为浅棕色或白色，尾羽为黑色，脚为黑色。

◯ 主要分布：亚洲、欧洲、非洲、大科摩罗岛、马达加斯加岛、留尼汪岛等地。

飞羽为黑褐色

锈红色的胸部

脚为黑色

雌雄差异：羽色相似	是否迁徙：迁徙	栖息地：林区外围、村寨和农田附近

■ 科名：鹟科　　体重：0.01 ~ 0.021 千克　　别名：灰丛树石栖鸟

灰林鸭

　　灰林鸭属于中型鸟类，喜欢单独或成对活动，有时也集成 3 ~ 5 只的小群。鸣声短促而细弱，主要以甲虫、蝇、蛆、蝗虫、蚂蚁、蜂等昆虫和昆虫幼虫为食物。繁殖期为 5 ~ 7 月，每窝通常产卵 4 ~ 5 枚。

◯ 形态特征：灰林鸭的眉纹为白色，颊、耳羽和头侧为黑色，头部纵纹较密集，枕部、后颈、背部和肩部均为深灰色，颏与喉部为白色，两翅均为黑色或黑褐色，翅上白色翅斑显著，腰部和尾上覆羽为纯灰色，胸部、两肋和尾下覆羽为浅灰色或灰白色。雌鸟上体棕褐色，颏、喉白色，胸部棕白色。

◯ 主要分布：阿富汗、巴基斯坦、克什米尔、尼泊尔等地。

棕褐色的背部

嘴呈黑色

胸部棕白色

雌鸟

雌雄差异：羽色略有不同	是否迁徙：不迁徙	栖息地：林缘疏林、草坡、灌丛、沟谷

■ 科名：鹟科　体重：0.008 ~ 0.010 千克　别名：麦穗、石栖鸟

穗鵖

穗鵖体型较小，能够行走和并足跳跃，飞行很快而偏低，落地前扇动翅膀，机警而自信。它领域性很强，喜欢栖息在开阔原野，在荒漠、高原和多岩石草地较常出现，多在夜里鸣叫，或在岩石栖息处或在飞行时鸣叫，鸣声短促而清脆。

◎ 形态特征：穗鵖体长 10 厘米左右，体色呈沙褐色，两翼颜色深，腰部为白色。夏季雄鸟的额部及眉纹为白色，眼先和脸部为黑色。冬季雄鸟的眼纹颜色变暗，头顶及背部呈皮黄褐色，中央尾羽及尾羽端近黑色，腰部及尾侧为白色，脚为黑色。

◎ 主要分布：欧洲、亚洲、非洲、北美洲等地。

嘴呈黑色

双翼近黑色

胸前部呈棕色

黑色的脚

雌雄差异：羽色相似	是否迁徙：不迁徙	栖息地：山地草原多石地段

■ 科名：鹟科　体重：0.01 ~ 0.02 千克　别名：漠即鸟、黑喉石栖鸟

漠鵖

漠鵖体型略小，是一种在荒漠常见的鸟，该物种的模式产地在埃及，生性十分胆小，经常飞到岩石后躲起来，喜欢多石的荒漠和荒地，常栖息在低矮的植被，鸣声为重复的哀怨颤音，告警时叫声尖厉。雄鸟经常会在近巢处作简短的炫耀飞行，也在地面齐足跳行。

◎ 形态特征：漠鵖体长一般为 14 ~ 15.5 厘米，南方的亚种比北方的亚种体型大，漠鵖整体呈沙黄色，双翼近黑色，尾部为黑色。雄鸟脸侧、颈部和喉部均为黑色；雌鸟头侧颜色近黑色，但颏部与喉部呈白色，翅膀较黑。

◎ 主要分布：西伯利亚、亚洲、非洲等地。

沙黄色的背部

沙黄色的胸部

尾部为黑色

雄鸟

雌雄差异：羽色略有不同	是否迁徙：迁徙	栖息地：干旱荒漠、山地荒漠、荒漠

科名：鸫科　体重：0.1 ~ 0.15 千克　别名：栗色胸石鸫、栗胸矶鸫

栗腹矶鸫

　　栗腹矶鸫属于体型较大的鸫鸟，善于鸣叫，经常在树顶发出悦耳的颤鸣声，报警时的叫声似松鸦的喘息。它们能够直立而栖，尾部缓慢地上下弹动，有时面对树枝，会将尾部向上举起。它们在海拔1000 ~ 3000 米的森林进行繁殖。

○ 形态特征：栗腹矶鸫的嘴为黑色，繁殖期雄鸟脸颊具有黑色斑，上体为蓝色，喉部及下体余部均为鲜艳栗色，脚为黑褐色。雌鸟身体呈褐色，耳后有皮黄色的月牙形斑，上体缀有扇贝形的斑，近黑色，下体布满皮黄色和深褐色的斑纹，斑纹呈扇贝形。

○ 主要分布：巴基斯坦西部、中国南部及中南半岛北部。

嘴呈黑色

雄鸟脸颊具有黑色斑

皮黄色的眼圈较宽

栗色的腹部

脚呈黑褐色

雄鸟

雌雄差异：羽色不同	是否迁徙：部分迁徙	栖息地：低海拔开阔而多岩的山坡林地

科名：鸫科　体重：0.09 ~ 0.12 千克　别名：无

灰头鸫

　　灰头鸫是体形略大的鸟类，生性胆怯。它们每日活动时间较早，一般单独或成对活动，春秋迁徙季节也集成几只或十多只的小群。繁殖期间善于鸣叫，叫声清脆响亮。食物以昆虫和植物种子为主。繁殖期为 4 ~ 7 月，每窝通常产卵 3 ~ 4 枚。

○ 形态特征：灰头鸫的头部和眼先为烟灰色或褐灰色，褐色耳羽有细的白色羽干纹，飞羽呈黑褐色，颏部和喉部淡白色微缀有赭色，背部和腰部覆羽呈暗栗棕色，胸部淡灰色，两胁、腋羽和翼下覆羽均为亮橙栗色，脚为黄色。雌雄区别在于雌鸟颏、喉处有暗色纵纹。

○ 主要分布：巴基斯坦、印度、阿富汗、不丹、缅甸以及中国等地。

头顶呈烟灰或褐灰色

飞羽呈黑褐色

嘴呈黄色

腹部呈栗棕色

雄鸟

雌雄差异：羽色略有不同	是否迁徙：部分迁徙	栖息地：山地阔叶林、针阔叶混交林

■ 科名：鸫科　体重：不详　别名：黑鸫、日本乌鸫

乌灰鸫

乌灰鸫的体型较小，该物种的模式产地在日本，生性胆小，十分羞怯，很容易受到惊吓，经常藏身在稠密植物丛及林子中。一般为独处，迁徙时也结小群。喜欢在高树顶上鸣叫，叫声圆润且带有长长的颤鸣音。

◐ 形态特征：乌灰鸫雄鸟的嘴为黄色，上体呈纯黑灰色，头部和上胸部均为黑色，下体余部均为白色，两胁有黑色斑点。雌鸟嘴近黑色，上体呈灰褐色，下体白色居多，胸侧及两胁沾赤褐色，胸部有黑色的斑点。脚为肉色。

◐ 主要分布：日本及中国东部、南方及印度支那北部。

灰褐色的背部

嘴近黑色

上胸部呈黑色

肉色的脚

雌鸟

雌雄差异：羽色不同	是否迁徙：迁徙	栖息地：落叶林、稠密植物丛

■ 科名：鸫科　体重：0.12～0.17 千克　别名：虎鸫、顿鸫、虎斑山鸫

虎斑地鸫

虎斑地鸫为鸫类中最大的一种，生性胆怯，见人便飞；属于地栖性，一般单独或成对活动，多在林下灌丛中或地上觅食。主要以鳞翅目、直翅目等昆虫及其幼虫为食。繁殖期为 5～8 月，每窝通常产卵 4～5 枚。

◐ 形态特征：虎斑地鸫体长可达 30 厘米，翅长超过 15 厘米，嘴为褐色，眼周为棕白色，耳羽和颧纹为白色或棕白色，带有黑色端斑，上体大部分呈金橄榄褐色，布满黑色的鳞片状斑，下体呈浅棕白色，除喉和腹中部外都有黑色鳞状斑，脚为肉色或橙肉色。

◐ 主要分布：东南亚、欧洲，印度至中国、菲律宾。

背部呈金橄榄褐色

肉色或橙肉色的脚

雌雄差异：羽色相似	是否迁徙：部分迁徙	栖息地：阔叶林、针阔叶混交林

科名：鹟科　　体重：0.01 ~ 0.018 千克　　别名：蓝点冈子、蓝尾巴根子、蓝尾杰

红胁蓝尾鸲

　　红胁蓝尾鸲属小型鸟类，停歇时经常上下摆尾。地栖性，多在林下地面奔跑或在灌木低枝间跳跃，单独或成对活动，主要以甲虫、小蠹虫、蚂蚁等昆虫和昆虫幼虫为食物。每窝通常产 4 ~ 7 枚蛋卵。

○ 形态特征：红胁蓝尾鸲的体长为 13 ~ 15 厘米。雄鸟上体呈蓝色，眉纹呈白色，头顶两侧、翅上小覆羽和尾上覆羽特别鲜亮，呈辉蓝色。雌鸟上体呈橄榄褐色，耳羽杂有棕白色的羽缘，腰部和尾上覆羽呈灰蓝色。不论雌雄，脚为淡红褐色或淡紫褐色。

○ 主要分布：东欧、西伯利亚、堪察加半岛、俄罗斯远东，朝鲜。

黑色的嘴
眉纹呈白色
脚为淡红褐色
或淡紫褐色
雄鸟

雌雄差异：羽色不同	是否迁徙：迁徙	栖息地：山地针叶林、针阔叶混交林

科名：鹟科　　体重：0.023 ~ 0.027 千克　　别名：无

白尾蓝地鸲

　　白尾蓝地鸲属小型鸟类，地栖性，主要在林下灌丛中和地面栖息；喜欢单独或成对活动。主要以昆虫和昆虫幼虫为食。通常 5 月初开始筑巢，每窝产卵 3 ~ 4 枚，卵呈长卵圆形、白色。

○ 形态特征：白尾蓝地鸲雄鸟的嘴为黑色，前额、眉纹为辉亮的钴蓝色，头顶、背部和肩部均为黑色而缀有深蓝色，头侧和颈侧均为深黑色，颈侧有白色块斑；两翅为黑色，喉和胸部为黑色，黑色腹部稍缀深蓝色。雌鸟通体为橄榄黄褐色，上体的颜色较暗，两翅为黑褐色，腹中部为浅灰白色。

○ 主要分布：尼泊尔、不丹、孟加拉国、印度、缅甸、中国等地。

嘴为黑色
前额呈辉钴蓝色
两翅为黑色
雄鸟

雌雄差异：羽色不同	是否迁徙：部分迁徙	栖息地：常绿阔叶林和混交林

■ 科名：鹟科　　体重：0.016 ~ 0.022 千克　　别名：知更鸟，红襟鸟

欧亚鸲

　　欧亚鸲体型较小，性情机警，一般不害怕人。喜欢栖息在树林中，也经常到地面上觅食，鸣声清晰哀怨。主要捕食蠕虫、毛虫、蜗牛、象鼻虫等，属于益鸟。繁殖期为 5 ~ 7 月，每窝通常产卵 5 ~ 7 枚。

○ 形态特征：欧亚鸲的嘴短而强健，喙为黑色，上嘴前端有缺刻或小钩，头部呈黑色，上体多为暗灰褐色，胸部为橙锈色，羽毛丰满而直挺，两翅表面和翅内侧均为灰色，飞羽和尾羽呈暗褐色，尾上覆羽缀有红色，腹中部较白，腿部细弱，爪为褐色。

○ 主要分布：欧洲温带地区，包括奥地利、法国、德国、希腊、意大利等地。

暗灰褐色的背部

飞羽呈暗褐色

腿细弱

喙为黑色

腹中部较白

雌雄差异：羽色相似	是否迁徙：迁徙	栖息地：混交林及次生植被、花园

■ 科名：画眉科　　体重：0.015 ~ 0.019 千克　　别名：白眼环眉、山白目眶、绣眼画眉

灰眶雀鹛

　　灰眶雀鹛属小型鸟类，生性大胆，经常频繁在树枝间跳跃或飞行，有时沿树枝或在地上奔跑捕食。除繁殖期成对活动外，常结成 5 ~ 7 只的小群。主要以昆虫和昆虫幼虫为食。繁殖期 5 ~ 7 月，每窝通常产卵 2 ~ 4 枚。

○ 形态特征：灰眶雀鹛的嘴为灰色，眼周有灰白色或近白色眼圈，头部为灰色，颈部为褐灰色，胸部为淡棕色，胸下白色，其余上体多呈橄榄褐色或橄榄灰褐色；颏部和喉部为浅灰色或淡茶黄色沾灰，腰部为橄榄褐色，尾上覆羽棕褐色，脚为淡褐色或暗黄褐色。

○ 主要分布：缅甸、老挝、越南、中国等地。

颈部为褐灰色

灰色的嘴

脚呈淡褐色或暗黄褐色

雌雄差异：羽色相似	是否迁徙：不迁徙	栖息地：山地和山脚平原地带的森林

科名：画眉科　　体重：0.01 ~ 0.02 千克　　别名：娇娇、纹翼画眉、栗头斑翅鹛

台湾斑翅鹛

　　台湾斑翅鹛可爱娇小，羽色和树干的颜色很接近，隐蔽性很强，它鸣声轻柔，报警时急促而低哑；能够在树干上爬行，或灵巧地倒悬在细枝上，偶尔也飞到林边的草丛。它们喜欢单种结群，在高山间飞行或在树丛活动，主要啄食树皮表面的节肢动物。

◉ 形态特征：台湾斑翅鹛体长 18 厘米左右，嘴为黑色，头部为栗色，羽冠蓬松，喉部呈红栗色，胸部为橄榄褐色，有浅色纵纹；翅膀圆短，翼上尾部有黑色横斑，上背及腰部呈灰色，腹部及臀部呈棕褐色，尾端多白色，脚偏粉色。

◉ 主要分布：中国台湾中部山区。

栗色的头部

嘴为黑色

喉部为红栗色

脚偏粉色

雌雄差异：羽色相似	是否迁徙：不迁徙	栖息地：高山阔叶林和针、阔叶混交林

科名：画眉科　　体重：0.042~0.058 千克　　别名：无

红翅薮鹛

　　红翅薮鹛属于小型的鸟类，生性胆小，经常在灌丛中活动，或在藤蔓上跳跃，也常见于森林旁、长着杂草的开阔地等，随季节垂直迁移。喜欢结 4 ~ 5 只的小群活动。杂食性，主要以昆虫和植物种子为食物。

◉ 形态特征：红翅薮鹛嘴呈深角质色，眉纹为黑色，头侧和颈侧呈深红色；翅上覆羽呈橄榄褐色，两翅为暗褐色，其初级飞羽外边缘基部红色；颏部为淡红色，下体余部呈棕橄榄褐色，尾部为黑色，且有较宽橙红色端斑，脚呈褐色。

◉ 主要分布：中国、印度、尼泊尔、不丹、孟加拉国、缅甸、泰国等地。

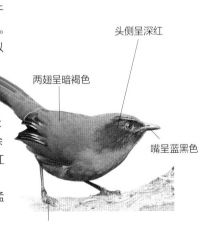

头侧呈深红

两翅呈暗褐色

嘴呈蓝黑色

褐色的脚

雌雄差异：羽色相似	是否迁徙：不迁徙	栖息地：阔叶树林和针阔叶混交林

画眉鸟

　　画眉鸟机敏而胆怯，喜欢在灌丛中穿梭和栖息，多在林下的草丛中觅食，喜欢单独藏匿在杂草和树枝间，雄鸟在繁殖期叫声悠扬婉转，声音洪亮。属于杂食性，食物以昆虫为主，大部分是农林害虫。繁殖期通常每窝产卵 3 ~ 5 枚，卵呈椭圆形。

◆ 形态特征: 画眉鸟身体修长，下嘴呈橄榄黄色，眼边有白眉，上体羽毛基本为橄榄色，头部、胸部和颈部为深橄榄色，并带有黑色条纹或横纹，翅膀较长，飞羽为暗褐色，腹中部呈污灰色，脚趾为黄褐色。

◆ 主要分布: 老挝、越南北部以及中国等地。

两翅飞羽呈暗褐色

眼边有白眉

胸部有黑色条纹或横纹

雌雄差异: 羽色相似	是否迁徙: 不迁徙	栖息地: 山丘的灌丛和村落附近

银耳相思鸟

　　银耳相思鸟属小型鸟类，生性活泼而大胆，常在林下灌木层或竹丛间活动，不远飞，喜欢单独或成对活动，秋冬季节易成群，叫声欢快，带有回音。主要以甲虫、瓢虫、蚂蚁等昆虫为食物。繁殖期 5 ~ 7 月，每窝通常产卵 3 ~ 5 枚。

◆ 形态特征: 银耳相思鸟的前额为橙黄色，耳羽银灰色，嘴为橙黄色或黄色，头顶至后颈、脸和颊均为黑色；后颈下部有棕橄榄色、茶黄色或橙黄色的领圈，其余上体为橄榄灰色，颏部、喉部和胸部均为朱红色或橙黄色，腰部沾绿色，尾部呈叉状，暗灰褐色，脚趾呈黄褐色或肉黄色。

◆ 主要分布: 印度次大陆及中国的西南地区。

头顶呈黑色

尾呈叉状

嘴为橙黄色或黄色

脚趾呈黄褐色或肉黄色

雌雄差异: 羽色相似	是否迁徙: 不迁徙	栖息地: 常绿阔叶林、竹林

科名: 画眉科　体重: 0.014 ~ 0.029 千克　别名: 相思鸟、红嘴玉、五彩相思鸟

红嘴相思鸟

雄鸟

赤红色的嘴

灰暗绿色的背部

胸部为橙黄色

尾部呈叉状

　　红嘴相思鸟生性大胆，善于鸣叫。除繁殖期间成对或单独活动外，其他季节一般成 3 ~ 5 只的小群。以毛虫、蚂蚁等昆虫为食物。繁殖期为 5 ~ 7 月，每窝产卵 3 ~ 4 枚。

○ 形态特征: 红嘴相思鸟的嘴为赤红色，眼周淡黄色，额部和头顶前部略浅淡，上体为暗灰绿色，颏部和喉部均为黄色，胸部为橙黄色，下背覆羽呈暗灰橄榄绿色，飞羽为黑褐色。雄鸟两翅带有黄红色的翅斑，雌鸟的翅斑为橙黄色。不论雌雄，其腰部和尾上覆羽呈暗灰橄榄绿色，尾部呈叉状。

○ 主要分布: 不丹、印度、缅甸、尼泊尔、日本、美国、中国等地。

| 雌雄差异: 羽色略有不同 | 是否迁徙: 不迁徙 | 栖息地: 山地常绿阔叶林 |

科名: 画眉科　体重: 0.028 ~ 0.038 千克　别名: 黄胸薮鹛、薮鸟

黄痣薮鹛

背部呈榄黄色

喙为黑褐色

榄黄色的腹部

　　黄痣薮鹛是中国特有鸟类，不害怕人，每天清晨便开始鸣叫，经常停留在下层植被或浓密的草丛中。属于杂食性，主要以植物果实、昆虫、无脊椎动物及人们丢弃的各种食物残渣为食。繁殖期为 3~8 月，每窝通常产卵 2 ~ 3 枚，卵呈淡绿色。

○ 形态特征: 黄痣薮鹛的鸟喙为黑褐色，过眼线为黑色，额头黄黑有杂纹，眼下方有橙黄色的斑；头顶、腮、喉部和颈部均为石板灰色，背部、颈侧、肩部、胸和腹部均为榄黄色；初级飞羽外缘呈榄黄色，两肋为石板灰色，腹部为榄黄色，尾下覆羽呈鲜黄色。

○ 主要分布: 中国台湾大部分地区。

| 雌雄差异: 羽色相同 | 是否迁徙: 不迁徙 | 栖息地: 阔叶树林和针阔混交林 |

黑喉噪鹛

黑喉噪鹛飞行笨拙，一般不做远距离飞行，鸣叫声响亮清晰，圆润悦耳，经常结成数只或十多只的小群，也单独和成对活动。主要以蚂蚁、甲虫、象甲等昆虫为食物。繁殖期 3～8 月，通常每窝产卵 3～5 枚。

⊙ 形态特征：黑喉噪鹛的嘴为黑褐色或黑色，眼先为绒黑色，额基有白斑，头顶至后颈呈灰蓝色，颈侧呈橄榄灰色或棕褐色，喉部呈黑色；两翅覆羽与背部同色，飞羽呈黑褐色，尾部为暗橄榄褐色或橄榄灰褐色，有黑色端斑，脚为角褐色或肉褐色。

⊙ 主要分布：柬埔寨、老挝、缅甸、泰国、越南、中国等地。

嘴为黑褐色或黑色

黑褐色的飞羽

喉部为黑色

脚呈褐色或肉褐色

雌雄差异：羽色相似	是否迁徙：不迁徙	栖息地：常绿阔叶林、热带季雨林

斑喉希鹛

斑喉希鹛属于小型鸟类，生性活泼，行动敏捷，叫声为含混的哨音，繁殖期间经常成对活动，其他季节多成 3～5 只的小群。在高大乔木树冠层枝叶间觅食，主要以昆虫为食，也吃植物果实和种子。繁殖期为 5～8 月，每窝产卵 3 枚，卵呈蓝色。

⊙ 形态特征：斑喉希鹛的前额和冠羽为亮橙棕色或金黄色，头侧、耳羽均为淡灰色或淡黄灰色，颏部为橘黄色，喉部为白色或淡黄白色；胸部稍暗而沾灰，背部为橄榄黄色或橄榄灰色，飞羽为深灰或黑褐色，脚为暗灰色。

⊙ 主要分布：不丹、老挝、中国、越南、印度、泰国、缅甸、马来西亚和尼泊尔等地。

背部呈橄榄黄或橄榄灰色

冠羽呈亮橙棕色或金黄色

胸部稍暗而沾灰

暗灰色的脚

雌雄差异：羽色相似	是否迁徙：不迁徙	栖息地：阔叶林及针叶林的低矮树木

■ 科名：画眉科　　体重：0.066 ~ 0.093 千克　　别名：无

赤尾噪鹛

　　赤尾噪鹛善于鸣叫，叫声响亮，生性胆怯，稍有动静会立刻躲进浓密的灌丛。喜欢成对或结成 3 ~ 5 只的小群活动。食物主要有土蚕、甲虫等昆虫以及蜘蛛等无脊椎动物。在林下灌木上或小树上筑巢，繁殖期为 5 ~ 7 月。

◆ 形态特征：赤尾噪鹛的眉纹、颊和颏部、喉部均为黑色，头顶至后颈为红棕色，背部为橄榄灰色或橄榄绿色；两翅为鲜红色，下胸暗灰褐色，腰部为橄榄绿色或橄榄黄色，腹部为暗灰褐色，尾部为鲜红色。

◆ 主要分布：中国、老挝、缅甸、泰国等地。

头顶为红棕色

喉部为黑色

尾部呈鲜红色

雌雄差异：羽色相似	是否迁徙：迁徙	栖息地：常绿阔叶林、竹林

■ 科名：画眉科　　体重：0.135 ~ 0.16 千克　　别名：无

黑领噪鹛

　　黑领噪鹛生性机警，经常躲藏在阴暗处，喜欢集结成群落，成小群活动，多在林下茂密的灌丛或竹丛中觅食，一般很少飞翔。主要以甲虫、金花虫、天蛾卵和幼虫以及蝇等昆虫为食物。繁殖期 4 ~ 7 月，每窝通常产卵 3 ~ 5 枚。

◆ 形态特征：黑领噪鹛的嘴为褐色或黑色，眉纹白色长而显著，耳羽黑色而杂白纹，后颈为栗棕色，形成半领环状，上体多呈棕褐色，胸部有黑带；飞羽为黑褐色，颏部与喉部均为白色沾棕，腹为棕白色或淡黄白色，两胁为棕色或棕黄色，爪为黄色。

◆ 主要分布：中国、尼泊尔、不丹、孟加拉国、印度、缅甸、泰国、老挝、越南等地。

嘴为褐色或黑色

白色的眉纹

胸部有黑带

爪为黄色

雌雄差异：羽色相近	是否迁徙：不迁徙	栖息地：低山、丘陵和山脚平原地带

■ 科名：画眉科　　体重：0.088 ~ 0.15 千克　　别名：无

白喉噪鹛

　　白喉噪鹛是中型鸟类，生性胆怯，鸣叫声响亮，喜欢成 5 ~ 6 只的小群活动，常在林下地上或灌丛中活动和觅食。主要以金龟甲等鞘翅目、半翅目昆虫为食。繁殖期 5 ~ 7 月，每窝通常产卵 3 ~ 4 枚，卵呈暗蓝色。

◐ 形态特征：白喉噪鹛的嘴为黑褐色，眼先和眼上羽毛为黑色，头顶黑略沾棕或栗色，喉部和上胸呈白色，下胸为橄榄褐色，胸带宽阔；翅上覆羽和背部均为橄榄褐色，腹部为辉棕或棕白色，两胁和尾下覆羽均为桂皮黄色，尾羽为橄榄褐色，呈凸尾状。

◐ 主要分布：不丹、中国、印度、尼泊尔、巴基斯坦、越南等地。

黑褐色的嘴　　喉部呈白色

尾羽呈凸尾状

雌雄差异：羽色相似	是否迁徙：不迁徙	栖息地：低山、丘陵和山脚地带

■ 科名：画眉科　　体重：0.065 ~ 0.135 千克　　别名：无

红头噪鹛

　　红头噪鹛属中型鸟类，生性胆怯，善于藏匿，稍有声响，立刻躲进灌丛深处。除了繁殖期成对或单独活动外，其他季节多结成小群，喜欢在林下灌丛或竹丛间穿梭觅食。主要以昆虫为食物，繁殖期为 5 ~ 7 月，每窝通常产卵 2 ~ 3 枚。

◐ 形态特征：红头噪鹛眼先和脸颊为黑色，眉纹沾灰色，头顶为棕红色，颈侧、上背和肩部各羽中央均呈黑色，形成鳞状斑，颏部和喉部均为黑色，下喉和胸部呈淡棕褐色，有近似圆形的黑斑，尾部为暗灰橄榄黄色，脚呈肉褐色。

◐ 主要分布：中国、尼泊尔、不丹、老挝、越南和马来西亚等地。

头顶呈棕红色　　黑色的喉部

胸部呈淡棕褐色

肉褐色的脚

尾部呈暗灰橄榄黄色

雌雄差异：羽色相似	是否迁徙：迁徙	栖息地：常绿阔叶林、竹林、沟谷林

■ 科名：画眉科　体重：0.075 ~ 0.09 千克　别名：无

小黑领噪鹛

小黑领噪鹛飞行迟缓，遇人会立刻躲进密林，喜欢鸣叫，一般结成数只或 10 余只一起活动，有时也和黑领噪鹛及其他噪鹛混群。主要以昆虫为食物，繁殖期为 4 ~ 6 月，每窝通常产卵 4 枚，卵呈深蓝绿色。

◐ 形态特征：小黑领噪鹛的前额和枕部均为橄榄褐色或棕橄榄褐色，后颈为棕色或栗棕色，具有棕色或栗棕色的领环，喉部为白色，胸部和腹部白色微沾棕色；两翅覆羽为橄榄褐色，两胁为棕色或棕黄色，脚为淡褐色或肉褐色。

◐ 主要分布：中国、尼泊尔、不丹、孟加拉国、印度、缅甸、泰国、老挝和越南等地。

前额呈橄榄褐色或棕橄榄褐色

两翅覆羽呈橄榄褐色

脚为淡褐色或肉褐色

| 雌雄差异：羽色相似 | 是否迁徙：不迁徙 | 栖息地：阔叶林、竹林和灌丛 |

■ 科名：画眉科　体重：0.012 ~ 0.02 千克　别名：无

山蓝仙鹟

山蓝仙鹟生性活泼，鸣声婉转动听，经常在山边、林缘矮树上或竹丛与灌丛中活动和觅食，食物以蚂蚁、甲虫等昆虫和昆虫幼虫为主。繁殖期为 4 ~ 6 月，每窝通常产 4 ~ 5 枚淡蓝绿色的蛋卵。

◐ 形态特征：山蓝仙鹟雄鸟的面颊、耳羽、额基和头侧呈黑色，额头为辉天蓝色，上体大部分和两翅及尾部表面均为青蓝色或暗蓝色；两翅前部为黑褐色，喉部、胸部、上腹和两胁均为橙棕色或橙色，下腹为白色。雌鸟上体橄榄褐色或橄榄灰褐色，尾部为暗褐色，颏、喉、胸部概为锈红色，腹部中央为白色。脚呈淡褐色。

◐ 主要分布：中国、尼泊尔、不丹、印度、缅甸、泰国、越南等地。

额头为辉天蓝色

白色的下腹部

淡褐色的脚

雄鸟

| 雌雄差异：羽色不同 | 是否迁徙：不迁徙 | 栖息地：常绿和落叶阔叶林、次生林 |

■ 科名：鸦科　　体重：0.073 ~ 0.132 千克　　别名：山喜鹊、蓝鹊、蓝膀香鹊

灰喜鹊

　　灰喜鹊是中国最著名的益鸟之一，容易驯养，飞行迅速，但只做短距离飞行。喜欢成对或结成小群活动，鸣声洪亮。属杂食性，食物以椿象、枯叶蛾、蚂蚁、胡蜂等昆虫及幼虫为主。繁殖期 5 ~ 7 月，每窝通常产卵 4 ~ 9 枚。

◑ 形态特征：灰喜鹊体长为 33 ~ 40 厘米，嘴为黑色，前额、颈项和颊部均为黑色，并带有淡蓝或淡紫蓝色光辉，喉部呈白色，颈侧到胸、腹部的羽色为淡灰色，背部呈灰色；翅膀为淡天蓝色，至腰部覆羽颜色转浅淡，尾部较长，且呈凸状。

◑ 主要分布：葡萄牙、法国、俄罗斯、日本、中国，蒙古北部、朝鲜半岛等地。

嘴呈黑色

翅膀为淡天蓝色

白色的喉部

尾部较长

雌雄差异：羽色相似	是否迁徙：不迁徙	栖息地：低山丘陵和山脚平原地区

■ 科名：鸦科　　体重：0.048 ~ 0.07 千克　　别名：无

盘尾树鹊

　　盘尾树鹊属于近黑色树鹊，飞行时翅膀强劲有力，很少在地面上出现。喜欢单独、成对或结成小群活动，善于攀爬，在林下的植被觅食，经常发出沙哑或无韵律的嘶叫声。食物以蝗虫、螳螂、翅白蚁等昆虫为主。繁殖期为 5 ~ 6 月，每窝通常产卵 2 ~ 4 枚。

◑ 形态特征：盘尾树鹊体型中等鹊，身长大约 35 厘米，嘴为黑色，粗厚而呈钩状，眼先为蓝色；通体大部分体羽为亮深灰色，而且有铜绿色光泽，尾巴细长而窄，一般在 18 厘米左右，尾端部展开，脚为黑色。

◑ 主要分布：中国西南部、东南亚至爪哇岛。

嘴粗厚而呈钩状

尾细长而窄

脚呈黑色

雌雄差异：羽色相同	是否迁徙：不迁徙	栖息地：次生林、再生竹林、灌丛

■ 科名：鸦科　体重：0.12 ~ 0.16 千克　别名：无

蓝绿鹊

　　蓝绿鹊属中型鸟类，喜欢隐藏在树丛中。一般单独或成对活动，有时也集成 3 ~ 5 只的小群，叫声洪亮。主要在树上或在地上和灌木上觅食，食物以甲虫、蝗虫等为主。繁殖期为 4 ~ 7 月，通常每窝产卵 3 ~ 7 枚。

➔ **形态特征**：蓝绿鹊的嘴为红色，头部和颈部是草绿色的，头顶有长长的羽冠，有宽的黑带贯穿两眼，背部、肩部、腰部和尾上覆羽均为绿色；两翅呈栗红色，尾较长且为绿色，具有黑色次端带斑和白色尖端，爪呈红色。

➔ **主要分布**：喜马拉雅山脉、中国南部、东南亚。

贯穿眼部的黑带

尾较长

爪呈红色

雌雄差异：羽色相似	是否迁徙：不迁徙	栖息地：低山丘陵亚热带常绿阔叶林

■ 科名：鸦科　体重：0.18 ~ 0.266 千克　别名：普通喜鹊、欧亚喜鹊、鹊

喜鹊

　　喜鹊飞翔能力较强，飞行时身体和尾部成直线，喜欢在人类活动的地区出没。鸣声单调、响亮，当成群时，叫声更加嘈杂。杂食性，食物主要以蝗虫、蚱蜢、金龟子、象甲等昆虫和幼虫为主。多在 3 月初开始筑巢繁殖，每窝通常产卵 5 ~ 8 枚。

➔ **形态特征**：喜鹊体长为 40 ~ 50 厘米，头部为黑色，后颈略沾紫，背部稍沾蓝绿色，喉部羽有白色的轴纹，翅膀为黑色，翅下覆羽为淡白色，腰部为灰白色，上腹和胁均为纯白色，下腹和覆腿羽呈污黑色，尾羽较长，呈黑色，有深绿色光泽，脚为纯黑色。

➔ **主要分布**：欧洲、亚洲等大部分地区。

头部为黑色

双翅呈黑色

尾较长

纯黑色的脚

雌雄差异：羽色相似	是否迁徙：不迁徙	栖息地：山区、平原、荒野、农田

寒鸦

　　寒鸦属于体型略小的鸟类，喜欢群栖生活，一般结成喧闹的小群活动，在野外时常和秃鼻乌鸦混群。叫声为突发而急促的典型鸦叫声，音调较高，激动时会重复鸣叫。它们喜欢在树洞、峭壁和高建筑上筑巢繁殖，成队在窝巢周围飞翔。

○ 形态特征：寒鸦体长可达 35 厘米，与家鸦相比，体型略显得小些；嘴部细小，且为黑色，眼睛似珍珠一样，眼后具有银色的细纹，颈部为灰色，颈后羽毛为灰白色，上体其他部分多呈黑色，胸部与腹部均为灰白色，脚为黑色。

○ 主要分布：欧洲、北非、中东至中亚及中国西部。

嘴小且短

黑色的背部

脚为黑色

雌雄差异：羽色相似	是否迁徙：部分迁徙	栖息地：林地、泥沼地、多岩地区

渡鸦

　　渡鸦为不丹的国鸟，其行为复杂，智力较强，喜欢独自栖息，也会聚成小群活动觅食，十分嘈杂，能发出响亮而多样的鸣叫声。杂食性，吃谷物、草莓及水果，同时捕猎无脊椎动物、哺乳动物及鸟类等。雌鸟每次可产卵 3 ～ 7 枚。

○ 形态特征：渡鸦成鸟身长 56 ～ 69 厘米，鸟喙厚而略微弯曲，嘴呈黑色，鼻须长而发达，颈部的羽毛长尖，羽衣蓬松，喉部羽长且呈披针状；其通体为黑色，羽毛光亮，带有蓝色或紫色光辉，尾部为楔形，分层明显，脚趾呈黑色。

○ 主要分布：北美洲、古北界以及印度西北部等地。

嘴呈黑色

颈部羽毛长而尖

胸前的长羽

尾部为楔形

黑色的脚趾

雌雄差异：羽色相似	是否迁徙：迁徙	栖息地：高山草甸和山区林缘地带

科名：鸦科　　体重：不详　　别名：风鸦、老鸹、山老公

秃鼻乌鸦

　　秃鼻乌鸦喜欢结群活动，冬季一般会结成千上万只的大群落。其叫声粗重嘶哑，食性较杂，垃圾、腐尸、昆虫、植物种子等都可作为食物。繁殖期为 3 ~ 7 月，它们一般在高树上筑成大群的鸟巢，每窝通常产卵 3 ~ 9 枚。

◆ 形态特征：秃鼻乌鸦体型略大，嘴呈圆锥形，嘴基部裸露的皮肤呈浅灰白色，成鸟的尖嘴基部的皮肤光秃，常呈白色；头顶呈拱圆形，头部突出，体羽基本为黑色，两翼较长窄，腿部垂羽松散，飞行时尾端楔形较明显，脚为黑色。

◆ 主要分布：欧洲、非洲、阿拉伯半岛、印度次大陆及中国的西南地区等地。

头顶拱圆形

嘴呈圆锥形

黑色的脚

雌雄差异：同形同色	是否迁徙：不迁徙	栖息地：平原丘陵低山地形的耕作区

科名：鸦科　　体重：0.12 ~ 0.19 千克　　别名：无

松鸦

　　松鸦是中型鸟类，一般远离人群，除繁殖期可见成对活动外，其他季节多结成 3 ~ 5 只的小群游荡，叫声粗犷而单调。杂食性，主要以松子、橡子、栗子、浆果、草籽等植物果实和种子为食。繁殖期 4 ~ 7 月，每窝通常产卵 3 ~ 10 枚，雌鸟负责孵卵。

◆ 形态特征：松鸦的嘴为黑色，头顶有羽冠，前额、头顶、后颈和颈侧均为红褐色或棕褐色，头顶至后颈部有黑色的纵纹，背部、肩部、腰部均为灰色沾棕；翅膀较短，尾部稍长，羽毛蓬松呈绒毛状，爪为黑褐色。

◆ 主要分布：欧洲、西北非、喜马拉雅山脉、中东、东南亚、日本。

嘴呈黑色

背部灰色沾棕

爪为黑褐色

雌雄差异：羽色相似	是否迁徙：不迁徙	栖息地：针叶林、针阔叶混交林

■ 科名：鸦科　体重：0.015 ~ 0.02 千克　别名：细嘴乌鸦

小嘴乌鸦

　　小嘴乌鸦一般结成大群栖息，却不像秃鼻乌鸦那样结群筑巢；其叫声粗哑，属于杂食性鸟类，经常以腐尸、垃圾等杂物为食，也吃食植物的种子和果实。繁殖期为 4 ~ 7 月，通常每窝产卵 4 ~ 7 枚，雌鸟负责孵卵。

◑ 形态特征：小嘴乌鸦体长为 45 ~ 50 厘米，嘴细小，有黑色颊纹，上体呈葡萄棕色，喉部为灰白色，背部、肩部和腰均灰色沾棕，上背和肩为棕褐或红褐色，两翼较短，翅上有辉亮的横斑，两胁为淡棕褐色，尾部羽毛蓬松，呈黑色，尾上覆羽为白色，爪为黑褐色。

◑ 主要分布：欧亚大陆、非洲东北部，日本。

双翅呈黑色

嘴细小

黑褐色的爪

雌雄差异：羽色相同	是否迁徙：不迁徙	栖息地：矮草地及农耕地

■ 科名：鸦科　体重：0.05 ~ 0.2 千克　别名：无

星鸦

　　星鸦是典型的针叶林鸦类，飞行起伏而带有节律，鸣叫声带哨音，喜欢单独或结成对活动，有时也结成小群；在松林栖息，以松子为食，喜欢埋藏松子和坚果作为冬季的食物。通常每窝产卵 3 ~ 4 枚，雌雄亲鸟轮流孵卵。

◑ 形态特征：星鸦体长 29 ~ 36 厘米，嘴为黑色，眼先为污白或乳白色，头顶和颈项多为暗咖啡褐色，体羽大都为咖啡褐色，带有白色斑，颊部、喉和颈部羽毛具有白色的尖端；翅膀呈黑色，下腰到尾上覆羽均为淡褐黑色，尾羽呈亮黑色，腿呈黑色。

◑ 主要分布：古北界北部、喜马拉雅山脉至中国西南及中部，日本等地。

嘴呈黑色

黑色的翅膀

体羽为咖啡褐色，带白色斑

尾羽呈亮黑色

雌雄差异：羽色相似	是否迁徙：不迁徙	栖息地：针叶林、果园、松林

科名：卷尾科　　体重：不详　　别名：乌青翘尾、大胆鸟、小卷尾

古铜色卷尾

　　古铜色卷尾体型较小，喜欢立在突出树枝上，或在森林的上中层活动和觅食，叫声响亮清晰。属杂食性，主要以金龟甲、金花虫、蝗虫、蚱蜢等各种昆虫为食。繁殖期为5～7月，每窝通常产卵3～4枚。

○ 形态特征：古铜色卷尾的嘴形呈平扁状，前额为黑色绒状羽，颊部和耳羽呈暗黑色，头顶至尾上覆羽为黑色，颏部与飞羽为黑褐色，喉部以下纯黑色，胸部缀有古铜蓝色的光泽，腰部呈灰黑褐色，黑色尾羽较长，脚爪为黑色。

○ 主要分布：喜马拉雅山南坡、中南半岛、加里曼丹岛、苏门答腊岛，中国等地。

嘴形平扁状

黑色的头顶

黑色尾羽较长

雌雄差异：羽色相同	是否迁徙：不迁徙	栖息地：热带树林、山区密林或河谷阔叶林区

科名：卷尾科　　体重：0.04～0.065千克　　别名：黑黎鸡、篱鸡、铁炼甲

黑卷尾

　　黑卷尾是好斗的鸟类，生性喜欢鸣闹、咬架，十分凶猛，动作敏捷，经常边飞边叫，鸣声嘈杂，一般成对或集成小群活动。食物以胡蜂、金花虫、瓢、蝉等膜翅、鞘翅及鳞翅类等昆虫为主。繁殖期为6～7月，通常每窝产卵3～4枚。

○ 形态特征：黑卷尾长约30厘米，嘴呈暗黑色，上体和胸部有辉蓝色的光泽，头部至腰部均为深黑色，缀有铜绿色的闪光；颏部、喉部为黑褐色，铜绿色胸部带有金属光泽，双翅和翅下覆羽均呈黑褐色，尾羽有辉蓝色光泽，脚为暗黑色。

○ 主要分布：伊朗至印度、中国，东南亚、爪哇及巴厘岛等地。

背部覆羽呈深黑色

双翅呈黑褐色

尾羽有辉蓝色的光泽

雌雄差异：羽色相似	是否迁徙：不迁徙	栖息地：山坡、平原丘陵地带阔叶林

■ 科名：卷尾科　体重：0.039 ~ 0.063 千克　别名：灰黎鸡、铁灵夹、白颊卷尾

灰卷尾

灰卷尾在飞行时有时会展翅上升，有时会闭合双翅，呈波浪式滑翔；喜欢结小群或成对活动，叫声清晰嘹亮。食物主要为白蚁和松毛虫等昆虫，也吃植物果实与种子。多数地区每年繁殖一次，在 6 ~ 7 月进行，每窝通常产卵3 ~ 4 枚，雌雄鸟共同育雏。

⊙ 形态特征：灰卷尾体形中等，嘴形强健、侧扁，全身大部分呈暗灰色；头顶、背部、腰部、双翅至尾上覆羽为法兰绒浅灰色；颊部为灰褐色，胸部为淡灰色，腹部为浅淡灰色，下腹近灰白色，长尾呈叉状，爪呈黑色。

⊙ 主要分布：中国、印度、缅甸、马来西亚等地。

嘴侧扁

胸部呈淡灰色

黑色的爪

长尾呈叉状

雌雄差异：羽色相似	是否迁徙：迁徙	栖息地：平原丘陵地带、河谷或山区

■ 科名：鹡鸰科　体重：不详　别名：无

山鹡鸰

山鹡鸰属于小型鸣禽，呈波浪式飞行，停栖时尾部轻轻两侧摆动；叫声响亮，飞行时会发出短促的叫声，喜欢单独或成对在开阔森林地面穿行。主要以蝗虫、蝶类、蛾类和幼虫、蚁类昆虫为食物。繁殖期为 5 ~ 6 月，每窝产卵 4 ~ 5 枚。

⊙ 形态特征：山鹡鸰的体形中等，体长约 17 厘米，虹膜为灰色，嘴为褐色，下嘴较淡，眉纹白色，头部和上体为橄榄褐色；翅膀尖长，两翼为黑褐色，胸部有两道黑色的横斑；下体多为白色，尾部细长，尾羽为褐色，外侧尾羽为白色，脚偏粉色。

⊙ 主要分布：欧亚大陆及非洲北部、印度次大陆及中国的西南地区。

头部呈橄榄褐色

翅膀尖长

胸部有黑色的横斑纹

脚偏粉色

雌雄差异：羽色相似	是否迁徙：迁徙	栖息地：开阔森林地面

白鹡鸰

　　白鹡鸰属于小型鸣禽，飞行姿态呈波浪式，尾部经常上下摆动，叫声清脆响亮，喜欢单独成对或结成 3 ~ 5 只的小群活动。主要以象甲、蝗虫等昆虫及其幼虫为食物。繁殖期为 3 ~ 7 月，每窝产卵通常为 4 ~ 5 枚。

◐ 形态特征：白鹡鸰的额、头顶前部为白色，头顶后部和后颈呈黑色，肩、背部呈黑色或灰色；飞羽为黑色，翅上小覆羽具有白色翅斑，颏部和喉部呈白色或黑色，胸部呈黑色，其余下体为白色，尾部长而窄。

◑ 主要分布：欧亚大陆和非洲北部的阿拉伯地区。

脸呈白色

胸部呈黑色

腹部为白色

尾长而窄

雌雄差异：羽色相似	是否迁徙：部分迁徙	栖息地：村落、河流、小溪、水塘

灰鹡鸰

　　灰鹡鸰属于中小型鸣禽，飞行时呈波浪式前进，觅食时在地面行走，或在空中捕食昆虫；喜欢单独或成对活动，也集成小群或与白鹡鸰混群。食物以石蚕、蝇、甲虫、蚂蚁、蝗虫等为主。繁殖期为 5 ~ 7 月，通常每窝产卵 4 ~ 6 枚。

◐ 形态特征：灰鹡鸰体长约 19 厘米，喙较细长，先端有缺刻，眉纹和颧纹为白色，前额、头顶、枕部和后颈均为灰色或深灰色，肩部和腰部灰色沾暗绿褐色或暗灰褐色；尾上覆羽呈鲜黄色，部分沾有褐色；翅膀尖长，翅上覆羽黑褐色，尾部细长，腿细长，后趾有长爪。

◑ 主要分布：欧亚大陆和非洲等地区。

喙较细长

飞羽呈黑褐色

尾较长

雌雄差异：羽色相似	是否迁徙：迁徙	栖息地：溪流、河谷、湖泊、水塘

科名：鹡鸰科　　体重：0.016 ~ 0.022 千克　　别名：无

黄鹡鸰

　　黄鹡鸰飞行时呈波浪式，经常边飞边叫，它们多成对或结成 3 ~ 5 只的小群，迁徙期可见数十只的大群。主要以蚁、浮尘子等昆虫为食物。繁殖期为 5 ~ 7 月，每窝通常产卵 5 ~ 6 枚，卵呈灰白色。

◐ 形态特征：黄鹡鸰的嘴为黑色，眉纹呈白色、黄色或无眉纹，头顶和后颈多为蓝灰色或绿色，额部稍淡，上体为橄榄绿色或灰色，下体呈鲜黄色；胸侧和两胁沾橄榄绿色，飞羽为黑褐色，尾部较长，多呈黑色，脚为黑色。

◐ 主要分布：阿富汗、阿尔及利亚、安哥拉、澳大利亚、中国等地。

背部呈橄榄绿色或灰色

黑色的嘴

尾部较长，黑褐色

胸部呈鲜黄色

黑色的脚

雌雄差异：羽色相似	是否迁徙：迁徙	栖息地：低山丘陵、平原及高原

科名：鹡鸰科　　体重：0.020 ~ 0.043 千克　　别名：大花鹨、花鹨、理氏鹨

田鹨

　　田鹨属小型鸣禽，飞行呈波浪式，多贴近地面飞行，奔走迅速，停栖时尾部上下摆动；一般单独或成对活动，迁徙季节也成群。主要以甲虫、蝗虫、蚂蚁以及鳞翅目等昆虫为食。繁殖期为 5 ~ 7 月，每窝通常产卵 4 ~ 6 枚。

◐ 形态特征：田鹨上喙较细长，眉纹呈黄白色或沙黄色，上体多为黄褐色或棕黄色，头顶和背部有暗褐色的纵纹；下体呈白色或皮黄白色，颏部与喉部白色沾棕，两胁为皮黄色或棕黄色，下胸和腹部为皮黄白色或白色沾棕，腿部细长，后趾有长爪。

◐ 主要分布：中国、朝鲜、日本，西伯利亚南部、俄罗斯远东等地。

上喙较细长

背部有暗褐色的纵纹

腿细长

雌雄差异：羽色相似	是否迁徙：部分迁徙	栖息地：开阔平原、草地、河滩

■ 科名：鹡鸰科　　体重：0.022 ~ 0.03 千克　　别名：无

平原鹨

　　平原鹨属小型鸣禽，鸣声响亮，受到惊动时便立即飞到树枝或岩石上，喜欢成对活动和觅食。食物主要为鞘翅目昆虫及幼虫，也吃少量植物性食物。繁殖期为 5 ~ 7 月，每窝通常产卵 4 ~ 6 枚，雌雄亲鸟轮流孵卵。

◐ 形态特征：平原鹨的嘴为暗褐色，喙较细长，先端有缺刻，额部、头顶及后颈均为深褐色，有黑褐色的羽轴纹，上体有不明显的羽轴纹；肩部、背部和腰部为黑褐色，翅膀呈暗褐色，下体大部分呈乳白色，胸部沾棕色，腿部细长。

◐ 主要分布：欧洲、北非、地中海地区、伊朗北部、阿富汗、巴基斯坦、印度以及中国等地。

嘴为暗褐色

暗褐色的翅膀

细长的腿

雌雄差异：羽色相似	是否迁徙：迁徙	栖息地：河滩、谷地、沼泽、草地

■ 科名：鹡鸰科　　体重：0.019 ~ 0.033 千克　　别名：无

山鹨

　　山鹨体型较大，经常在地面行走和觅食，遇到干扰则飞到树上，喜欢单独或成对活动，冬季也结成群落，叫声悠远。食物主要为鞘翅目昆虫、鳞翅目幼虫等。繁殖期为 5 ~ 8 月，每窝通常产卵 4 ~ 5 枚，雌鸟负责孵卵。

◐ 形态特征：山鹨的嘴较短而粗，上喙较细长，眉纹呈乳白色或棕白色，耳覆羽为暗棕色，上体呈棕色或棕褐色，黑褐色的两翅，尖且长；下体呈棕白或褐白色微沾灰色，胸部和腹部有较细窄的黑褐色纵纹，尾羽呈黑褐色，脚呈淡肉色。

◐ 主要分布：巴基斯坦西北部和北部、喜马拉雅山、尼泊尔东部、中国南部和东南部等地。

嘴短而粗

背部呈棕色或棕褐色

脚呈淡肉色

黑褐色的尾羽

雌雄差异：羽色相似	是否迁徙：不迁徙	栖息地：山地林缘、灌丛、草地

■ 科名：鹡鸰科　　体重：0.018 ~ 0.027 千克　　别名：无

水鹨

　　水鹨属于小型鸣禽，生性机警，比较活跃，喜欢单独或成对活动，不停地在地上或灌丛中觅食，食物主要为昆虫和植物种子。繁殖期为 4 ~ 7 月，每窝通常产卵 4 ~ 5 枚，卵呈灰绿色，主要由雌鸟负责孵卵。

◐ 形态特征：水鹨雄鸟上体为灰褐色或橄榄色，有暗褐色的纵纹，嘴呈暗褐色，上喙较细长，眉纹为乳白色或棕黄色，胸部有黑褐色的纵纹，翅尖长，两翼呈暗褐色，有两道白色的翅斑，尾细长，呈暗褐色，腿部细长，脚呈肉色或暗褐色。

◐ 主要分布：阿富汗、印度、奥地利、英国、法国、中国等地。

背部呈灰褐色或橄榄色

眉纹为乳白色或棕黄色

嘴呈暗褐色

脚呈肉色或暗褐色

尾细长，呈暗褐色

雌雄差异：羽色相似	是否迁徙：迁徙	栖息地：山地、林缘、草原、河谷地带

■ 科名：鹡鸰科　　体重：0.018 ~ 0.027 千克　　别名：无

粉红胸鹨

　　粉红胸鹨属小型鸣禽，生性活跃，不停地在地上或灌丛中觅食。停栖时，尾部经常有规律地上下摆动，藏身在近溪流处，喜欢成对或结成十几只的小群活动。食物主要为鞘翅目昆虫、鳞翅目幼虫。繁殖期为 5 ~ 7 月，雌雄亲鸟共同筑巢，雌鸟多为孵卵。

◐ 形态特征：粉红胸鹨嘴为黑褐色，上喙较细长，眉纹呈粉红，上体多为橄榄灰色或绿色色；头顶和背部有明显的黑褐色纵纹，头部的纵纹较细窄，背部的纵纹较宽粗；翅膀尖长，腰部和尾上覆羽纯橄榄灰色，尾部细长，脚趾呈褐色。

◐ 主要分布：欧洲、喜马拉雅山脉南坡，阿富汗等地。

背部有黑色粗纵纹

喙细长

尾部细长

两翼呈暗褐色

雌雄差异：羽色相似	是否迁徙：部分迁徙	栖息地：林缘、灌木丛、河谷地带

科名：鸫科　　体重：0.013 ~ 0.022 千克　　别名：蓝喉歌鸲、蓝秸芦犒鸟、蓝颏

蓝点颏

　　蓝点颏生性胆小，飞行很低，喜欢欢快地跳跃，奔走快速，繁殖期发出嘹亮的歌声。主要以金龟甲、椿象、蝗虫等昆虫和昆虫幼虫为食物。繁殖期为卵 5 ~ 7 月，每窝通常产 4 ~ 7 枚。

● 形态特征：蓝点颏雄鸟嘴呈黑色，眉纹呈白色，头部为土褐色，顶部颜色较深，颏部、喉部呈亮蓝色，胸部下侧有黑色横纹和淡栗色宽带各一，腹部为白色，两胁和尾下覆羽呈棕白色，尾羽为黑褐色。雌鸟酷似雄鸟，但颏部、喉部为棕白色，喉部没有栗色的斑块。脚呈肉褐色。

● 主要分布：欧洲、非洲北部、亚洲中部、伊朗、俄罗斯、印度等地。

头部为土褐色
嘴呈黑色
喉部呈亮蓝色
脚呈肉褐色
黑褐色的尾羽
雄鸟

雌雄差异：羽色略有不同	是否迁徙：迁徙	栖息地：森林、沼泽及荒漠边缘

科名：鸫科　　体重：0.055 ~ 0.126 千克　　别名：百舌、反舌、中国黑鸫

乌鸫

　　乌鸫是瑞典的国鸟，生性胆小，眼光尖锐，反应灵敏，鸣声嘹亮而动听，善于模仿其他鸟类的叫声，喜欢结成小群在地面上奔跑。属杂食性，食物主要有蝗虫、甲虫、步行虫等昆虫和幼虫。繁殖期为 4 ~ 7 月，每窝通常产卵 4 ~ 6 枚。

● 形态特征：乌鸫体长约 23 ~ 29.6 厘米，虹膜褐色，眼珠为橘黄色，嘴和眼周为橙黄色；雄鸟喙橙黄色或黄色，雌鸟为黑色；全身大多为黑色、黑褐色或乌褐色，有的沾锈色或灰色，上体包括尾羽均为黑色，颏部缀以棕色羽缘，喉部微染棕色而微带黑褐色的纵纹；下体大部分呈黑褐色，脚为黑色。

● 主要分布：欧洲、非洲、亚洲等地区。

雄鸟
嘴呈黄色
两翅呈黑色
腹部为黑褐色
黑色的脚

雌雄差异：羽色略有不同	是否迁徙：不迁徙	栖息地：阔叶林、针阔叶混交林

斑鸫

　　斑鸫属中型鸟类，生性活跃，不怕人，喜欢在地上活动和觅食，除繁殖期成对活动外，其他季节多成群。主要以蝗虫、金龟子等昆虫和幼虫为食物。繁殖期为 5 ~ 8 月，每窝通常产卵 4 ~ 7 枚，卵呈淡蓝绿色。

○ 形态特征：斑鸫的嘴为黑褐色，下嘴基部为黄色，眉纹为白色，从头部至尾部暗橄榄褐色杂有黑色；颏、胸部和两胁均为栗色，有些亚种喉、颈侧、两胁和胸部具有黑色斑点；下体白色居多，两翅和尾羽为黑褐色，尾基部和外侧尾呈棕红色。

○ 主要分布：朝鲜、日本、蒙古，西伯利亚、印度北部和巴基斯坦。

眉纹呈白色

黑褐色的嘴

两翅为黑褐色

雌雄差异：羽色相似	是否迁徙：迁徙	栖息地：西伯利亚泰加林、桦树林

欧歌鸫

　　欧歌鸫的叫声很大，叫声独特，短而尖锐，不经常聚居，有时在冬天或环境适合觅食时才会走在一起。属杂食性，以蚯蚓及蜗牛等多种无脊椎动物为食物。一夫一妻制，在灌木、树或蔓上筑窝，每窝通常产卵 4 ~ 5 枚。

○ 形态特征：欧歌鸫长 20 ~ 24 厘米，鸟喙为黄色，背部为褐色，上体的颜色由瑞典至西伯利亚逐渐变冷色系，下体多是奶白色或浅黄色，并带有黑色的斑点，翅膀底部覆羽为黄色，脚为粉红色。

○ 主要分布：欧洲、乌克兰、俄罗斯，西伯利亚、东欧、地中海、北非及中东等地。

喙呈黄色

背部为褐色

粉红色的脚

雌雄差异：羽色相似	是否迁徙：部分迁徙	栖息地：草丛及邻近开放地方的森林

■ 科名：鸫科　体重：约 0.015 千克　别名：无

锈腹短翅鸫

　　锈腹短翅鸫属小型鸟类，生性胆大，不怕人，叫声欢快悦耳。经常在密林下木、灌木丛或竹丛间活动。食物主要有蝗虫、金龟子、甲虫、步行虫等昆虫和幼虫，也吃野果和草籽等。

◐ 形态特征：锈腹短翅鸫雄鸟的嘴呈黑色，白色眉纹短而宽，头侧、头颈两侧以及上体和翼上覆羽均呈深蓝色；翅膀短且呈褐色，从颏至上腹及尾下覆羽均为亮锈黄色，胸部和两胁颜色浓暗，喉部和腹中央浅淡呈棕白色，尾羽为黑褐色，脚为暗褐色。雌鸟上体为橄榄褐色，颏、喉、胸部及两胁均为锈黄色，并沾褐色；腹部中央近白色。

◐ 主要分布：印度，中国云南等地。

头上覆羽为深蓝色

背部呈深蓝色

尾羽为黑褐色

暗褐色的脚

雄鸟

雌雄差异：羽色不同	是否迁徙：不迁徙	栖息地：常绿阔叶林、密林下层

■ 科名：鸫科　体重：0.050 ~ 0.073 千克　别名：无

灰背鸫

　　灰背鸫善于在地面跳跃行走，多在地上活动和觅食。繁殖期间叫声清脆响亮，喜欢单独或结成对活动。以步行虫科、叩头虫科等昆虫和昆虫幼虫为食物。繁殖期为 5 ~ 8 月，每窝通常产卵 3 ~ 5 枚，孵卵由雌鸟负责。

◐ 形态特征：灰背鸫雄鸟的嘴短且强健，头部呈微橄榄色，上体表面为石板灰色，颏部和喉部为淡白色，有黑褐色的羽干纹；胸部呈淡灰色，下胸中部呈污白色，两翅呈黑色，腹部为白色，两胁和翼下覆羽亮橙栗色。雌鸟上体为橄榄褐色，颏、喉、胸部及两胁均为锈黄色，并沾褐色；腹部中央近白色。

◐ 主要分布：俄罗斯西伯利亚东南部、远东、中国、朝鲜、越南和日本。

嘴短而强健

两翅呈黑色

胸部为淡灰色

腹部呈白色

雄鸟

雌雄差异：羽色略有不同	是否迁徙：迁徙	栖息地：低山丘陵地带的茂密森林

■ 科名：鸫科　体重：0.060 ~ 0.075 千克　别名：无

黑胸鸫

　　黑胸鸫生性胆怯，善于隐蔽，喜欢独自或结成对活动。主要以昆虫和昆虫幼虫为食物。繁殖期为 5 ~ 7 月，每窝通常产卵 3 ~ 4 枚，卵呈淡绿色或淡乳黄色，雌雄亲鸟轮流孵卵。

◐ 形态特征：黑胸鸫的嘴呈蜡黄色。雄鸟除颏尖端有一点白色外，其余整个头部、颈部和上胸部均为黑色，背部、肩部、腰部以及两翅和尾等均为暗石板灰色或黑灰色，腰和尾上覆羽为暗灰色，下胸和两胁为橙棕色或棕栗色，脚为蜡黄色。雌鸟的上体橄榄褐色，颏、喉部均为白色，上胸橄榄褐色，其余和雄鸟相似。

◐ 主要分布：中国西南部、印度东北部，缅甸、泰国、老挝、越南等地。

雄鸟

嘴呈蜡黄色　上胸部为黑色

蜡黄色的脚

雌雄差异：羽色不同	是否迁徙：不迁徙	栖息地：阔叶林和针阔叶混交林

■ 科名：鸫科　体重：0.04 ~ 0.07 千克　别名：无

白喉矶鸫

　　白喉矶鸫的体型较小，生性安静而温和，喜欢长时间静立不动。鸣声缓慢而悠扬，略有韵味，像吹奏笛子和箫的声音，冬季会结成群活动。主要以甲虫、蝼蛄、鳞翅目幼虫等为食物。每窝通常产卵 6 ~ 8 枚，雌雄亲鸟共同育雏。

◐ 形态特征：白喉矶鸫嘴近黑色，雌雄两性异色，雄鸟头顶为蓝色，头侧部为黑色，颈背到肩部处有闪斑；喉部为白色，双翅为黑色，且具有白色的翼纹，腹部呈栗色，各色相衬对比明显，下体大部分为橙栗色，脚为暗橘黄色。雌鸟与雄鸟相比，羽色暗淡，上体多为橄榄褐色，下体呈斑杂状。

◐ 主要分布：欧洲、非洲、阿拉伯半岛及中国东南沿海等地。

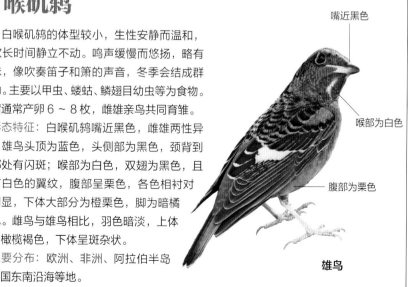

嘴近黑色

喉部为白色

腹部为栗色

雄鸟

雌雄差异：羽色不同	是否迁徙：迁徙	栖息地：混合林、针叶林

科名：鹟科　体重：0.049 ~ 0.089 千克　别名：无

白眉鸫

白眉鸫生性胆怯，喜欢单独或结成对活动，迁徙季节会结成群。食物以鞘翅目、鳞翅目等昆虫和昆虫幼虫为主。一般在林下小树或高的灌木枝杈上筑巢，繁殖期为 5 ~ 7 月，每窝通常产卵 4 ~ 6 枚。

形态特征：白眉鸫眉纹为白色，头顶和枕部均为灰褐色；肩部、背部、尾上覆羽为橄榄褐色，胸部和两胁为橙棕色或橙黄色，腰部为橄榄褐色，尾羽为暗褐色。雌鸟上体均为橄榄褐色，颏、喉部为白色，有暗褐色的纵纹，其余似雄鸟。

主要分布：中国、俄罗斯、朝鲜、菲律宾、印度尼西亚等地。

雄鸟

雌雄差异：羽色略有不同	是否迁徙：迁徙	栖息地：针阔叶混交林、针叶林

科名：鹟科　体重：0.05 ~ 0.075 千克　别名：无

白眉歌鸫

白眉歌鸫是土耳其的国鸟，常在夜间鸣叫，叫声低沉，在群鸟歇息时唧喳作叫，受惊扰时很快飞向附近的树。食物包括蚂蚁、甲虫、蟋蟀，和树莓、沙棘、樱桃等。每窝通常产卵 4 ~ 6 枚，雌鸟负责孵卵。

形态特征：白眉歌鸫体长为 20 ~ 24 厘米，鸟喙为黑色，基部黄色，嘴形较窄，嘴须发达；眼睛上有奶白色的斑纹，浅色眉纹明显；上身呈白色，有褐色的斑点，背部呈褐色，翅膀形状较尖，翼下和两肋呈锈红色；下体多纵纹，尾较宽且长，脚爪呈灰褐色。

主要分布：欧洲、亚洲北部、冰岛南部、苏格兰北端、波兰及白俄罗斯北部等地。

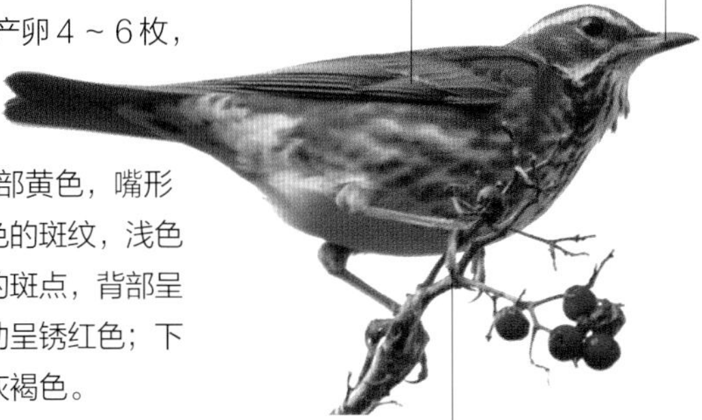

雌雄差异：羽色相似	是否迁徙：迁徙	栖息地：冻土层的针叶林及苔原

蓝矶鸫

　　蓝矶鸫是马耳他的国鸟，喜欢单独或成对活动。食物以甲虫、金龟子、步行虫、蝗虫等昆虫为主。繁殖期为 4 ~ 7 月，每窝通常产卵 4~5 枚，卵呈淡蓝色。

◐ 形态特征：蓝矶鸫的嘴近黑色，雄鸟上体从额至尾上覆羽，头部、颈侧、颏和胸部等部均为辉蓝色，下体自胸部以下为纯栗红色；两翅近黑色，翅上的小覆羽为蓝色；尾羽呈黑色。雌鸟上体蓝灰色，翅和尾均为黑色；下体呈棕白色，各羽缀有黑色的波状斑。脚和趾均为黑褐色。

◑ 主要分布：东南亚、欧亚大陆，中国、菲律宾、马来半岛等地。

嘴近黑色　　　**雄鸟**

两翅呈黑色

黑褐色的脚　　　腹部栗红色

雌雄差异：羽色不同	是否迁徙：部分迁徙	栖息地：低山峡谷、山溪、湖泊

白腰鹊鸲

　　白腰鹊鸲生性胆怯，喜欢单独活动，善于鸣叫，鸣叫时尾巴直竖起来，鸣声清脆婉转。在林下地上或灌木低枝上觅食。食物以甲虫、蜻蜓、蚂蚁等昆虫为主。繁殖期为 4 ~ 6 月，每窝通常产卵 4 ~ 5 枚，雌鸟负责孵卵。

◐ 形态特征：白腰鹊鸲的嘴为黑褐色或黑色，背部和胸部均为黑色，有蓝色光泽，雌鸟该部分则是暗灰色；腹部呈棕色或棕栗色，翅上覆羽为黑色，飞羽为褐色或黑褐色；腰部和尾下覆羽为白色，尾呈凸状，趾和爪呈棕黄色或肉色。

◑ 主要分布：中国、印度、尼泊尔、不丹、泰国、马来西亚等地。

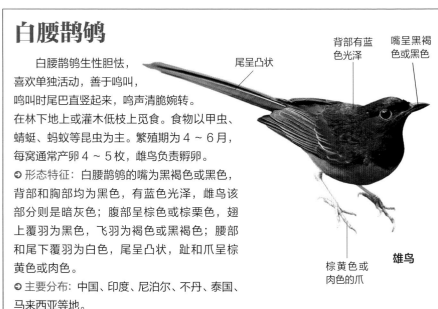

尾呈凸状　　背部有蓝色光泽　　嘴呈黑褐色或黑色

棕黄色或肉色的爪　　　**雄鸟**

雌雄差异：羽色略有不同	是否迁徙：不迁徙	栖息地：低山、丘陵和山脚平原地带

赭红尾鸲

赭红尾鸲属小型鸟类，除繁殖期成对以外，平时喜欢单独活动，一般夜晚或清晨时鸣叫，声音响亮有力。食物以甲虫、象鼻虫等鞘昆虫为主。主要由雌鸟负责筑巢，繁殖期为 5 ~ 7 月，通常每窝产卵 4 ~ 6 枚。

◑ 形态特征：赭红尾鸲雄鸟的嘴、脚为黑褐色或黑色，头侧、头顶、背部和颈侧均为暗灰色或黑色，颏部、喉部和胸部均为黑色；两翅为黑褐色，翅上覆羽呈黑色或暗灰色，腰部、腹部、尾上覆羽均为栗棕色。

◑ 主要分布：欧洲、北非、西亚、地中海沿岸、小亚细亚、中亚等地。

雄鸟

两翅呈黑褐色

胸部为黑色

尾覆羽为栗棕色

黑褐色或黑色的脚

雌雄差异：羽色略有不同	是否迁徙：部分迁徙	栖息地：高山灌丛草地、高原草地

白顶溪鸲

白顶溪鸲不太怕人，在岩石上活动或站立时，竖直的尾部散开呈扇形；喜欢独自或结成对活动，也会结成 3 ~ 5 只的群在一起互相追逐。啄食昆虫，也食用野果和草籽。繁殖期为 4 ~ 6 月，每窝通常产卵 3 ~ 5 枚。

◑ 形态特征：白顶溪鸲体长约 19 厘米，嘴为黑色，头顶至枕部为白色，前额、头侧至背部呈深黑色，飞羽为黑色；颏部和胸部均为深黑色并有辉亮，腹部、尾上覆羽及尾羽均呈深栗红色，尾羽有宽阔的黑色端斑，趾和爪均为黑色。

◑ 主要分布：印度北部、亚洲中部，巴基斯坦、尼泊尔、不丹、中国等地。

黑色的嘴

飞羽为黑色

胸部呈深黑色

深红色的腹部

雌雄差异：羽色相同	是否迁徙：部分迁徙	栖息地：山区河谷、溪流边、岸边

北红尾鸲

黑色的嘴

白色的翅斑

黑色的喉部

黑色的脚

雄鸟

北红尾鸲属小型鸟类，叫声单调而清脆，生性胆怯，喜欢躲在丛林内，行动敏捷，经常在地上和灌丛间跳跃，一般单独或成对活动。主要以蚜、瓢虫等昆虫成虫和幼虫为食物。繁殖期为 4 ~ 7 月，每窝通常产卵 6 ~ 8 枚。

⊙ 形态特征：北红尾鸲的嘴为黑色，头部到背部为石板灰色，颈侧、前额基部、头侧、颏喉和上胸均为黑色；两翅为黑色，有明显的白色翅斑，腰部为棕色，尾上覆羽和尾均为橙棕色，其余下体为橙棕色。雌鸟的上体为橄榄褐色，两翅为黑褐色，有白斑，下体呈暗黄褐色。脚为黑色。

⊙ 主要分布：不丹、印度、中国、日本、韩国、蒙古、缅甸、俄罗斯、泰国等地。

雌雄差异：羽色不同	是否迁徙：迁徙	栖息地：山地、森林、河谷、林缘

日本歌鸲

雄鸟

深橙棕色的头部

背部为草黄褐色

嘴呈暗褐色

胸部为深橙棕色

棕灰色的脚

日本歌鸲生性活跃，善于鸣叫，叫声嘹亮而动听，喜欢到地面上觅食，经常边走边将尾向上举起。它们性情机警，受到惊吓便会飞上树枝。食物以鞘翅目昆虫、蚂蚁、蜘蛛等为主。繁殖期为 5 ~ 7 月，每窝通常产 5 ~ 6 枚天蓝或蓝绿色的卵，呈卵圆形，雌鸟负责孵卵。

⊙ 形态特征：日本歌鸲雄鸟的嘴为暗褐色，额、头部和颈的两侧，颏、喉部和上胸等均为深橙棕色；上体包括两翅表面均为草黄褐色，下胸和两胁均为灰色；上胸和下胸间有狭窄的黑带，腹部和尾下覆羽为白色，下体前部为橙棕色，尾为栗红色，脚和趾为棕灰色。

⊙ 主要分布：中国、日本、韩国和俄罗斯等地。

雌雄差异：羽色略有不同	是否迁徙：部分迁徙	栖息地：山地混交林和阔叶林

科名：鸫科　　体重：0.032 ~ 0.05 千克　　别名：吱渣、信鸟、四喜

鹊鸲

雄鸟

　　鹊鸲是孟加拉国的国鸟，生性活泼；喜欢独或成对活动，休息时经常展翅翘尾。食物以金龟甲、瓢甲、蝼蛄等昆虫和昆虫幼虫为主，繁殖期为 4 ~ 7 月，每窝通常产卵 4 ~ 6 枚。

● 形态特征：鹊鸲嘴形粗健而直，雄鸟上体大部分为黑色，头顶到尾上覆羽均为黑色，带有蓝色光泽，颈部到上胸部分及脸侧均为黑色；飞羽为黑褐色，下体前黑后白，下胸覆羽纯白色，尾呈凸尾状。雌鸟与雄鸟相似，但雄鸟的黑色部分被灰色或褐色代替，下体和尾下覆羽的白色略沾棕色。趾为灰褐色或黑色。

● 主要分布：印度、不丹、中国、孟加拉国等地。

| 飞羽为黑褐色 | 嘴形粗而直 |
| 翅上有白斑 |
| 下胸覆羽为纯白色 |
| 脚趾为灰褐色或黑色 |

| 雌雄差异：羽色略有不同 | 是否迁徙：不迁徙 | 栖息地：次生林、竹林、林缘疏林灌丛 |

科名：鸫科　　体重：0.027 ~ 0.04 千克　　别名：中国灰背燕尾

灰背燕尾

　　灰背燕尾喜欢单独或结成对活动，一般停息在水边或水中石头上，或在浅水中觅食。食物以水生昆虫和蚂蚁、蜻蜓幼虫、毛虫、螺类等为主。繁殖期为 4 ~ 6 月，每窝通常产卵 3 ~ 4 枚，卵呈卵圆形、污白色。

● 形态特征：灰背燕尾的嘴、额基、眼先和颈侧均为黑色，前额为白色，头顶至背部均为蓝灰色；飞羽为黑色，初级飞羽外翈基部和次级飞羽基部白色，颏部到上喉部均为黑色；下体余部纯白色，腰部和尾上覆羽也为白色，尾羽梯形成叉状，多为黑色，脚趾为肉白色。

● 主要分布：喜马拉雅山脉至中国南方及中南半岛。

| 背部呈蓝灰色 | 黑色的嘴 |
| 脚趾呈肉白色 |

| 雌雄差异：羽色相似 | 是否迁徙：不迁徙 | 栖息地：水边乱石及山间溪流旁 |

黍鹀

　　黍鹀属于小型鸣禽，鸣叫声粗涩，飞行缓慢，喜欢在高的树枝、电线或墙上休息；8 月后开始结群活动，冬季常结成数百只的大群。食物包括谷物和其他种植物的种子和苇实、水果、浆果等。繁殖期为 6 ~ 7 月，每窝通常产卵 4 ~ 6 枚。

◐ 形态特征：黍鹀的全身满布纵纹，喙为圆锥形，颊部和耳覆羽呈暗褐色，头顶、背部和肩部为灰褐色至棕褐色，有黑色或黑红色的条纹；上胸有黑色的斑点，下胸和两胁有窄的暗桂红色或暗褐色纵纹，脚为黄色至粉褐色。

◐ 主要分布：欧洲、北非、西非、印度，中国新疆等地。

喙为圆锥形

头顶呈灰褐色或棕褐色

脚为黄色至粉褐色

雌雄差异：羽色相似	是否迁徙：部分迁徙	栖息地：草地、湿草地、高山草原

黄胸鹀

　　黄胸鹀生性胆小，喜欢结成群，尤其是迁徙期间和冬季，会结成数百至数千只的大群。繁殖期间雄鸟高声鸣叫，鸣声多变而悦耳。食物以甲虫、蚂蚁等昆虫和昆虫幼虫为主。繁殖期为 5 ~ 7 月，每窝通常产卵 4 ~ 5 枚。

◐ 形态特征：黄胸鹀的喙为圆锥形，额、喉部和颏部均为黑色，头顶与上体呈栗色或栗红色；两翅为黑褐色，翅上有窄的白色横带；下体呈鲜黄色，胸部有深栗色的横带，尾上覆羽为栗褐色，外侧两对尾羽楔状的白斑。雌鸟上体呈棕褐色或黄褐色，有黑褐色的中央纵纹，下体为淡黄色，胸部没有横带。脚为淡褐色。

◐ 主要分布：芬兰、俄罗斯、中国、蒙古、朝鲜、日本等地。

喙为圆锥形

白色的翅斑

雄鸟

鲜黄色的腹部

脚为淡褐色

雌雄差异：羽色不同	是否迁徙：迁徙	栖息地：灌丛、草甸、草地和林缘地带

黄喉鹀

　　黄喉鹀属小型鸣禽，生性活泼，喜欢在灌丛与草丛中跳跃，多沿地面低空飞行。经常集群活动，迁徙期间多成5~10只的小群，食物以夜蛾科、食蚜蝇科等昆虫和昆虫幼虫为主，繁殖期为5~7月，每窝通常产卵6枚。

→ 形态特征: 黄喉鹀的眉纹从额部至枕侧长而宽阔，黑色羽冠短而竖直；额部为黑色，上喉为黄色，肩部和背部呈栗红色或栗褐色，有黑色羽干纹；胸部缀有半月形黑斑，腰和尾上覆羽呈淡棕灰色。雌鸟和雄鸟大致相似，但羽色较淡，头部的黑色转为褐色，前胸的黑色半月形斑不明显或消失。脚为肉色。

→ 主要分布: 俄罗斯、朝鲜、日本和中国等地。

短而竖直的黑色羽冠

雄鸟

上喉呈黄色

胸部半月形的黑斑

脚呈肉色

雌雄差异: 羽色不同	是否迁徙: 不迁徙	栖息地: 阔叶林、针阔叶混交林

黄鹀

　　黄鹀属小型鸣禽，叫声清脆，飞行速度快，经常在地面觅食。非繁殖期经常结群活动。食物以谷物和草籽为主。繁殖期为5~7月，每窝通常产卵4~5枚。

→ 形态特征: 黄鹀的鸟喙为圆锥形。雄鸟头顶为橄榄绿，顶侧暗橄榄绿色，有黑色的纵纹，眼后纹和颊部、眉纹呈黄色；喉部和腹部呈鲜黄色，腰部和尾上覆羽栗色，两胁和尾下覆羽呈暗黄色。雌鸟和雄鸟羽色不同，头部黄色较少，头顶呈暗灰橄榄褐色，有浓密的黑纹，颊部小黑点较多，直至颏部，胁部的小斑点由黑色转成黄褐色。脚为褐色。

→ 主要分布: 欧洲、蒙古北部、西伯利亚中部、伊朗、哈萨克斯坦、日本和中国。

黄色的眉纹

腹部呈鲜黄色

脚为褐色

雄鸟

雌雄差异: 羽色不同	是否迁徙: 迁徙	栖息地: 林缘、林间空地、林间小道旁

■ 科名：鹀科　体重：0.015 ~ 0.02 千克　别名：大苇蓉、大山家雀儿

芦鹀

颈圈呈白色

喙为圆锥形

芦鹀属小型鸣禽，生性活泼，经常在低树和柳丛间飞行。除繁殖期成对外，一般结群生活，迁徙时结成 10 ~ 20 只的小群。属杂食性，食物为苇实、草籽和植物碎片。繁殖期为 5 ~ 7 月，每窝通常产卵 4 ~ 5 枚。

○ 形态特征：芦鹀的喙为圆锥形，上下喙边缘微向内弯。雄鸟的头部为黑色，颚纹和颈圈为白色，有白色的下髭纹，喉部为黑色。上体呈栗黄色，有黑色的纵纹，翅上小覆羽呈栗色。雌鸟的头部呈赤褐色，有皮黄色的眉纹，头顶和耳羽有杂斑。脚为深褐至粉褐色。

○ 主要分布：欧洲、非洲和阿拉伯、喜马拉雅山脉和秦岭以北。

喉部为黑色

雄鸟

雌雄差异：羽色略有不同	是否迁徙：部分迁徙	栖息地：平原沼泽地和湖沼沿岸

■ 科名：鹀科　体重：0.015 ~ 0.023 千克　别名：灰眉子、灰眉雀

灰眉岩鹀

嘴为黑褐色

背部为红褐色或栗色

灰眉岩鹀属小型鸣禽，一般不远飞，叫声洪亮，边鸣唱边抖动身体，扇动尾羽，喜欢成对或单独活动，在非繁殖季节一般成 5 ~ 8 只的小群。主要以草籽、果实、种子和农作物等植物性食物为食。繁殖期为 4 ~ 7 月，每窝通常产卵 3 ~ 5 枚。

○ 形态特征：灰眉岩鹀的嘴为黑褐色，喙为圆锥形；头侧、眉纹、颊部、枕部、喉部和上胸均为蓝灰色，贯眼纹为黑色或栗色，背上红褐色或栗色，有黑色的中央纹；下胸、腰部、腹部等下体为红棕色或粉红栗色，尾上覆羽呈栗色，脚为肉色。

○ 主要分布：西北非、南欧至中亚和喜马拉雅山脉。

肉色的脚

雌雄差异：羽色相似	是否迁徙：部分迁徙	栖息地：低山丘陵、高山和高原

■ 科名：鹀科　　体重：0.020 ~ 0.034 千克　　别名：铁雀、铁爪子、雪眉子

铁爪鹀

雄鸟（冬羽）

　　铁爪鹀十分耐寒，善于行走，飞翔时多呈弧形；冬季会集群生活，一般结成 20 ~ 30 只的群，有时也会有百余只甚至几百只的大群。食物主要为杂草种子。每窝通常产卵 5 ~ 6 枚。

◑ 形态特征：铁爪鹀的嘴为圆锥形，黑色。雄鸟冬羽的眉纹为沙黄色，头部为黑色，颈侧为栗赤色；肩部、背部、腰部和尾上覆羽杂以栗、黄和黑色，胸部、腹部为黄白色；两肋有黑色和栗褐色的条纹。雄性夏羽的头、颈、喉部和胸侧均为黑色；下颈和翕呈浓栗赤；上胸为黑色，下体余部为白色。脚为褐色。

◑ 主要分布：朝鲜半岛、欧美北部、俄罗斯、日本、蒙古、中国等地。

背部杂以栗、黄和黑色

头部为黑色

嘴呈圆锥形，黑色

褐色的脚

雌雄差异：羽色相似（冬羽）	是否迁徙：迁徙	栖息地：草地、沼泽地、平原田野

■ 科名：伯劳科　　体重：0.026 ~ 0.031 千克　　别名：无

栗背伯劳

背覆羽为栗色

头顶为灰色

　　栗背伯劳喜欢独自或结成对活动，多站在小树或灌木顶枝上，鸣声清脆多变，婉转动听；领域性比较强，经常为保卫自己的领域而赶走入侵者。其性凶猛，不仅善于捕食昆虫，也能捕杀小鸟、蛙和蜥蜴等。繁殖期为 4 ~ 6 月，每窝通常产卵 3 ~ 6 枚。

◑ 形态特征：栗背伯劳的嘴和前额为黑色，有过眼黑色宽带；头顶至上背逐渐变为青灰色，背部、双翅覆羽和尾上覆羽均为栗色，翅翼羽为黑褐色，颏部、喉和颊部为纯白色；其余下体近乳白色，胸部和两肋染以锈棕色，尾羽为黑褐色，脚为铅灰色。

◑ 主要分布：印度东北部、中国南方，缅甸等地。

嘴为黑色

尾羽为黑褐色

铅灰色的脚

雌雄差异：羽色相似	是否迁徙：部分迁徙	栖息地：次生疏林、林缘和灌丛

■ 科名：伯劳科　　体重：不详　　别名：小灰伯劳

黑额伯劳

　　黑额伯劳飞行时不像其他伯劳那样波动，站立姿势十分端直，尾部直下；叫声粗哑，略像鸫鸟，经常在平原、山地、森林草原和耕作区出没。它们在阔叶树和灌木上筑巢，每窝通常产卵 5 ~ 6 枚，卵呈淡黄色或淡棕色，雌雄亲鸟负责孵卵。

○ 形态特征：黑额伯劳的嘴为灰色，额部黑色较多，颊部与喉部为纯白色；翅覆羽和飞羽均呈黑色，羽端为褐色，次级飞羽黑色较浓；腹侧和胁羽染粉褐色，尾上覆羽为暗褐灰色，中央两对尾羽为纯黑色，脚为黑色。

○ 主要分布：非洲南部、欧洲中部，俄罗斯、阿富汗、中国等地。

额部为黑色

嘴为灰色

尾上覆羽呈暗褐灰色

雌雄差异：羽色相似	是否迁徙：迁徙	栖息地：森林草原和耕作区、阔叶树

■ 科名：伯劳科　　体重：0.023 ~ 0.044 千克　　别名：褐伯劳、土虎伯劳、花虎伯劳

红尾伯劳

　　红尾伯劳生性活泼，经常在枝头跳跃或飞行，单独或结成对活动，繁殖期间抬头翘尾，高声鸣唱，叫声粗犷响亮。食物以金龟、蝗虫、地老虎、蜥蜴等为主。繁殖期 5 ~ 7 月，每年繁殖一窝，每窝通常产卵 5 ~ 7 枚，雌鸟负责孵卵。

○ 形态特征：红尾伯劳的嘴为黑色，头顶呈灰色或红棕色，具有白色的眉纹；上体多为棕褐或灰褐色，喉部和颊部呈白色，两翅呈黑褐色，内侧覆羽呈暗灰褐色；上背和肩部均为暗灰褐色，下背和腰部呈棕红色；棕褐色的尾羽有暗褐色的横斑，脚为铅灰色。

○ 主要分布：东南亚，印度、菲律宾，巽他群岛、马鲁古群岛等地。

嘴呈黑色

喉部呈白色

铅灰色的脚

尾羽有暗褐色的横斑

雌雄差异：羽色相似	是否迁徙：迁徙	栖息地：平原、丘陵至低山区

■ 科名：伯劳科　　体重：0.04 ~ 0.054 千克　　别名：灰鵙

灰背伯劳

　　灰背伯劳叫声粗哑喘息，喜欢在树梢的干枝或电线上休息。食物以蝗虫、蝼蛄、虾蟆和蚂蚁等昆虫为主。繁殖期为 5 ~ 7 月，每窝通常产卵 4 ~ 5 枚，卵呈淡青色或浅粉色。

◎ 形态特征：灰背伯劳前额为黑色，头顶部和背部呈暗灰色，喉部呈白色；胸下白色和锈棕色混杂，翅膀覆羽和飞羽均为深黑褐色；下体近白色，腰部和尾上覆羽有狭窄的棕色带。雌鸟的羽色和雄鸟相似，但额基的黑羽较窄，头顶灰羽染浅棕，肩羽染棕色；下体呈污白色，胸部、肋部染锈棕色。腿为黑色。

◎ 主要分布：印度、中南半岛，中国甘肃、宁夏等地。

背部呈暗灰色

嘴呈黑色

黑色的腿

雄鸟

雌雄差异：羽色略有不同	是否迁徙：部分迁徙	栖息地：山地疏林、农田及农舍附近

■ 科名：麻雀科　　体重：0.01 ~ 0.02 千克　　别名：无

纹胸织布鸟

　　纹胸织布鸟的体型中等，喜欢在多草沼泽、芦苇地或稻田活动，不停地吱吱叫，叫声好似哨音；在繁殖树木上筑造大的巢群，或在其他时节结成流动的群。织布鸟的巢称作"吊巢"，和蒸馏瓶或鸭梨相似，十分讲究，高挂在树枝下面，好像摇篮一样。

◎ 形态特征：纹胸织布鸟的嘴呈黑灰或褐色，非繁殖期成鸟头部为褐色，顶冠有黑色的细纹，眉纹为皮黄色，颈部有近白色块斑，雌雄羽色相似。繁殖期雄鸟的顶冠为金黄色，颏部和喉部多为黑色，胸部有黑色的纵纹，上体呈黑褐色，下体呈白色，脚为浅褐色。

◎ 主要分布：巴基斯坦至中国西南，东南亚，爪哇及巴厘岛。

金黄色的顶冠

眉纹为皮黄色

胸部有黑色的纵纹

脚呈浅褐色

雄鸟（繁殖期）

雌雄差异：羽色相似（非繁殖期）	是否迁徙：不迁徙	栖息地：沼泽、芦苇地或稻田

白喉红臀鹎

　　白喉红臀鹎生性活泼，善于鸣叫，鸣声清脆响亮，喜欢在相邻的树木或树头间来回飞行；晚上常结成群栖息，呈 3 ~ 5 只或十多只的小群。杂食性，以浆果、榕果种子等植物性食物为主，也吃昆虫。繁殖期为 5 ~ 7 月，每窝通常产卵 2 ~ 3 枚。

⊙ 形态特征：白喉红臀鹎的前额、头顶、枕为黑色，有光泽，眼先和眼周为黑色，下颌和上喉呈黑色，背、肩部呈褐色或灰褐色；双翅为暗褐色，下喉为白色，其余下体呈污白色或灰白色；腰部为灰褐色，尾羽为黑褐色，脚为黑色。

⊙ 主要分布：印度、越南、老挝、泰国、缅甸、印度尼西亚等地。

背部为褐色或灰褐色

双翅呈暗褐色

黑色的脚

尾羽呈黑褐色

雌雄差异：羽色相似	是否迁徙：不迁徙	栖息地：次生阔叶林、竹林、灌丛

白头鹎

　　白头鹎属小型鸣禽，善于鸣叫，鸣声婉转多变，喜欢结成 3 ~ 5 只或十多只的小群活动，一般在灌木和小树上活动，是农林益鸟。食物以金龟甲、蜂等昆虫和幼虫为主，包括植物果实和种子。繁殖期为 4 ~ 8 月，每窝通常产卵 3 ~ 5 枚，卵呈粉红色。

⊙ 形态特征：白头鹎体长约 17 ~ 22 厘米，嘴为黑色，额部至头顶纯黑色，富有光泽；白色的枕环显眼，耳羽后部有白斑；颏和喉部均为白色，胸部为灰褐色，形成淡色的宽阔胸带；背部和腰部羽毛大部为灰绿色，腹部为白色或灰白色，缀有黄绿色的条纹，脚为黑色。

⊙ 主要分布：东亚、中国大陆长江以南等地。

双翼稍带黄绿色

喉部呈白色

胸部为灰褐色

脚为黑色

雌雄差异：羽色相似	是否迁徙：不迁徙	栖息地：疏林荒坡、果园、村落、农田

■ 科名：鹎科　体重：0.026 ~ 0.043 千克　别名：红颊鹎、高髻冠、高鸡冠

红耳鹎

　　红耳鹎属小型鸟类，生性活泼，经常结成十余只的小群活动；善于鸣叫，叫声轻快悦耳，喜欢一边跳跃活动觅食，一边鸣叫。食物以植物性食物为主，如啄食树木和灌木种子。繁殖期为 4 ~ 8 月，每窝通常产卵 2 ~ 4 枚。

➋ 形态特征：红耳鹎的嘴为黑色，头顶有高耸的黑色羽冠，眼后下方有深红色的羽簇，喉部和颊部呈白色；后颈至尾上覆羽等其余上体呈棕褐色或土褐色，胸部有黑色的细线，胸部两侧各有较宽的暗褐色或黑色横带；两胁沾浅褐色或淡烟棕色，脚为黑色。

➋ 主要分布：孟加拉国、柬埔寨、中国、印度、缅甸、泰国、越南等地。

黑色的羽冠

嘴为黑色

喉部为白色

黑色的脚

| 雌雄差异：羽色相似 | 是否迁徙：不迁徙 | 栖息地：雨林、季雨林、常绿阔叶林 |

■ 科名：鹎科　体重：0.045 ~ 0.06 千克　别名：无

白喉冠鹎

　　白喉冠鹎生性活跃，喜欢结成小群，在乔木树冠层活动，很少到地面活动，可以持续地发出断续的高叫声。食物以植物果实与种子等植物性食物为主，包括象甲、瓢甲和蝗虫。它们多在林下灌木或藤条上筑窝，繁殖期为 5 ~ 6 月，每窝通常产卵 2 ~ 4 枚。

➋ 形态特征：白喉冠鹎的嘴为深蓝灰色，头顶为褐色或红褐色，眼周和颊部等头侧呈灰色或褐灰色；上体为橄榄绿褐色，喉部和颏部呈白色；飞羽为暗褐色，翼上覆羽为橄榄绿褐色，下体其他部分为橄榄黄色，胸部、两胁沾灰褐色。尾羽为棕褐色。

➋ 主要分布：缅甸、泰国、老挝、越南、中国云南西南部等地。

嘴呈深蓝灰色

喉部为白色

尾上覆羽呈棕色

| 雌雄差异：羽色相似 | 是否迁徙：不迁徙 | 栖息地：阔叶林、次生林、常绿阔叶林 |

科名：鹎科　体重：0.03 ~ 0.04 千克　别名：无

黄绿鹎

　　黄绿鹎生性活泼，善于鸣叫，叫声短促而沙哑，喜欢在高大乔木树冠层或灌木上活动和觅食，结成几只或十余只的小群活动。食物以核果、浆果、草籽等植物果实与种子为主。繁殖期为4 ~ 6月，每窝通常产卵2 ~ 4枚。

● 形态特征：黄绿鹎的头顶后部暗褐色沾橄榄绿色，上体呈橄榄绿褐色，喉部、颏部为淡灰色或灰白色；胸部为灰褐色，背部、肩部和腰部等上体均为橄榄绿褐色；腹部为暗黄色，翅上覆羽为橄榄褐色，尾下覆羽为鲜黄色。

● 主要分布：印度、孟加拉国、缅甸、泰国、老挝、越南、印尼和中国等地。

翅上覆羽呈橄榄褐色

喉淡呈灰色或灰白色

暗黄色的腹部

雌雄差异：羽色相似	是否迁徙：不迁徙	栖息地：次生阔叶林、常绿阔叶林

科名：椋鸟科　体重：0.065 ~ 0.083 千克　别名：牛屎八哥、丝毛椋鸟

丝光椋鸟

雄鸟

　　丝光椋鸟生性较胆怯，见人便飞走，鸣声响亮，除繁殖期成对活动外，多成3 ~ 5只的小群活动，经常在地面觅食，食物以地老虎、甲虫、蝗虫等农林业害虫为主。它们在树洞中筑窝，繁殖期为5 ~ 7月，每窝通常产卵5 ~ 7枚。

● 形态特征：丝光椋鸟雄鸟嘴为朱红色，头部和颈部均为白色；羽毛狭窄而尖长，颈基部的羽色较暗，肩外缘为白色；背部呈深灰色，两翅和尾均为黑色，有蓝绿色的金属光泽；胸部和两胁呈灰色，腰部覆羽为淡灰色，腹部至尾下覆羽呈白色。脚为橘黄色。雌鸟头顶前部为棕白色，后部为暗灰色，上体为灰褐色，下体则为浅灰褐色，其他与雄鸟一样。

● 主要分布：日本、越南，中国华南等地。

朱红色的嘴

背部呈深灰色

胸部为灰色

脚为橘黄色

尾上覆羽为淡灰色

雌雄差异：羽色略有不同	是否迁徙：部分迁徙	栖息地：开阔平原、农作区和丛林间

灰头椋鸟

灰头椋鸟属于中小型鸟类，一般在大树顶端停息，结成 10 多只或 20 多只的小群活动，有时也和其他椋鸟混群。食物以昆虫为主，包括螟蛾幼虫、蚂蚁、虻、胡蜂等，也吃植物果实和种子。繁殖期 4 ~ 7 月，每窝通常产卵 3 ~ 5 枚。

◐ 形态特征：灰头椋鸟的嘴尖端为橙黄色，头顶和枕部羽毛长而窄，喉部和胸部均有白色的羽干纹，颏部和喉部呈白色；飞羽呈黑色，下体近白色，腰部和尾上覆羽为苍灰或褐灰色；腹部缀有浅棕黄色，脚为橄榄黄色或黄褐色。

◐ 主要分布：中国、印度、孟加拉国、缅甸、泰国、中南半岛等地。

嘴尖端为橙黄色

喉部为白色

脚为橄榄黄色或黄褐色

雌雄差异：羽色相似	是否迁徙：不迁徙	栖息地：阔叶林和次生杂木林

黑领椋鸟

黑领椋鸟经常会发出嘈杂的叫声，能学习发声说话，多在地面觅食；喜欢成对或结成小群活动，有时会和八哥混群；不时在空中飞行，休息时和夜间多在高大的乔木上停栖。食物以甲虫、蝗虫等昆虫为主。繁殖期为 4 ~ 8 月，每窝通常产卵 4 ~ 6 枚，卵呈卵圆形。

◐ 形态特征：黑领椋鸟的嘴为黑色，眼周裸皮为黄色，头部为白色，上胸到后颈部均为黑色，形成宽阔的黑色领环；背部呈黑褐色或褐色，两翅为黑色，腰部和初级覆羽均为白色；尾上覆羽为黑褐色或褐色，有灰色或白色的尖端。脚为绿黄色或褐黄色。

◐ 主要分布：中国、缅甸、泰国、越南、中南半岛等地。

黑色的嘴

两翅为黑色

脚呈绿黄色或褐黄色

雌雄差异：羽色相似	是否迁徙：不迁徙	栖息地：山脚平原、草地、农田

科名：椋鸟科　体重：0.06 ~ 0.078 千克　别名：欧洲八哥

紫翅椋鸟

紫翅椋鸟平时结小群活动，迁徙时集大群，喜欢在树梢或较高的树枝上栖息。食物以黄地老虎、草地暝和尺蠖、红松叶蜂等害虫为主。每年繁殖一次，繁殖期为 4 ~ 6 月，每窝通常产卵 4 ~ 7 枚。

➡ 形态特征：紫翅椋鸟体型中等，嘴为黄色，头部、喉部及前颈部均为辉亮的铜绿色，背部、肩部、腰部及尾上的覆羽以紫铜色居多；羽端为淡黄白色，双翅为黑褐色，并缀以褐色宽边；腹部为沾绿色的铜黑色，脚为浅红色。

➡ 主要分布：欧亚大陆及非洲北部、印度次大陆，中国的西南地区等地。

黄色的嘴

喉部呈辉亮铜绿色

腹部为沾绿色的铜黑色

浅红色的脚

雌雄差异：羽色相似	是否迁徙：迁徙	栖息地：果园、耕地、开阔多树的村庄

科名：椋鸟科　体重：0.1~0.12 千克　别名：无

家八哥

家八哥属于中型鸟类，和人类居住的环境联系紧密，多停在树上或电线杆休息；喜欢结成群活动，有时也和斑椋鸟混群，主要在地上活动和觅食。食物主要有蝗虫、蚱蜢等昆虫和昆虫幼虫。繁殖期为 3 ~ 7 月，每窝通常产卵 4 ~ 6 枚。

➡ 形态特征：家八哥眼周裸皮为橙黄色，嘴为橙黄色或亮黄色，头部和颈部呈黑色，微有蓝色光泽；后颈下部和上胸渐变为黑灰色，背部为葡萄灰褐色；飞羽黑褐色，白色翅斑明显，胸部和两胁为淡褐色，腹和尾下覆羽为白色，尾呈黑色，爪为黄色。

➡ 主要分布：中国、印度、阿富汗、塔吉克斯坦等地。

嘴为橙黄色或亮黄色

背部呈葡萄灰褐色

黑褐色的飞羽

爪呈黄色

雌雄差异：羽色相似	是否迁徙：不迁徙	栖息地：农田、草地、果园和村寨

■ 科名：椋鸟科　　体重：0.16 ~ 0.26 千克　　别名：秦吉了、九宫鸟

鹩哥

　　鹩哥一般结成对活动，有时结成 3 ~ 5 只的小群，社会性行为极强，鸣声清脆、响亮，能模仿其他鸟类鸣叫，甚至模仿人类的语言。食物以蝗虫、蚱蜢、白蚁等昆虫为主。繁殖期为 4 ~ 6 月，每窝通常产卵 2 ~ 3 枚。

◦ 形态特征：鹩哥体形较大，嘴峰为橘红色，头、颈、喉部为紫黑色，头后部有两片橘黄色肉垂；后颈、肩部和两翅内侧覆羽均为辉紫铜色，前胸为铜绿色；下背部、腰部和尾上覆羽均为金属绿色，飞羽为黑色，腹部为蓝紫铜色，腿为柠檬黄色。

◦ 主要分布：中国、印度、缅甸、泰国，中南半岛等地。

嘴峰为橘红色

颈部有紫黑色金属光泽

前胸呈铜绿色

柠檬黄色的腿

雌雄差异：羽色相似	是否迁徙：不迁徙	栖息地：次生林、常绿阔叶林、落叶

■ 科名：太阳鸟科　　体重：0.005 ~ 0.01 千克　　别名：无

黄腰太阳鸟

雄鸟

　　黄腰太阳鸟为新加坡的国鸟，生性活泼，行动灵巧，喜欢在花丛与枝间活动和觅食，一般独自或成对活动。食物以甲虫、蚂蚁、寄生蜂和小蜘蛛等昆虫和花蜜为主。繁殖期为 4 ~ 7 月，每窝通常产卵 2 ~ 3 枚。

◦ 形态特征：黄腰太阳鸟的嘴细长而向下弯曲。雄鸟额部和头顶前部为金属绿色，后部为橄榄褐色，喉部为鲜红色，耳羽、颈侧、背部、肩部和翅上覆羽均为深朱红色或暗红色，腰部为亮黄色，尾上覆羽为金属绿色，中央的一对尾羽较长。雌鸟上体为灰橄榄绿色，腰部和尾上覆羽为橄榄黄色，下体灰色沾橄榄黄色。

◦ 主要分布：中国、东南亚等地。

嘴细长而向下弯曲

背部呈深朱红色或暗红色

中央一对尾羽较长

雌雄差异：羽色不同	是否迁徙：不迁徙	栖息地：次生林、竹林和常绿阔叶林

■ 科名：太阳鸟科　体重：0.005 ~ 0.009 千克　别名：无

绿喉太阳鸟

　　绿喉太阳鸟喜欢独自或结成对活动，也成分散的小群，多在花朵盛开的树上活动和觅食，食物以花蜜为主。繁殖期为 4 ~ 6 月，每窝通常产卵 2 ~ 3 枚，卵呈梨形或卵圆形，白色。

● 形态特征：绿喉太阳鸟的嘴为黑色。雄鸟前额至后颈和喉部为辉绿色，颈侧和背部呈暗红色；两肩和下背为橄榄绿色，两翅为暗褐色；翅膀表面为橄榄绿色，黄色的胸部带有细的红色纵纹，腰部呈鲜黄色；后胁为黄沾绿色或橄榄黄色，脚为黑色或黑褐色。

● 主要分布：中国、尼泊尔、不丹、孟加拉国、缅甸、印度、越南、泰国、老挝等地。

雄鸟

背部呈暗红色

嘴为黑色

黄色的胸部

脚为黑色或黑褐色

雌雄差异：羽色不同	是否迁徙：不迁徙	栖息地：常绿或落叶阔叶林

■ 科名：太阳鸟科　体重：不详　别名：无

黄腹花蜜鸟

　　黄腹花蜜鸟生性吵闹，叫声有韵律，喜欢结成小群在树丛间跳来跳去，雄鸟有时来回追逐，一般在林园、沿海灌丛及红树林活动或觅食。长型悬巢是用树皮、草、树叶等筑成，每窝通常产卵 2 ~ 3 枚。

● 形态特征：黄腹花蜜鸟体型小，虹膜为深褐色，嘴部为黑色。雄鸟上体多为橄榄绿色，繁殖期后金属紫色缩小，颏部到胸部均为金属黑紫色，具有绯红染灰色的胸带；肩部色斑为艳橙黄色，喉部中心的条纹狭窄，腹部呈黄白色。雌鸟羽毛没有黑色，上体为橄榄绿色，下体为黄色，一般有浅黄色的眉纹。

● 主要分布：印度、印度尼西亚、中国、澳大利亚等地。

雄鸟（非繁殖期）

嘴部呈黑色

背部呈橄榄绿色

黄白色的腹部

雌雄差异：羽色不同	是否迁徙：不迁徙	栖息地：开阔山林区

■ 科名：鹡科　体重：0.025 ~ 0.036 千克　别名：无

理氏鹨

　　理氏鹨属体型较小的鸟类，是常见的季候鸟，冬季向南迁徙，喜欢单独或成小群活动。其善于飞行，飞行呈波状，受惊时发出哑而高的长音，站在地面时姿势直挺，经常在开阔草地出没。

◐ 形态特征：理氏鹨体型相对较大，身长在 18 厘米左右，虹膜通常为褐色，上嘴为褐色，下嘴带些黄；眉纹为浅皮黄色，上体大部分具有褐色的纵纹，胸部的深色纵纹明显，下体多为皮黄色；腿部细长且为褐色，有纵纹；脚为黄褐色，后爪为肉色。

◐ 主要分布：中亚、印度、中国、蒙古，西伯利亚和东南亚、马来半岛及苏门答腊。

上嘴呈褐色

眉纹为浅皮黄色

腿部细长

脚为黄褐色

雌雄差异：羽色相似	是否迁徙：部分迁徙	栖息地：开阔沿海或山区草甸、草地

■ 科名：河乌科　体重：0.055 ~ 0.075 千克　别名：白喉河乌、小水老鸹

河乌

　　河乌为挪威的国鸟，潜水能力强，能在水流中逆水前进，飞行较迅速，喜欢独自或成对在距水面较近处活动，冬季聚成小群觅食。食物以水生昆虫及其他幼虫为主。繁殖期为 4 ~ 7 月，每窝通常产卵 4 ~ 5 枚，卵呈纯白色。

◐ 形态特征：河乌的嘴比较窄而直挺，上嘴端部微下曲或有缺刻，眼圈为灰白色；额头、后颈和上背均为暗棕褐色，下背到尾上覆羽呈石板灰色，喉部和胸部呈白色，腹部和两肋浓棕褐沾黑褐色；双翅为褐色，短小而圆；尾部较短，为褐灰色。

◐ 主要分布：古北界、喜马拉雅山脉、缅甸东北部和中国西部等地。

嘴比较窄

上背呈暗棕褐色

胸部为白色

腹部为浓棕褐沾黑褐色

尾部较短

雌雄差异：羽色相似	是否迁徙：迁徙	栖息地：森林及开阔区域的山间溪流

戴菊

　　戴菊生性活泼好动，行动敏捷，叫声尖细，白天多动，喜欢在针叶树枝间跳来跳跃或飞行，除繁殖期单独或结成对活动外，其他时间多结群。食物以鞘翅目昆虫和幼虫为主，繁殖期 5 ~ 7 月，每窝通常产卵 7 ~ 12 枚。

● 形态特征：戴菊雄鸟的头顶为橙黄色的羽冠，两侧有明显的黑色冠纹，背部和肩部均为橄榄绿色；两翅覆羽和飞羽呈黑褐色，下体污白色，羽端沾有少许黄色；腰部覆羽呈黄绿色，尾羽为黑褐色，尾外侧羽缘为橄榄黄绿色。雌鸟与雄鸟大体相似而羽色较暗。

● 主要分布：欧洲至西伯利亚、日本等地，包括中亚，中国。

嘴为黑色

羽冠为橙黄色

淡褐色的脚

雄鸟

雌雄差异：羽色略有不同	是否迁徙：部分迁徙	栖息地：针叶林和针阔叶混交林

银胸丝冠鸟

　　银胸丝冠鸟属热带森林鸟类，一般在树冠层下活动，喜欢静栖，不善于跳跃和鸣叫，结成 10 ~ 20 余只的群活动。食物以椿象、甲虫、蝗虫、象甲等昆虫为主。每窝通常产卵 4 ~ 5 枚，卵呈白色，雌雄亲鸟轮流孵卵。

● 形态特征：银胸丝冠鸟头顶为灰棕色，黑色眉纹比较宽；嘴部宽阔，为天蓝色；上背呈烟灰色，胸部呈淡棕黄色；两翅覆羽为黑色，翼缘为白色；下背至尾上覆羽均呈栗色，颏部和喉部接近白色，腹部缀葡萄红色，尾羽为黑色，呈凸尾型。雌雄毛色相似，但雌鸟上胸有银白色环带。

● 主要分布：孟加拉国、不丹、柬埔寨、中国、印度、印度尼西亚、马来西亚、缅甸等地。

黑色的眉纹

胸部呈淡棕黄色

尾羽为黑色

雌鸟

雌雄差异：羽色略有不同	是否迁徙：不迁徙	栖息地：热带和亚热带山地森林

■ 科名：鹪鹩科　　体重：0.008 ~ 0.013 千克　　别名：山蝈蝈、儿巧妇

鹪鹩

　　鹪鹩生性活泼，飞行较低，经常从低枝逐渐跃向高枝，鸣声清脆响亮，冬季在缝隙内群栖。鹪鹩是农林益鸟，食物主要为毒蛾、天牛、蜘蛛等。繁殖期为 5 ~ 7 月，每窝通常产卵 5 ~ 6 枚，卵呈白色。

◎ 形态特征：鹪鹩的眉纹多为乳黄白色，头侧为浅褐色，有棕白色的细纹，体色多为褐色或棕褐色；上体为棕褐色，下背至尾部及两翅满布黑褐色的横斑，胸部以下也杂有黑褐色的横斑；翅膀短小而圆，下体为浅棕褐色，尾巴短而高翘。

◎ 主要分布：非洲西北部、印度北部、缅甸东北部、喜马拉雅山脉等地。

眉纹呈乳黄白色

尾巴短而高翘

胸部杂有黑褐色的横斑

雌雄差异：羽色相似	是否迁徙：部分迁徙	栖息地：森林、灌木丛、小城镇和郊区的花园

■ 科名：梅花雀科　　体重：0.024 ~ 0.03 千克　　别名：爪哇禾雀、文鸟、灰芙蓉

禾雀

　　禾雀是知名的观赏鸟类，喜欢结成大群栖息，在树枝上相互紧靠，在园林和农耕地结成大群活动，是具有高度社群性的鸟类。它们经常低声吱叫，叫声轻柔。主要以禾本科和其他草类的种子为食物。

◎ 形态特征：禾雀体长 13 ~ 14 厘米，虹膜为红色，嘴呈深粉红，头部为黑色，脸颊部带有显著白色斑块；上体到胸部皆灰色，腹部为粉红色；尾下覆羽多为白色，尾部为黑色，脚为红色。亚成鸟的头部偏粉色，顶冠为灰色，胸部呈粉红。

◎ 主要分布：爪哇和巴厘岛的特有品种，广泛引种东南亚和澳大利亚。

嘴呈深粉红色

脸颊有显著的白斑

腹部呈粉红色

红色的脚

雌雄差异：羽色相似	是否迁徙：不迁徙	栖息地：草甸、灌丛的空旷林地

■ 科名：旋木雀科　体重：约 0.01 千克　别名：爬树鸟、普通旋木雀

旋木雀

　　旋木雀飞行能力不强，善于在树干上垂直攀爬，白天表现活跃，夜间结成群休息。食物以昆虫、蜘蛛和其他节肢动物为主。繁殖期为 3 ~ 6 月，每窝通常产卵 1 ~ 6 枚，卵呈白色，雌雄亲鸟轮流喂养后代。

◐ 形态特征：旋木雀的嘴部细长且下弯，眉纹宽阔且为白色，头部和上部都有多色斑驳；上体以棕褐色为主，各羽都有淡色轴纹；喉咙、腹部和尾下覆羽均为纯白色，下体近白色，尾部呈楔形，脚为褐色，后趾和爪比较长。

◐ 主要分布：欧洲大部、亚洲部分地区、太平洋沿岸。

背部呈暗褐色

嘴细长

脚为褐色

尾部呈楔形

雌雄差异：羽色相似	是否迁徙：不迁徙	栖息地：针叶林、针阔叶混交林

■ 科名：绣眼鸟科　体重：0.007 ~ 0.012 千克　别名：无

灰腹绣眼鸟

　　灰腹绣眼鸟属于小型鸟类，叫声轻柔，生性活泼，行动敏捷，经常在树冠层枝叶间穿梭，除繁殖期间独自或成对活动外，其余季节多结群。食物以甲虫、蚂蚁等昆虫和昆虫幼虫为主。繁殖期为 4 ~ 7 月，每窝通常产卵 3 枚。

◐ 形态特征：灰腹绣眼鸟的嘴和眼先为黑色，上体从前额到尾上覆羽均为黄绿色；脸颊、耳羽等头侧为黄绿色，喉部和上胸为鲜黄色，飞羽呈黑褐色，下胸和两胁渐变淡灰色，腹部呈灰白色；尾呈暗褐或黑褐色，尾下覆羽为鲜黄色，脚为暗铅色或蓝铅色。

◐ 主要分布：中国、巴基斯坦、孟加拉国、缅甸、泰国、马来西亚、印度尼西亚和菲律宾等地。

体羽为黄绿色

上胸呈鲜黄色

灰白色的腹部

脚为暗铅色或蓝铅色

雌雄差异：羽色相似	是否迁徙：不迁徙	栖息地：低山丘陵和山脚平原地带

科名：鹡鸰科　体重：0.015 ~ 0.02 千克　别名：无

草地鹨

草地鹨生性机警，多在地上奔跑和觅食，喜欢在针叶、阔叶、杂木等种类树林或附近的草地栖息，也好结群活动。食物主要有鳞翅目幼虫、蝗虫等昆虫，也吃苔藓、杂草种子等。繁殖期为 4 ~ 7 月，每窝通常产卵 4 ~ 6 枚。

◎ 形态特征：草地鹨的嘴为淡褐色，喙较细长，眉纹呈乳白色，上体呈橄榄褐绿色或橄榄色，有黑褐色的纵纹，翅膀尖且长，下体呈皮黄白色，胸部和两肋带暗褐色的纵纹，尾呈暗褐色，腿较细长。

◎ 主要分布：古北界西部、北非、中东、土耳其、中国新疆西北部。

背部的纵纹较宽粗

喙先端有缺刻

腿细长

雌雄差异：羽色相似	是否迁徙：迁徙	栖息地：河流、湖泊、草地、沼泽

科名：岩鹨科　体重：0.014 ~ 0.019 千克　别名：岩鹨、大麻雀、红腰岩鹨

领岩鹨

领岩鹨为高山鸟，鸣叫声清脆悦耳，生性活泼而机警，比较羞怯，遇人常躲进灌木丛中；除繁殖期成对或单独活动外，其他季节多成家族群或小群活动。食物以甲虫、蚂蚁等昆虫为主。繁殖期为 6 ~ 7 月，每窝通常产卵 3 ~ 4 枚，卵呈青色。

◎ 形态特征：领岩鹨体长约为 18 厘米，嘴细尖，嘴基较宽，头部为灰褐色；颏部和喉部均为灰白色，腰部为栗色，上腹和两肋为栗色，有较宽的白色边缘；下腹部为淡黄褐色，各羽均有暗色的横斑；尾方形或稍凹，尾羽呈黑褐色，有较淡的淡黄褐色边缘。

◎ 主要分布：印度、孟加拉国、不丹、中国、菲律宾、文莱、新加坡等地。

头部呈灰褐色

嘴细尖，嘴基较宽

黑褐色的尾羽

上腹部为栗色

雌雄差异：羽色相似	是否迁徙：部分迁徙	栖息地：高山针叶林带、多岩地带

第二章
走禽

走禽善于行走或快速奔驰，
也称路禽或陆禽。
走禽中的白腹锦鸡、红腹锦鸡、孔雀等，羽色艳丽，
都是著名的观赏鸟类，
白腹锦鸡和红腹锦鸡在中国传统文化中都是富贵和吉
祥的象征，多被用作绘画作品，
最著名的是宋徽宗赵佶所绘的《芙蓉锦鸡图》；
而被孔雀被视为百鸟之王，是吉祥、华贵的象征。
雉鸡在广东珠三角一带大量饲养，
被主要用作肉食。

鸵鸟

鸵鸟是非洲一种体形巨大的鸟，不会飞但奔跑得很快，是世界上现存体型最大的鸟类。全身有黑白色的羽毛，不能飞翔，羽毛主要用于保温。鸵鸟后肢甚粗大，只有两趾，是目前世界上唯一的两趾鸟。鸵鸟是群居、日行性走禽类，适合在沙漠荒原中生活，经常 5 ~ 50 只结成群生活，与食草动物相伴。它们的嗅觉和听觉灵敏，擅长奔跑，跑时以翅扇动相助。繁殖期内一雄多雌，卵多为乳白色。

◎ 形态特征：鸵鸟头小、宽而扁平，眼球巨大，带着浓黑的眼睫毛，颈部长而无毛。雄性成鸟全身大多为黑色，翼端及尾羽末端的羽毛为白色，且呈美丽的波浪状，身高可高达 2.5 米，腿较长，多为淡粉红色。雌鸟体形略小，两翼退化，身高约 175 ~ 190 厘米，全身羽毛多数为灰褐色，嘴壳及双腿无桃红色。

◎ 主要分布：从塞内加尔到埃塞俄比亚的非洲东部地区。

眼球巨大，带着浓黑的眼睫毛

尾羽末端羽毛为白色

腿部裸露，多为淡粉红色

雄鸟

脖子长而无毛

羽毛均匀分布，蓬松而不发达

雌鸟

脚上有两支强健的脚趾

雌雄差异：雌雄不同	是否迁徙：不迁徙	栖息地：沙漠、草地、荒原

美洲鸵鸟

　　美洲鸵鸟是美洲最大的鸟类，不能飞行。喜欢在疏林、灌丛和草原栖息；性喜结群，在繁殖季节，如有别的雄鸵鸟走近它们，雄鸵鸟就和对方决死斗，拍打翅膀，用力踢对方，并发出"隆隆"的吼叫声。美洲鸵鸟善于奔跑，会游泳。食性很杂，主要以植物的茎、叶、果实和小动物等为食物。繁殖期为 5 ~ 10 月，每只雄鸟拥有 5 ~ 6 只雌鸟，雄鸟在地面上筑巢，雌鸟在同一巢中通常产卵 20 ~ 50 枚，卵呈金黄色。

○ 形态特征：大美洲鸵体长 80 ~ 132 厘米，翅羽蓬松而粗糙。头部较小，颈部较长，体形略显纤细。喙扁平，直而短，呈灰色。体羽轻软，主要为暗灰色，头顶为黑色，腿比较细长，呈灰白色，脚上有三趾。

○ 主要分布：南美洲的玻利维亚、巴拉圭、巴西、乌拉圭等地。

头部和面部覆盖有羽毛

背部羽毛为暗灰色

脚上有三趾，粗且短

翅羽蓬松而粗糙

头顶为黑色

颈部较长

腿强健，灰白色

雌雄差异：羽色相似	是否迁徙：不迁徙	栖息地：丛林、草原

鹤鸵

角质盔呈半扇状

　　鹤鸵是世界上第三大的鸟类，还是鹤鸵目鹤鸵科唯一的代表。鹤鸵不能飞，能在丛林中的小道上迅速奔跑，它还擅长跳跃，鸣叫声粗如闷雷，经常用锐利的内趾爪攻击敌人。它的爪子像匕首一样锋利，能挖取人的内脏，被列为"世界上最危险的鸟类"。鹤鸵休息地点和活动通道比较固定，对发光的东西很好奇。它们主要以浆果为食物，也食用昆虫、小鱼和鼠类等。鹤鸵用植物的叶子在地面上做巢，每窝通常产卵 3 ~ 6 枚，卵呈绿色，雄鸟负责孵卵的任务。

◆ 形态特征: 鹤鸵高可达 1.7 米，其头顶有高高的、半扇状的角质盔能保护光秃的头部，头颈裸露部分主要为蓝色，颈侧和颈背为紫色、红色或橙色，前颈部有两个鲜红色的大肉垂。成鸟的羽毛为发状，呈亮黑色，足有三趾。鹤鸵雌鸟体型比雄鸟大。

◆ 主要分布: 大洋洲东部、新几内亚和澳大利亚北部等地。

羽毛发状，呈亮黑色

颈侧部为紫色、红色或橙色

鲜红色的大肉垂

腿部有鳞片

足有三趾

雄鸟

雌雄差异: 羽色略有不同	是否迁徙: 不迁徙	栖息地: 热带雨林

鸸鹋

　　鸸鹋是世界上第二大的鸟类，擅长奔跑，寿命为 10 年，是澳洲的特产。在民间，鸸鹋和袋鼠共同被视为澳大利亚的象征。鸸鹋的翅膀退化，无法飞翔。跑速每小时可达 70 千米，当它陷入困境时会用大脚踢人。食性较杂，喜欢吃树叶、野果、青草和昆虫等。鸸鹋一般两只雄鸟配 3 只雌鸟，每窝通常产卵 7 ～ 10 枚，卵呈暗绿色，雄鸟负责孵卵，在两个多月的孵化期内，基本上不吃也不喝。

⊙ 形态特征：鸸鹋体高为 150 ～ 185 厘米，身体健壮，它的嘴短而扁，喙为灰色，灰色的羽毛长而卷曲，从颈部向身体的两侧覆盖，羽毛发育不全，有纤细垂羽。头和颈部均被有羽毛，为暗灰色，颈部裸露的皮肤为蓝色，翅膀隐藏在残留的羽毛下。腿长，灰色，长有鳞片，足有 3 趾。

⊙ 主要分布：澳大利亚大陆和塔斯马尼亚岛。

头部覆盖有黑色羽毛

背部灰色的羽毛
长而卷曲

嘴短而扁

颈部体羽为暗灰色

身体由棕色和黑色
条纹的体羽组成

灰色的长腿长有
鳞片

足有3趾

雌雄差异：羽色相似	是否迁徙：不迁徙	栖息地：森林、草原、半沙漠地区

柳雷鸟

　　柳雷鸟的体型中等，是典型的寒带鸟类，不惧严寒，经常在树林中活动，有时也到农田地带。除了繁殖期外，喜欢结成群活动，一般以树叶、草籽和浆果等为食物，属于植食性鸟类。繁殖期为 5 ~ 7 月，每窝通常产卵 7 枚，卵呈梨状、淡黄色。

⊙ 形态特征：柳雷鸟的嘴粗壮而短，四季都换羽。雄鸟春羽大多为白色，头部、颈部和上背、上胸部等都有栗棕黄色横斑，喉部和上胸部常有暗色的狭形横斑，尾羽为黑色。雄鸟夏羽上体为黑褐色，缀有棕黄色的横斑，背部几乎全为黑褐色，喉部、胸部均为黑褐色，下体余部为白色。雄鸟秋羽头顶和后颈为棕黄栗色，有黑色的带斑和块斑，喉、头侧和颈侧为淡棕黄栗色。雌雄鸟的冬羽全为白色，只有尾羽为黑色。

⊙ 主要分布：欧亚大陆的北部至蒙古，乌苏里、库页岛。

冬羽：通体为白色

春羽：颈部为栗棕黄色，上背部有栗棕黄色横斑，黑色的尾羽

秋羽：后颈棕黄栗色，有黑色带斑和块斑，白色的腹部

夏羽：背部几乎全为黑褐色

雌雄差异：羽色相似	是否迁徙：迁徙	栖息地：桦树林、柳丛、苔藓沼泽地

花尾榛鸡

花尾榛鸡是林栖的鸟类，鸣叫声高亢，飞行速度较快，除了繁殖期以外一般结成小群活动，它们多在清晨开始觅食，寻找食物时各自分散开，主要以植物的嫩枝、嫩芽和种子等为食物。繁殖期为4～5月，卵为淡褐色，由雌鸟负责孵卵。

◐ 形态特征：花尾榛鸡雄鸟头顶为棕褐色，杂有褐色斑，喉部为黑色，后颈和上背部均为棕黄色，缀有栗褐色的横斑；下背部到尾上覆羽则为棕灰色，肩羽为棕褐色，暗棕褐色的胸部有白色羽缘；两胁杂以红棕色，中央的一对尾羽呈棕褐色，缀有细斑，脚呈黄色。雌鸟与雄鸟相似，唯喉与颏呈棕白色。

◑ 主要分布：欧亚大陆北部。

雄鸟

头顶呈棕褐色，杂有褐斑

喉部为黑色

黄色的脚

雌雄差异：羽色略有不同	是否迁徙：不迁徙	栖息地：松林、云杉、冷杉等针叶林

黑琴鸡

黑琴鸡为山地森林鸟类，警觉性不高；善于奔跑，飞翔力也较强。黑琴鸡常成群活动，它们主要以植物嫩枝、叶片、根等为食物，也食用昆虫。繁殖期多为4～5月，一雄配多雌，每窝通常产卵4～13枚，卵呈淡赭色，带有褐色斑点。

◐ 形态特征：黑琴鸡为中等体形，体形和家鸡相似，雄鸟的嘴为暗褐色，喙呈圆锥形，体羽几乎为黑褐色，头部和颈部的羽毛明亮，有金属光泽，翅膀上有一个白色的斑块，称为翼镜，最外侧的三对尾羽特别延长，呈镰刀状，尾部呈叉状，暗褐色的脚上生有锐利的爪。雌鸟体羽呈黄褐色，有黑褐色斑点，而喉与颏呈棕白色。

◑ 主要分布：欧亚大陆北部，中国黑龙江、新疆等地。

雄鸟

嘴呈暗褐色

翅膀上有白色的翼镜

尾羽呈镰刀状

暗褐色的脚

雌雄差异：羽色不同	是否迁徙：不迁徙	栖息地：松林、桦树林和混交林

科名：松鸡科　体重：1.7 ~ 5.05 千克　别名：普通松鸡、西方松鸡

松鸡

　　松鸡善于行走，翅膀较短，不善于飞行。由于身体笨拙，它们除了上树和下树以外很少飞行。食性较广，食物以植物性食物为主。松鸡为一雄多雌制，每窝通常产卵 6 ~ 9 枚，卵呈浅黄色，由雌鸟负责孵卵。

◎ 形态特征：松鸡的喙较短，呈圆锥形，雄鸟体长为 87 ~ 125 厘米，羽毛鲜艳，生有大肉冠；喉部为黑色，从额部直到尾上覆羽均为石板灰色，胸部泛有蓝绿色的光泽，腹部有白色斑点，尾巴长而宽阔，脚强健，被羽毛。雌鸟上部体羽锈褐色，具黑色及黄褐色横斑，下体颜色较淡。

◎ 主要分布：欧洲、西伯利亚、中亚等地。

雄鸟

圆锥形的短喙

脚上被有羽毛　尾长而宽阔

雌雄差异：羽色不同	是否迁徙：不迁徙	栖息地：落叶松、云杉、红松

科名：雉科　体重：0.4 ~ 0.6 千克　别名：朵拉鸡、红腿鸡、美国鹧鸪

石鸡

　　石鸡属于中型雉类，是巴基斯坦的国鸟，喜欢结群，受惊后迅速奔跑，遇到紧急情况会飞走，飞行速度较快。主要以嫩芽、嫩叶、浆果、苔藓和昆虫等为食。繁殖期为 4 ~ 6 月，每窝通常产下卵 7 ~ 17 枚，卵呈棕白色或皮黄色。

◎ 形态特征：石鸡体长为 27 ~ 37 厘米，嘴为珊瑚红色，眼的上方有一条白色的宽纹；头顶至后颈为红褐色，围绕头侧和黄棕色的喉部有完整的黑色环带；上体为紫棕褐色，胸部为灰色；腹部为棕黄色，两胁多横斑，脚为珊瑚红色。

◎ 主要分布：欧洲、西伯利亚，阿富汗、伊拉克、伊朗以及中国等地。

嘴为珊瑚红色

眼上方有白色宽纹

珊瑚红色的脚

腹部呈棕黄色

雌雄差异：羽色相同	是否迁徙：不迁徙	栖息地：岩石坡、沙石坡、平原、草原

雉鸡

雄鸟

雉鸡的脚强健，尤其奔走在灌丛时速度很快，也善于隐藏；飞行有力。它们在秋季时常结群到农田和村庄附近活动和觅食，食物以植物果实、种子、叶片、草籽和昆虫为主。繁殖期为 3 ~ 7 月，每窝通常产卵 6 ~ 22 枚。

○ 形态特征：雄鸟的嘴呈暗白色，眼先以及眼周裸露的皮肤为绯红色；颈部有一圈黑色的横带，横带下有白色的环带；背部和肩部均为栗红色，上背部羽毛基部为紫褐色；胸部为铜红色，带有紫色；近腹部为栗红色，尾羽为黄灰色，脚呈黄绿色。雌鸟尾羽较短，羽色比雄鸟稍暗，多为棕黄色或褐色，并具黑斑。

○ 主要分布：欧洲东南部，中国、蒙古、朝鲜等地。

尾羽呈黄灰色

颈部有 1 圈黑色横带

黄绿色的脚

雌雄差异：羽色不同	是否迁徙：不迁徙	栖息地：低山丘陵、农田、地边

原鸡

原鸡生性机警，善飞行，雄鸟一般独处或与雌鸟形成配偶，有时也和别的雄鸟混在一起。以植物果实、嫩竹、蠕虫等为食。繁殖期 2 ~ 5 月，每窝通常产卵 6 ~ 8 枚，卵呈椭圆形。

○ 形态特征：原鸡的雄鸟羽毛鲜亮，头顶生有肉冠，脸部裸皮和肉冠均为红色，不仅大而且明显，上嘴为黑褐色，下嘴为淡黄色，喉下有一个或一对红色的肉垂；上体为橙黄色、金黄色或橙红色，有金属光泽；后颈部和上背部的羽毛呈矛状，细而长，脚呈铅褐以至蓝灰色。雌鸟羽毛较暗，体形稍小且尾羽较短。

○ 主要分布：印度次大陆北部、东北部及东部、中国南部、东南亚等。

头顶上有红色的肉冠

下背呈浓紫栗色

喉下有红色的肉垂

雄鸟

脚呈铅褐以至蓝灰色

雌雄差异：羽色不同	是否迁徙：不迁徙	栖息地：热带森林、草坡、竹林

■ 科名：雉科　体重：0.6～1千克　别名：铜鸡、笋鸡、银鸡

白腹锦鸡

　　白腹锦鸡善于奔走，能在树林中快速行走，但是飞行能力差，一般很少飞翔。主要以农作物、草籽、竹笋等为食物。繁殖期为 4～6 月，每窝通常产卵 5～9 枚，卵呈浅黄褐色或乳白色。

雄鸟

尾羽较长

头顶为金属翠绿色

白色的披肩羽

蓝灰色的脚

◑ 形态特征：白腹锦鸡雄鸟的嘴为蓝灰色，头顶、背部和胸部均为金属翠绿色；狭长的枕冠为紫红色，后颈部的披肩羽为白色，有黑色羽缘；下背部的羽毛为棕色，到腰部则为朱红色；腹部为白色，尾羽较长，缀有黑白相间的斑纹，脚为蓝灰色。雌鸟与雄鸟相似而稍大，尾羽先端较纯圆，斑纹更显著。

◑ 主要分布：中国和缅甸。

雌雄差异：羽色不同	是否迁徙：不迁徙	栖息地：草坡、山地、矮竹林

■ 科名：雉科　体重：0.55～0.75千克　别名：金鸡、山鸡、采鸡

红腹锦鸡

　　红腹锦鸡为中国特有的鸟种，赤、橙、黄、绿、青、蓝、紫色都有，中外驰名。白天一般在地上结群活动，生性机警，善于奔走，在树林里能自如飞行。繁殖期为 4～6 月，一雄多雌制，每窝通常产卵 5～9 枚，卵呈浅黄褐色、椭圆形。

雄鸟

尾羽很长

头部有金黄色丝状羽冠

腹部呈深红色

黄色的脚

◑ 形态特征：红腹锦鸡体长为 59～110 厘米。雄鸟嘴呈黄色，头部有金黄色的丝状羽冠，上体除上背部为浓绿色外，其余为金黄色；后颈被有橙棕色的扇状羽，缀有黑边；下体为深红色，黑褐色的尾羽缀有桂黄色的斑点，脚为黄色。雌鸟与雄鸟相比颜色暗淡，大部分体羽呈暗棕色，有黑褐色横斑。

◑ 主要分布：中国甘肃和陕西南部的秦岭地区。

雌雄差异：羽色不同	是否迁徙：不迁徙	栖息地：阔叶林、针阔叶混交林、竹丛

科名：雉科　体重：0.25 ~ 0.36 千克　别名：棕眉竹鸡、缅甸竹鸡

棕胸竹鸡

　　棕胸竹鸡为小型鸡类，数量少，经常结成小群栖息和活动，晚上在竹林或树枝上休息，飞行速度快，但不能持久。主要以植物的幼芽、浆果、种子和大豆、小麦等为食物，也吃各种昆虫、蠕虫等。繁殖期为 4 ~ 7 月，每窝通常产卵 3 ~ 7 枚。

○ 形态特征：棕胸竹鸡的嘴呈褐色，眉纹为白色或皮黄色，眉纹下方有一道黑纹或栗纹；喉部和颈侧均为茶黄色，胸部呈栗棕色，胸部和颈部有由栗色条纹形成的项围，两肋和腹部有粗大的黑斑；尾较长，脚为暗绿褐色或绿灰色。

○ 主要分布：中国西南部、越南北部，缅甸等地。

眉纹呈白色或皮黄色

胸部呈栗棕色

腹部有粗大黑斑

暗绿褐色或绿灰色的脚

雌雄差异：羽色相似	是否迁徙：不迁徙	栖息地：山坡森林、灌丛、草丛

科名：雉科　体重：0.35 ~ 0.42 千克　别名：无

灰山鹑

　　灰山鹑的体型中等，生性活泼，善于奔跑，飞行速度快。一般在早晨和黄昏觅食，食物以植物的嫩枝、叶片、嫩芽、果实等植物性食物为主。每窝通常产卵 10 ~ 20 枚，雌雄亲鸟共同孵卵，或仅由雌鸟孵卵。

○ 形态特征：灰山鹑的脸和喉部偏橘黄色。雄鸟头顶、枕和后颈均为暗灰褐色；上背、下颈和前胸有两侧均为灰色，杂有棕褐色；下胸有栗色的倒"U"字形斑块，下体近白色；两肋有栗色的宽横纹，尾羽为锈红色，尾下有棕白色的羽毛，脚为暗棕色。

○ 主要分布：斯堪的纳维亚半岛，葡萄牙、英国、西班牙、法国等地。

头顶呈暗灰褐色

喉部偏橘黄色

前胸为灰色，混以棕褐色

暗棕色的脚

雌雄差异：羽色相似	是否迁徙：不迁徙	栖息地：低山丘陵、平原、高山、荒坡

■ 科名：雉科　　体重：0.07～0.1千克　　别名：普通鹌鹑、鹑鸟、奔鹑

鹌鹑

　　鹌鹑善于隐藏，除了繁殖期以外，喜欢结成小群活动。主要以杂草种子、豆类、昆虫及幼虫等为食物。繁殖期为5～7月，每窝通常产卵7～15枚，卵呈白色或橄榄褐色。

◑ 形态特征：鹌鹑雄鸟的嘴呈蓝色，夏羽头顶、后颈和枕部均黑褐色，眉纹白色，颏、喉及颈的前部暗褐色，颈部有一黑褐宽条，上背部浅黄栗色，有黄白色羽干纹，下背部及尾羽均为黑褐色，脚趾为淡黄色；冬羽与夏羽略似，唯颏及喉部棕白色，且杂以栗色，颈部宽条不明显。

◑ 主要分布：欧洲、非洲以及亚洲的北部、中部、西部和南部等地。

上背有黄白色羽干纹

黑褐色的头顶

夏羽

冬羽

下背部呈黑褐色

淡黄色的脚趾

雌雄差异：羽色相似	是否迁徙：迁徙	栖息地：平原、荒地、丘陵、沼泽

■ 科名：雉科　　体重：不详　　别名：帝雉

黑长尾雉

　　黑长尾雉是大型的鸡类，生性机警，行走时昂着头，一般单独活动，夜晚会飞到树枝上过夜。食物以地表植物的叶片、幼芽和草籽等为主。繁殖期为4～8月，每窝通常产卵3～5枚，卵呈乳白色至淡褐色，雌鸟负责孵卵。

◑ 形态特征：黑长尾雉雄鸟的头部、颈部和上背部均为紫蓝色，上背部有宽阔的钢蓝色羽缘，下背部和腰部为浓黑色；翅上覆羽黑色，深蓝色的胸部富有光泽；腹部为黑色，黑色的长尾缀有数道白色的横斑，脚为绿褐色。雌鸟体形稍小，体羽橄榄褐色，翅和腹有棕褐色斑纹。

◑ 主要分布：中国台湾。

头部为紫蓝色

下背呈浓黑色

胸部为深蓝色

绿褐色的脚

雄鸟

雌雄差异：羽色不同	是否迁徙：不迁徙	栖息地：针叶林及混交林地带

科名：雉科　　体重：0.46 ~ 0.7 千克　　别名：诺光贵、孔雀雉

灰孔雀雉

　　孔雀雉属国家一级保护动物，生性机警，经常独自或结成对活动，夜晚时在树上休息。它们一般用嘴啄食，主要以蠕虫、昆虫以及植物的茎、叶片、果实等为食物。繁殖期为 4 ~ 6 月，每窝产 2 ~ 5 枚蛋卵，雌鸟负责孵卵。

◎ 形态特征：灰孔雀雉的雄鸟嘴为黑色，头上有发状的羽冠，上体呈乌褐色，背部有近白色的较大的斑点，上背部和肩部都有紫色或翠绿色的眼状斑，颏、喉部均为白色，其余下体为乌褐色，尾羽端部有一对椭圆形的辉紫绿色的眼状斑，脚为黑褐色。

◎ 主要分布：印度东部、缅甸、泰国、越南、中国等。

上背部有紫色或翠绿色的眼状斑

头上有发状羽冠

乌褐色的胸部

黑褐色的脚

雌雄差异：羽色相似	是否迁徙：不迁徙	栖息地：常绿阔叶林、山地沟谷雨林

科名：雉科　　体重：0.7 ~ 1.7 千克　　别名：地鸡、长尾鸡、山雉

白冠长尾雉

　　白冠长尾雉体形优雅，羽色亮丽，是中国的特产珍禽。它们生性机警，听力和视力都很好，听到声响便会远远逃走；善于奔跑和飞行，飞行能力强，飞行速度快。繁殖期 3 ~ 6 月，每窝通常产卵 6 ~ 10 枚，由雌鸟负责孵化。

◎ 形态特征：白冠长尾雉雄鸟头顶、颈部和颈后均为白色，双眼下方有白斑；肩部、背部均为金黄色，缀有粗大的黑色鱼鳞斑；下体为栗褐色，胸部的两胁有粗大的白色斑块；尾羽极长，脚为灰褐色或褐色。雌鸟头顶与后颈呈暗褐色，大部分体羽灰褐色，有黑色或棕色斑纹。

◎ 主要分布：中国中部和北部的河南、河北、陕西、山西、湖北、湖南、安徽等省。

尾羽极长

雄鸟

白色的颈部

背部有黑色鱼鳞斑

脚呈灰褐色或褐色

雌雄差异：羽色不同	是否迁徙：不迁徙	栖息地：常绿针阔混交林

■ 科名：雉科　体重：不详　别名：蓝腹鹇、台湾蓝腹鹇、华鸡

蓝鹇

　　蓝鹇是台湾特有鸟种，喜欢单独活动，早晨和黄昏时最活跃；善于奔跑，也能飞行和跳跃。主要以植物的果实以及种子为食。繁殖期为 2 ~ 7 月，每窝通常产卵 3 ~ 7 枚，卵呈乳白色。

◐ 形态特征：蓝鹇雄鸟白色的羽冠较短，额部的肉冠和脸部的肉垂呈红色，后颈和颈侧为蓝黑色；上背部为白色，下背部和腰部均为黑色；肩部呈赤红色，下体为黑褐色，胸部有暗蓝色的光泽；中央的一对尾羽为白色，余下的为黑色，脚和趾为红色。雌鸟体型较小，无肉冠，体羽灰褐色，有规则斑纹。

◐ 主要分布：中国台湾山地地区。

雄鸟

羽冠短，呈白色
脸部肉垂为红色
上背部呈白色
羽色深蓝

雌雄差异：羽色不同	是否迁徙：迁徙	栖息地：阔叶林或次生阔叶林

■ 科名：雉科　体重：1.1 ~ 2 千克　别名：银鸡、银雉、越鸟、越禽、白雉

白鹇

　　白鹇属大型的鸡类，生性机警，一般不会起飞，经常成对或结成 3 ~ 6 只的小群活动。食性杂，主要以悬钩子、百香果等植物的嫩叶、浆果、根等为食。繁殖期为 4 ~ 5 月，每窝通常产卵 4 ~ 8 枚，卵呈淡褐色至棕褐色。

◐ 形态特征：白鹇雄鸟全长 100 ~ 119 厘米，头顶有蓝黑色的羽冠，长而且厚，像丝一般，披在头后；脸部赤红色，嘴粗短而强壮，上体和两翅均为白色，从后颈或上背起密布有黑纹，近似 'V' 字形；下体呈蓝黑色，白色的尾较长，脚为红色。雌鸟体羽大部分呈橄榄褐色，飞羽和中央尾羽棕褐色，外侧尾羽黑褐色且密布白斑。

◐ 主要分布：中国、缅甸、泰国和中南半岛等地。

赤红色的脸部
头顶有蓝黑色羽冠
雄鸟
红色的脚
背部为白色
白色的长尾

雌雄差异：羽色不同	是否迁徙：不迁徙	栖息地：亚热带常绿阔叶林、竹林

130 鸟图鉴

绿孔雀

　　绿孔雀为大型的鸡类，生性机警，善于奔走，一般结群活动，多由一只雄鸟、几只雌鸟和亚成鸟组成小群，也会单独和成对活动。它们行走时步伐矫健，快走时好似奔跑，不善飞行。一般在白天活动，晚上在树上栖息，食物以川梨、黄泡果实、枝叶、豌豆、蘑菇、稻谷等为主。繁殖期为3～6月，在这期间雄鸟常常会展开尾屏，追逐于雌鸟周围。

○ **形态特征**：绿孔雀体长180～230厘米，雄鸟的羽毛呈翠蓝绿色，头顶的一簇冠羽直立，冠羽中部呈辉蓝色，羽缘为翠绿色；后颈、上背和胸部呈金铜色，下背和腰部为翠绿色，腹部和两胁为暗蓝绿色；尾上覆羽可达1米，绿褐色的羽毛能有100～150枚，缀有绚丽的椭圆形的眼状斑，斑的中心有肾状或圆形的暗紫色小斑，雌鸟则无尾屏，脚为褐色。

○ **主要分布**：柬埔寨、印度尼西亚、老挝、缅甸、泰国、越南，中国云南等地。

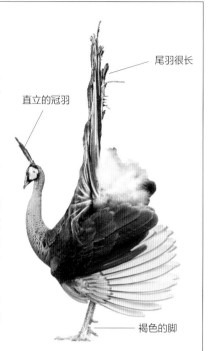

尾羽很长

直立的冠羽

褐色的脚

羽端有眼状斑

华丽的尾屏

暗蓝绿色的腹部

雌雄差异：羽色相似	是否迁徙：不迁徙	栖息地：沿河的低山林地及灌丛

■ 科名：雉科　体重：0.25 ~ 0.3 千克　别名：无

绿脚山鹧鸪

　　绿脚山鹧鸪生性胆小，一般会躲在树林下
和灌丛中，很少起飞，不易被发现，也会在林
下灌丛和草丛中奔走、活动。它们觅食时常结
成对或结成小群，叫声急促。主要以植物种子
和白蚁、甲虫等昆虫为食。繁殖期为 4 ~ 6 月，
每窝通常产卵 3 ~ 5 枚。

◐ 形态特征：绿脚山鹧鸪头顶到后颈呈橄榄
褐色，喉部和头部的两侧为白色，缀有黑
色的斑点；颈部有一个锈黄色的项圈，杂有黑
色；上体和胸部为棕褐色或橄榄褐色，夹杂有
黑色的波浪状斑或横斑；腹部为深锈黄色，脚
为暗绿色至浅绿色。

◐ 主要分布：缅甸、老挝、泰国、中国云南等地。

头顶呈橄榄褐色

背部呈棕褐色
或橄榄褐色

暗绿色至浅绿色的脚

| 雌雄差异：羽色相似 | 是否迁徙：不迁徙 | 栖息地：常绿灌丛、燕麦地、落叶林 |

■ 科名：鸠鸽科　体重：0.18 ~ 0.3 千克　别名：野鸽子、横纹尾石鸽、山石鸽

岩鸽

　　岩鸽一般成群活动，喜欢结成小群到山谷
和平原上觅食，生性较温顺。主要以植物种子、
果实、球茎、块根等植物性食物为食。繁殖期
为 4 ~ 7 月，每窝通常产卵 2 枚，卵呈白色，
雌雄亲鸟轮流孵卵。

◐ 形态特征：岩鸽雄鸟的嘴为黑色，头部、颈
和上胸为石板蓝灰色，颈和上胸缀有金属铜绿
色，颈后缘和胸上部还有紫红色光泽，形成颈
圈状；上背和两肩大部分为灰色，下背为白色；
腰部为暗灰色，从胸部以下为灰色，尾呈
石板灰黑色，脚趾为暗红或朱红色。

◐ 主要分布：中国、蒙古、朝鲜、中亚、
阿富汗等地。

头部为石板蓝灰色

颈部缀金属
铜绿色

嘴为黑色

胸上部有紫
红色的颈圈

脚趾呈暗红
或朱红色

尾呈石板灰黑色

| 雌雄差异：羽色相似 | 是否迁徙：迁徙 | 栖息地：山地岩石、峭壁、高山 |

科名：鸠鸽科　　体重：0.53 ~ 0.63 千克　　别名：无

斑尾林鸽

斑尾林鸽喜欢成群活动，生性胆小，飞行速度慢，喜欢在开阔地区的树上栖息；常在树丛和灌木丛或地上和田间觅食。主要以植物橡实、桑葚、种子等为食。繁殖期为 4 ~ 7 月，每窝通常产卵 2 枚，卵呈白色，雌雄亲鸟轮流孵卵。

◐ 形态特征：斑尾林鸽雄鸟的头部和颈部为暗灰色，颈侧部有一个皮黄色斑，嘴基为橙色或橙红色；上背、肩部和翅上覆羽为淡土褐色，下背、腰部和尾上覆羽为暗灰色；胸部为葡萄粉红色，向下逐渐变淡，到腹部为鸽灰色，脚趾为珊瑚红色。

◐ 主要分布：欧洲、亚洲中部，中国、俄罗斯、巴基斯坦、尼泊尔等地。

白色颈圈

嘴基为橙色或橙红色

胸部为葡萄粉红色

珊瑚红色的脚趾

| 雌雄差异：羽色相似 | 是否迁徙：不迁徙 | 栖息地：山地阔叶林、混交林、针叶林 |

科名：鸠鸽科　　体重：约 0.3 千克　　别名：无

欧鸽

欧鸽一般成群活动和栖息，在非繁殖期到开阔的原野活动和觅食，飞行速度较快，能听到翅膀的振动声，喜欢在林冠层和地面觅食。主要以植物幼芽、嫩叶和种子等为食物。繁殖期 4 ~ 7 月，每窝通常产卵 2 枚，卵呈白色，雌雄亲鸟轮流孵卵。

◐ 形态特征：欧鸽的嘴基部为红色，颈为蓝灰色，蓝灰色的后颈有绿色和轻微淡紫红色的光泽，喉部为鸽灰色；背部、肩部为蓝灰色，下背和两翅内侧覆羽为沾褐的暗灰色；鸽灰色的胸部缀有淡紫色或葡萄粉红色，腰部为淡灰色，脚为粉红色。

◐ 主要分布：欧洲、非洲、小亚细亚，伊朗以及中国等地。

后颈呈蓝灰色，有光泽

粉红色的脚

| 雌雄差异：羽色相似 | 是否迁徙：不迁徙 | 栖息地：山地森林、落叶阔叶林 |

科名：鸠鸽科　体重：0.17 ~ 0.32 千克　别名：斑鸠、金背斑鸠、麒麟鸠

山斑鸠

山斑鸠一般成对或成小群活动，有时成对栖息在树上，或成对飞行和觅食，在地面活动时比较活跃，经常小步迅速前进，边走边觅食。繁殖为 4 ~ 7 月，每窝通常产卵 2 枚，卵呈椭圆形、白色，雌雄亲鸟轮流孵卵。

◎ 形态特征：山斑鸠的嘴为铅蓝色，前额和头顶前部为蓝灰色，头顶后部至后颈转为沾栗的棕灰色，颈基两侧各有一块黑羽，形成黑灰色的颈斑；下体为葡萄酒红褐色，喉部为棕色沾染粉红色；上背为褐色，下背和腰部均为蓝灰色，脚为洋红色。

◎ 主要分布：喜马拉雅山脉，印度、日本、中国，东北亚等地。

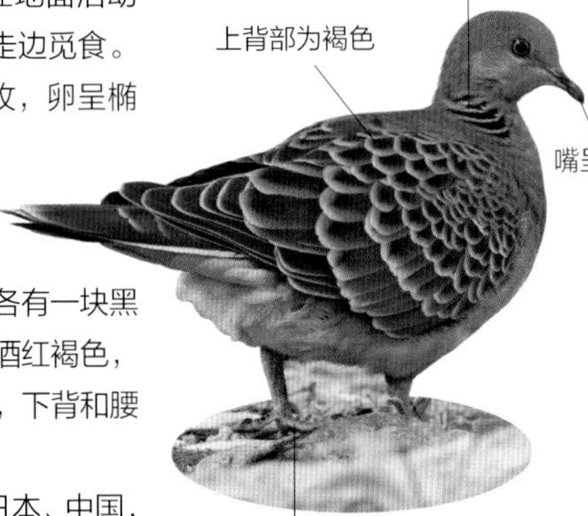

雌雄差异： 羽色相似　**是否迁徙：** 迁徙　**栖息地：** 丘陵、平原、阔叶林、混交林

科名：鸠鸽科　体重：0.12 ~ 0.15 千克　别名：无

欧斑鸠

欧斑鸠一般独自或结成对活动，白天多数时间都在树上栖息和活动；在开阔的地上、林间空地和路边觅食。以各种植物的果实和种子为食，也吃桑葚、玉米等。繁殖期为 5 ~ 8 月，常成对营巢繁殖，每窝通常产卵 2 枚，卵呈白色，雌雄亲鸟轮流孵卵。

◎ 形态特征：欧斑鸠的头顶至后颈为蓝灰色，虹膜为橙红色，嘴为灰黑色；喉部为淡葡萄酒白色，颈左右两侧下部各有数条黑色块斑，胸部为深葡萄酒色；上背部为浅褐色，下背、腰部和尾上覆羽和上背同色，但褐色较深，尾呈扇形，脚为紫红色。

◎ 主要分布：欧洲、非洲北部、中东、蒙古西部、中亚和伊朗等地。

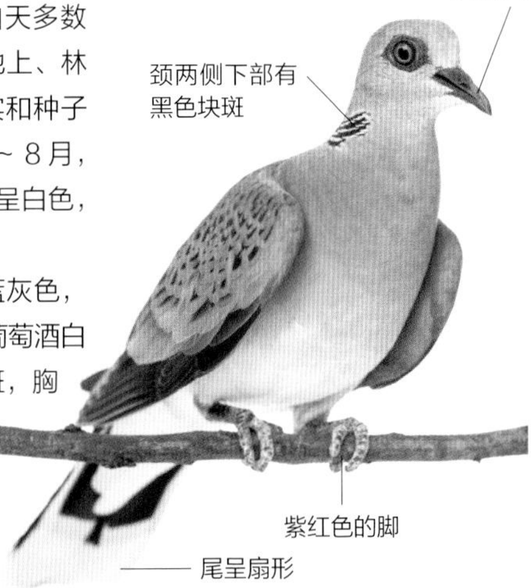

雌雄差异： 羽色相似　**是否迁徙：** 迁徙　**栖息地：** 平原、阔叶林、混交林

科名：鸠鸽科　体重：0.15～0.2千克　别名：灰鸽子

灰斑鸠

灰斑鸠是群居物种，在食物充足的地方会形成大的群落；对人类并不害怕，在人类的居住区周围经常能发现它们。繁殖期为4～8月，在树枝编织筑巢，每窝通常产卵2枚，乳白色的卵呈卵圆形，主要由雌鸟进行孵卵。

◑ 形态特征：灰斑鸠的头顶前部呈灰色，向后转为浅粉红灰色，嘴近黑色；后颈基处有一道半月形的黑色领环，背部、腰部、两肩均为淡葡萄色，中央尾羽为葡萄褐色，喉部为白色，其余下体淡粉红灰色；胸部带粉红色，两胁为蓝灰色，脚和趾均为暗粉红色。

◑ 主要分布：欧洲东南部、中亚，印度、缅甸、日本、中国等地。

后颈基处有半月形的黑色领环

嘴近黑色

胸部呈淡粉红灰色

暗粉红色的脚趾

雌雄差异：羽色相似	是否迁徙：迁徙	栖息地：平原、山麓、树林、农田

科名：鸠鸽科　体重：0.12～0.2千克　别名：中斑、花斑鸠、珍珠鸠

珠颈斑鸠

珠颈斑鸠一般成小群活动，有时也和其他斑鸠混群活动，飞行速度较快，喜欢栖息在相邻的树枝头。觅食多在地上，主要以植物种子如稻谷、玉米、小麦、芝麻等为食。繁殖期为5～7月，每窝通常产卵2～3枚，卵呈白色的椭圆形，雌雄亲鸟轮流孵卵。

◑ 形态特征：珠颈斑鸠体长27～34厘米，前额呈淡蓝灰色，头部为鸽灰色，嘴为暗褐色；上体大都为褐色，下体呈粉红色；后颈有一大块黑色的领斑，布满白色或黄白色珠状似的细小斑点；两胁、翅下覆羽和尾下覆羽均为灰色，尾较长，脚为紫红色。

◑ 主要分布：中国、印度、斯里兰卡、孟加拉国、缅甸、印度尼西亚，中南半岛等地。

后颈布满珠状似的小斑点

背部为褐色

暗褐色的嘴

脚呈紫红色

尾较长

雌雄差异：羽色相似	是否迁徙：不迁徙	栖息地：平原、草地、丘陵、农田

第三章
游禽

游禽善于游泳和潜水，一般会群居，
游禽的体形较大，羽色丰富，喜欢成群活动。
在野外容易被观察到，因此容易被捕猎者捕捉，
一些地方的人会利用善于捉鱼的游禽如鸬鹚等进行捕鱼。
而游禽中的鸳鸯由于总是成双成对，双宿双飞，
被看作是坚贞爱情的象征，经常出现在文学作品中。
事实上，鸳鸯并非终生配偶制，
而是在繁殖季节临时结成的配偶。

■ 科名：企鹅科　体重：20~45 千克　别名：帝企鹅

皇帝企鹅

黑色的头部 ——

　　皇帝企鹅体积庞大，身长超过 90 厘米，体重高达 50 千克，是世界上体型最大的企鹅；以海洋捕食为生，是海底猎食高手。身体脂肪较多，耐寒性高，靠着翅膀在海洋里游泳捕食，其游泳速度极快，每小时可达 6~9 千米。此类企鹅具有在冰上直立行走的特征，也可以用股部着地，靠翅膀在地面上滑行。主要是在南极冰面上群体繁殖，彼此之间用声音来辨识亲属。皇帝企鹅是一夫一妻制，每对夫妻都会在早冬时期进行交配，雌鸟在产下卵后，需去海中找食物。

◎ 形态特征：皇帝企鹅全身羽毛颜色主　要为黑白两色，脖子下面有少许橙黄色的羽毛，呈渐变状态，越来越浅，耳朵后部颜色最重，为鲜黄橘色，喙为橙色，颈部为淡黄色，全身的色泽美丽。

◎ 主要分布：南极和附近海域。

脂肪厚，羽毛浓
密，保暖性好

脖子下面有橙黄 ——
色的羽毛

尾巴短且坚硬

| 雌雄差异：雌雄相似 | 是否迁徙：部分迁徙 | 栖息地：海洋和冰面 |

麦哲伦企鹅

　　麦哲伦企鹅是航海家麦哲伦最早发现的，是温带企鹅中最大一个种类。麦哲伦企鹅是群居性动物，通常在水深低于 50 米的浅觅食，食物以鱼、虾和甲壳类动物为主。雌企鹅在每年的 10 月中旬开始产蛋，一般每窝会有 2 只，每枚蛋约重 125 克。

◎ 形态特征：麦哲伦企鹅在企鹅中属中等身材，身高约 70 厘米左右。它们的头部大部分为黑色，胸前有两条完整的黑环图案，有一条白色的宽带，从眼后过耳朵一延伸至下颌附近，腹部为白色，脚蹼呈黑色，有脚趾。

◎ 主要分布：南美洲阿根廷、智利和南美洲南海岸、富克兰群岛沿海。

胸前的黑环图案

鳍状的翅膀

白色的腹部

有趾的短蹼

雌雄差异：羽色相似	是否迁徙：迁徙	栖息地：近海小岛、灌木或草丛

阿德利企鹅

　　阿德利企鹅善于游泳和潜水，有一定的攻击性，其全身羽毛较厚，像动物的皮毛一样，保暖性很强。其生活在南极一带，喜欢结群生活，食物以磷虾、乌贼、海洋鱼类为主。繁殖期在南极的夏天，群体筑巢繁殖，每只鸟都会寻找原有的配偶进行繁殖。通常情况下，每一对阿德利企鹅都会哺育两只幼鸟。

◎ 形态特征：阿德利企鹅的眼圈为白色，嘴为黑色，嘴角有细长的羽毛，其羽毛由黑、白两色组成。它们的头部、背部、尾部、翼背面以及下颌均为黑色，其余部分呈白色，腿较短，爪为黑色。

◎ 主要分布：南极洲，南乔治亚岛和南桑威奇群岛。

羽毛浓密且厚，防水性强

腿较短

有蹼趾，且较肥大

雌雄差异：雌雄相同	是否迁徙：迁徙	栖息地：海洋、海岸及附近岛屿

鸳鸯

　　鸳鸯是属合成词，鸳指雄鸟，鸯指雌鸟。它们飞行本领较强，善于游泳和潜水，经常到陆地上活动和觅食，飞行的本领较强；喜欢成群活动，一般有二十多只，有时也同其他野鸭混群。每窝通常产卵 7 ~ 12 枚，卵呈白色、卵圆形，雌鸟负责孵卵。

◎ 形态特征：鸳鸯雄鸟的嘴为红色，羽色鲜艳，额和头顶中央为翠绿色，有光泽，头部有艳丽的冠羽，眼后有宽阔的白色眉纹，翅上有一对栗黄色扇状的羽毛，像帆一样立在后背，脚为橙黄色。雌鸟的嘴为黑色，头部和上体均为灰褐色，眼周为白色，后面连有一道白色的眉纹，胸部呈暗棕色。

◎ 主要分布：中国、日本、韩国、朝鲜等地。

雌鸟头部呈灰褐色

橙黄色的脚

雄鸟头部艳丽的冠羽

嘴呈红色

雌雄差异：羽色不同	是否迁徙：部分迁徙	栖息地：山地、水塘、河流、湖泊

绿头鸭

　　绿头鸭是大型鸭类，很少潜水，游泳时尾巴露出水面，善于在水中觅食、嬉戏和求偶等。它们常梳理羽毛，睡觉或休息时会彼此看护；生性好动，叫声响亮清脆。食物以野生植物的叶、芽、茎和水藻等为主。繁殖期为 4 ~ 6 月，每窝，通常产卵 7 ~ 11 枚，卵呈白色或绿灰色，雌鸭负责孵卵。

◎ 形态特征：绿头鸭雄鸟的嘴为黄绿色，头部和颈部均为灰绿色，颈部有一个白色的领环，上体呈黑褐色，胸部为栗色，翅、两肋和腹部均为灰白色，腰和尾上覆羽为黑色，脚为橙黄色。雌鸟嘴黑褐色，体羽呈黑褐色或浅棕色，杂有暗褐色斑纹。雌雄鸟两翅都有紫蓝色翼镜。

◎ 主要分布：欧洲、亚洲和美洲北部温带水域。

头和颈呈灰绿色

黄绿色的嘴

栗色的胸部

脚为橙黄色

雄鸟

雌雄差异：羽色略有不同	是否迁徙：迁徙	栖息地：淡水湖、江河、湖泊

■ 科名：鸭科　　体重：约 1.5 千克　　别名：黄鸭、黄凫、渎凫

赤麻鸭

　　赤麻鸭体型较大，繁殖期结成对，非繁殖期以家族群和小群生活。主要以水生植物叶、芽、谷物等为食物。繁殖期 4 ~ 5 月，每窝通常产卵 6 ~ 15 枚，卵呈淡黄色、椭圆形，雌雌亲鸟负责孵卵。

○ 形态特征：赤麻鸭雄鸟的嘴为黑色，头顶为棕白色，颊、喉部、前颈及颈侧均为淡棕黄色，下颈基部在繁殖季节有一个窄的黑色领环；胸部、上背及两肩均为赤黄褐色，下体为棕黄褐色，尾为黑色，脚为黑色。雌鸟羽色和雄鸟相似，但体色稍淡，头顶和头侧几乎白色，颈基没有黑色领环。

○ 主要分布：欧洲东南部、亚洲中部和东部。

黑色的嘴

下颈基部的黑色领环

雄鸟

头顶为棕白色

黑色的脚

雌雄差异：羽色略有不同	是否迁徙：迁徙	栖息地：江河、湖泊、草原、农田

■ 科名：鸭科　　体重：0.89 ~ 1.35 千克　　别名：谷鸭、黄嘴尖鸭、火燎鸭

斑嘴鸭

　　斑嘴鸭善于游泳和行走，很少潜水，活动时经常成对或分散成小群，叫声响亮而清脆，飞往附近农田和沼泽地上寻食。主要以植物、无脊椎动物和甲壳动物为食物。繁殖期为 5 ~ 7 月，每窝通常产卵 8 ~ 14 枚，卵呈乳白色，由雌鸟负责孵卵。

○ 形态特征：斑嘴鸭的上嘴为黑色，先端黄色，脸至上颈侧、眼先、眉纹、颏和喉均为淡黄白色。雄鸟从额到枕均为棕褐色，从嘴基经眼至耳区有棕褐的色纹；上背部灰褐沾棕，有棕白色羽缘，下背部呈褐色；腰部、尾上覆羽和尾羽均为黑褐色，脚为橙黄色。

○ 主要分布：西伯利亚东南部，中国、朝鲜等地。

黑色的上嘴，先端为黄色

腰上覆盖有黑褐色羽毛

橙黄色的脚

雌雄差异：羽色相似	是否迁徙：部分迁徙	栖息地：淡水湖畔、江河、湖泊、水库

白眉鸭

　　白眉鸭是中等体型的戏水型鸭，经常成对或小群活动，迁徙和越冬期间会结成大群，喜欢在水草隐蔽处活动和觅食。食物主要以水生植物的叶、茎、种子为主。繁殖期为5～7月，每窝通常产卵8～12枚，卵呈长卵圆形。

◎ 形态特征：白眉鸭雄鸭的嘴为黑色，头部为巧克力色，颈部呈淡栗色，有白色的细纹，眉纹宽而长，白色，延伸到头后。上体为棕褐色，两肩部和翅为蓝灰色，胸部为棕黄色，杂以暗褐色的波状斑，脚为蓝灰色。雌鸟眉纹棕白色; 上体黑褐色，下体淡白色，有棕色斑纹。

◎ 主要分布：西伯利亚，英国、芬兰、中国等地。

雄鸟

白色的眉纹宽而长

嘴呈黑色

胸部为棕黄色

雌雄差异：羽色略有不同	是否迁徙：迁徙	栖息地：湖泊、江河、沼泽、池塘

白眼潜鸭

　　白眼潜鸭属中型潜鸭，善于潜水，但在水下停留的时间较短。它们生性胆小，喜欢成对或结成小群活动。食物以水生植物和鱼、虾、贝壳类为主。多在清晨和黄昏觅食、活动，繁殖期为4～6月，每窝通常产卵7～11枚，卵呈淡绿色或乳白色，雌鸟负责孵卵。

◎ 形态特征：白眼潜鸭的嘴呈黑灰色或黑色，眼为白色，头、颈和胸部均为暗栗色；颊部有三角形的白色小斑，颈基部有一道不明显的黑褐色领环；上体为暗褐色，上腹部和尾下覆盖白色羽毛，两胁为红褐色。

◎ 主要分布：德国、匈牙利、波兰、西班牙、土耳其、克什米尔、伊朗等地。

头部呈暗栗色

嘴呈黑灰色或黑色

上腹部呈白色

雌雄差异：羽色相似	是否迁徙：迁徙	栖息地：淡水湖泊、江河、池塘

科名：鸭科　　体重：0.6 ~ 1.7 千克　　别名：白鸭、翘鼻鸭

翘鼻麻鸭

　　翘鼻麻鸭喜欢成群生活，飞行疾速，善于游泳和潜水。主要以水生昆虫、软体动物、小鱼等为食物。每窝通常产卵 7 ~ 12 枚，卵呈浅黄色或奶白色，椭圆形，雌鸟负责孵卵。

○ 形态特征：翘鼻麻鸭的头和上颈部为黑色，有绿色光泽，嘴向上翘，呈红色。繁殖期雄鸟上嘴基部有一个红色瘤状物，从背部至胸部有一条宽的栗色环带，肩羽为黑色，腹部中央有一条黑色的纵带，其余体羽均为白色，脚呈肉红色或粉红色。雌鸟羽色稍淡，头与颈无绿色光泽，嘴基无肉瘤，栗色环带较窄。

○ 主要分布：瑞典、英国、法国，欧洲中部、地中海和里海沿岸等地。

嘴向上翘，呈红色

头部为黑色

雄鸟

胸部为白色

雌雄差异：羽色略有不同	是否迁徙：迁徙	栖息地：淡水湖泊、河口、盐池、盐田

科名：鸭科　　体重：约 0.5 千克　　别名：小凫、小水鸭、小麻鸭

绿翅鸭

　　绿翅鸭是小型鸭类，性喜集群，尤其在迁徙季节和冬季，一般成数百只的大群活动；飞行快速而有力，头向前伸直，常成直线或"V"字队形。食物以植物性食物为主，也吃螺、软体动物等。繁殖期为 5 ~ 7 月，每窝通常产卵 8 ~ 11 枚，卵呈白色或淡黄白色。

○ 形态特征：绿翅鸭体长为 37 厘米。雄鸟繁殖羽嘴为黑色，头至颈部为深栗色；头顶两侧从眼开始有一条宽阔的绿色带斑，一直延伸至颈侧；下背和腰部为暗褐色，内侧数枚外翈为翠绿色；下体为棕白色，脚呈黑色。雌鸟上体呈暗褐色，下体淡棕色或白色，均有褐斑；翼镜比雄鸟的小。

○ 主要分布：美洲、欧洲、亚洲和非洲等地。

头部为深栗色

嘴呈黑色

宽阔的绿色带斑

胸部为棕白色，杂有黑色小圆点

黑色的脚

雄鸟

雌雄差异：羽色不同	是否迁徙：迁徙	栖息地：湖泊、水塘、江河、港湾

■ 科名：鸭科　　体重：0.7～1千克　　别名：青边仔、祭凫

赤膀鸭

　　赤膀鸭属中型鸭类，生性胆小，一般成小群活动，也会和其他的野鸭混在一起。食物以水生植物为主。繁殖期为5～7月，每窝通常产卵8～12枚，雌鸟负责孵卵。

◎ 形态特征：赤膀鸭雄鸟的嘴为黑色，繁殖时期头顶为棕色，杂有黑褐色的斑纹；颈部领圈为棕红色，上体为暗褐色，背上部有白色波状细纹；腹部为白色，胸部为暗褐色，有新月形白斑。雌鸟的嘴为橙黄色，上体呈暗褐色，有浅棕色的边缘，翅上没有棕栗色的斑。脚为橙黄色或棕黄色。

◎ 主要分布：冰岛、英国、荷兰、德国、俄罗斯、加拿大和美国等地。

雄鸟

头顶为棕色，杂有黑褐色斑纹

嘴呈黑色

暗褐色的背部

橙黄色或棕黄色的脚

雌雄差异：羽色相似	是否迁徙：迁徙	栖息地：江河、湖泊、水库、河湾

■ 科名：鸭科　　体重：1.2～2.5千克　　别名：无

瘤鸭

　　瘤鸭属大型鸭类，善于游泳，游泳轻快，尾巴总是抬得很高，经常结成数十只的大群活动。它们一般在白天觅食，食物主要为青草、稻谷、植物种子等。繁殖期为6～9月，每窝通常产卵8～12枚，卵呈白色或淡黄白色，雌鸟负责孵卵。

◎ 形态特征：瘤鸭的体长为48～60厘米，雄鸭的嘴呈黑色，上嘴基部有一个黑色的肉质瘤，此亦为瘤鸭两性区别标志。它头、颈部均为白色，缀有带紫色光泽的黑斑点，上体为黑色，泛有蓝绿色和紫色的光泽，下体为白色，两肋缀有淡灰色的斑，尾羽为深褐色，脚为铅色。

◎ 主要分布：非洲撒哈拉沙漠以南和马达加斯加，斯里兰卡、印度、缅甸、泰国等地。

头部呈白色，缀有黑色斑点

上嘴基部有膨大的黑色肉质瘤

白色的颈部缀有黑色斑点

背部有蓝绿色和紫色光泽

白色的胸部

雌雄差异：羽色相似	是否迁徙：迁徙	栖息地：森林、湖泊、河流、水塘

144 鸟图鉴

赤嘴潜鸭

　　赤嘴潜鸭是大型鸭类,生性迟钝,不甚怕人,不善于鸣叫。它们喜欢成对或结成小群活动,食物以藻类、眼子菜和其他水生植物的嫩茎为主。繁殖期4~6月,每窝通常产卵6~12枚,卵呈浅灰色或苍绿色,主要由雌鸟孵卵。

◎ 形态特征: 赤嘴潜鸭雄鸟的嘴为赤红色,头部呈浓栗色,有淡棕黄色的羽冠;上体为暗褐色,翼镜为白色;下体为黑色,两胁为白色,腰和尾上覆羽为黑褐色,有绿色的光泽;尾羽呈灰褐色,有近白色的羽缘,脚为土黄色。雌鸟全体呈褐色,头的两侧、颈侧以及额、喉部均为灰白色。

◎ 主要分布: 欧洲中部、亚洲中部,黑海、伊朗等地。

头部呈浓栗色

嘴为赤红色

背部为暗褐色

黑色的胸部

土黄色的脚

雄鸟

雌雄差异: 羽色略有不同	是否迁徙: 迁徙	栖息地: 淡水湖泊、江河、河流

针尾鸭

　　针尾鸭是中型游禽,游泳轻快,飞翔时快速而有力。它们白天一般躲在有水的芦苇丛中,黄昏和夜晚到水边浅水处觅主,食物以草籽和其他水生植物和种子等为食。繁殖期为4~7月,每窝通常产卵6~11枚,卵呈乳黄色。

◎ 形态特征: 针尾鸭雄鸭的嘴为黑色,夏羽背部有波状横斑,横斑上淡褐色和白色相间;头部为暗褐色,颈侧有一条白色的纵带和下体相连接,正中间的一对尾羽较长;腰部为褐色,尾羽为灰褐色,脚呈灰黑色。

◎ 主要分布: 欧亚大陆北部、北美西部、北非、中美洲等地。

暗褐色的头部

嘴呈黑色

尾羽呈灰褐色

雄鸟

雌雄差异: 羽色相似	是否迁徙: 迁徙	栖息地: 海湾、海港、内陆河流、湖泊

赤颈鸭

赤颈鸭善于游泳和潜水，飞行有力，除繁殖期外经常结成群活动；一般在水边浅水处水草丛中或沼泽地上觅食，以植物性食物为主。繁殖期 5 ~ 7 月，每窝通常产卵 7 ~ 11 枚，卵呈白色或乳白色，雌鸟负责孵卵。

◎ 形态特征：赤颈鸭雄鸟嘴峰为蓝灰色，先端黑色；头部和颈部为棕红色，额至头顶有乳黄色纵带；背部和两胁为灰白色，杂有暗褐色的细纹；胸部呈棕灰色，胸前部缀有褐色斑点；腹部为纯白色，脚为铅蓝色。雌鸟上体大都为黑褐色，上胸为棕色，其余下体均为白色。

◎ 主要分布：欧亚大陆北部。

头部呈棕红色

雄鸟

头顶有乳黄色纵带

嘴峰呈蓝灰色

铅蓝色的脚

雌雄差异：羽色略有不同	是否迁徙：迁徙	栖息地：江河、湖泊、水塘、河口

帆背潜鸭

帆背潜鸭是大型的潜鸭，比较安静，喜欢收拢翅膀潜水。它们常在清晨和黄昏时，在水边浅水处植物茂盛的地方觅食，食物多为水生植物和鱼虾、贝壳类等。繁殖期为 4 ~ 6 月，每窝通常产卵 7 ~ 11 枚，雌鸟负责孵卵，雌雄亲鸟共同养育雏鸟。

◎ 形态特征：帆背潜鸭身长为 48 ~ 56 厘米。雄鸟的嘴较长，黑色；虹膜为红色，头部较大，呈棕色，头部近前额及近头顶处渐黑；胸部为黑色，背部有鞍形的灰白色斑块；腹部、背部均为白色，尾部呈黑色。雌鸟的虹膜深褐色，羽色比雄鸟羽色褐且黯。脚为蓝灰色。

◎ 主要分布：美国、加拿大、格陵兰、墨西哥，百慕大群岛等地。

头部为棕色

嘴长，呈黑色

黑色的胸部

雄鸟

脚为蓝灰色

雌雄差异：羽色略有不同	是否迁徙：迁徙	栖息地：开阔湖泊、沿海潟湖

丑鸭

雄鸟

　　丑鸭经常成对或结成小群活动，一般在白天觅食，善于潜水，飞行迅速。主要以动物性食物为食。繁殖期为 6 ~ 8 月，每窝通常产卵 4 ~ 8 枚，卵呈乳白色，雌鸟负责孵卵。

○ **形态特征：** 丑鸭雄鸟上体为石板蓝色，从嘴基到枕部有一条黑色的纵带，其两侧从嘴基到头顶有白色带斑；腹部为淡灰色，两肋为栗红色；尾呈黑褐色；尾上和尾下覆羽均为黑色。雌鸟上体暗褐而沾橄榄色，两翅及尾羽为暗褐色，下体为污白色，两肋、尾下覆羽均为淡褐色。脚呈灰褐色。

○ **主要分布：** 中国、日本、冰岛，格陵兰岛、千岛群岛、阿拉斯加海岸。

背部为石板蓝色

嘴基到头顶有白色带斑

两肋呈栗红色

灰褐色的脚

雌雄差异：羽色略有不同	是否迁徙：迁徙	栖息地：山区急流、江河、近海岛屿

长尾鸭

　　长尾鸭善于游泳和潜水，食物以虾、甲壳类、小鱼和软体动物等为主。繁殖期为 6 ~ 8 月，每窝通常产卵 6 ~ 8 枚，卵呈椭圆形或长椭圆形。

○ **形态特征：** 长尾鸭雄鸟夏羽大部分黑褐色，头和颈部黑色，从嘴基起围绕眼区有淡棕白色脸斑，腹部、下肋和尾下覆羽为白色；上背部有棕黄色宽边，尾羽特长，腿绿色。雄鸟冬羽头顶、后颈、喉部白色，上背白色，下背、腰及尾上覆羽为褐色。雌鸟冬羽前额、头顶黑褐色，其余头、颈白色，上胸、背部、翅和尾部黑褐色。雌鸟夏羽更褐，头顶和耳部的褐斑更大。

○ **主要分布：** 北半球，包括北美洲北部、格陵兰岛、欧洲和亚洲北部和白令海中的岛屿等地。

颈侧的黑褐色斑块

头顶白色

肩羽灰白色

雄鸟（冬羽）

雌雄差异：羽色略有不同	是否迁徙：迁徙	栖息地：苔原、潟湖、水塘、湖泊

■ 科名：鸭科　　体重：约 0.5 千克　　别名：铲土鸭、宽嘴鸭

琵嘴鸭

雄鸟

　　琵嘴鸭属中型鸭类，喜欢成对或结成小群活动，它们行动极为谨慎，飞行力不强，但飞行速度快。主要以植物为主食，也吃无脊椎动物和甲壳动物等。每窝通常产卵 7 ~ 13 枚，卵呈淡黄色或淡绿色，雌鸟负责孵卵。

◎ 形态特征：琵嘴鸭雄鸭的嘴呈黑色，大而且扁平；头部到上颈部为暗绿色，背部为暗褐色；背两边以及外侧肩羽和胸部均为白色，腰部呈暗褐色，腹部和两胁均为栗色。雌鸟嘴为黄褐色，上体为暗褐色，头顶至后颈杂有浅棕色的纵纹，下体为淡棕色，下腹和尾下覆羽有褐色的纵纹。脚为橙红色。

◎ 主要分布：全世界。

暗绿色的头部
有光泽

背部呈暗褐色，
有淡棕色羽缘

嘴呈黑色，
大而扁平

白色的胸部

橙红色的脚

雌雄差异：羽色不同	是否迁徙：迁徙	栖息地：河流、湖泊、水塘、沼泽

■ 科名：鸭科　　体重：0.6 ~ 2 千克　　别名：无

普通秋沙鸭

雄鸟

　　普通秋沙鸭喜欢结成小群活动，迁徙期间和冬季常结成上百只的大群；游泳时颈部伸得很直。食物以小鱼和软体动物、甲壳类等为主。繁殖期为 5 ~ 7 月，每窝产卵 8 ~ 13 枚，卵呈乳白色，雌鸟负责孵卵。

◎ 形态特征：普通秋沙鸭雄鸟的嘴呈暗红色，头、颈粗大，头部和上颈为黑褐色，有绿色的金属光泽；下颈部、胸部、下体和体侧为白色，背部为黑色；腰部和尾部为灰色。雌鸟的额、头顶、枕和后颈为棕褐色，头侧、颈侧以及前颈为淡棕色，肩羽为灰褐色，颏、喉部为白色，身体两侧呈灰色，余同雄鸟。脚为红色。

◎ 主要分布：欧洲北部、西伯利亚、北美北部和中国西北和东北地区等。

暗红色的嘴

头部呈黑褐色，
有金属光泽

胸部为白色

白色的腹部

雌雄差异：羽色不同	是否迁徙：迁徙	栖息地：湖泊、江河、水库、池塘

栗树鸭

栗树鸭体型中等，潜水能力较强。它们生性比较机警，经常结成几只到数十只的群体活动和觅食，主要以稻谷、作物幼苗等为食。繁殖期在5 ~ 7月，求偶和交配都是在水中进行，每窝通常产卵8 ~ 14枚，卵呈卵白色，雌鸟和雄鸟共同孵卵。

深褐色的头顶

嘴形广、平

背部的棕色扇贝形纹

栗色的腹部

腿较长，呈黑色

◐ 形态特征：栗树鸭的头顶为深褐色，头部和颈皮为黄色；嘴形广而平，呈黑色，肩部、背部均为褐色，有棕色的扇贝形纹，腰部呈黑色，上胸部为黄棕色，尾上覆羽、下胸和腹部均为栗色；腿较长，呈黑色。

◐ 主要分布：巴基斯坦、中国、斯里兰卡、印度、泰国、中南半岛等地。

雌雄差异：羽色相似	是否迁徙：迁徙	栖息地：池塘、湖泊、水库、林缘沼泽

鹊鸭

鹊鸭属中型鸭类，除繁殖期以外，它们经常结成群活动，生性机警；善于潜水，游泳时尾部翘起。食物主要为昆虫及其幼虫、小鱼、蛙等。繁殖期为5 ~ 7月，每窝通常产卵8 ~ 12枚，卵呈淡蓝绿色，雌鸭负责孵卵。

金黄色的眼

黑色的头部　　橙黄色的脚

黑色的背部

两颊近嘴基处的白色圆斑

雄鸟

◐ 形态特征：鹊鸭雄鸟的嘴短粗而色黑，眼为金黄色，头部为黑色，两颊近嘴基处有大块的白色圆斑；颈部较短，上体为黑色，颈部、胸部、腹部以及两胁、体侧均为白色；尾较尖，脚为橙黄色。雌鸟的头和上颈为褐色，颈的基部有一圈污白色的颈环。上体为淡黑褐色，两胁为暗灰色，其余下体同雄鸟。

◐ 主要分布：北美北部、西伯利亚、欧洲中部和北部、亚洲等地。

雌雄差异：羽色不同	是否迁徙：迁徙	栖息地：溪流、水塘、水渠、湖泊

大天鹅

大天鹅的体型而且高大，是世界上飞得最高的鸟类之一，飞行高度最高可达 9000 米以上。除繁殖期外常成群生活，白天、黑夜均有活动。它们生性机警，善于游泳，游泳时脖颈伸向天空，与水面垂直。迁徙时以小家族为单位，飞行时多呈“一”字、“人”字或“V”字形队列。主要以水生植物叶、茎、种子为食。繁殖期 5 ~ 6 月，每窝通常产卵 4 ~ 7 枚，卵呈白色或微带黄灰色。

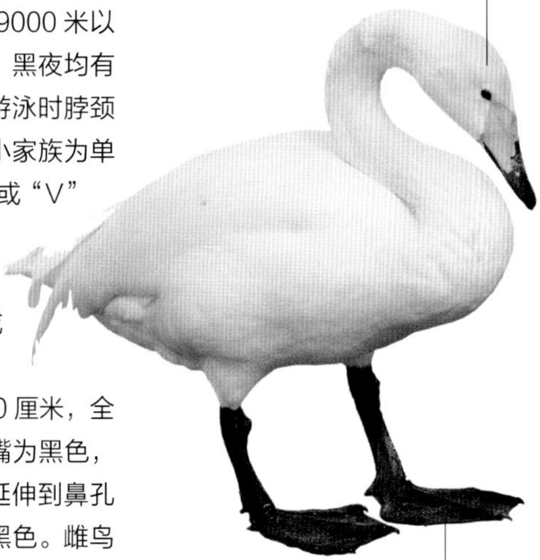
白色的头顶
黑色的蹼

形态特征：大天鹅体长 120 ~ 160 厘米，全身的羽毛均为雪白色，雌雄同色，嘴为黑色，上嘴基部呈黄色，黄斑沿两侧向前延伸到鼻孔下面，形成喇叭形，腿和蹼也均为黑色。雌鸟较雄鸟略小些，只有头部稍有棕黄色。幼鸟的嘴基部呈粉红色，全身呈灰褐色，头部和颈部的颜色稍暗。

主要分布：北欧、亚洲北部等地。

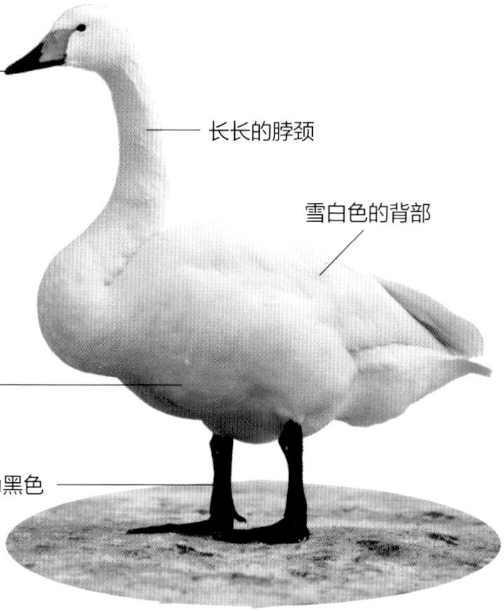
嘴呈黑色，上
嘴基部呈黄色
长长的脖颈
雪白色的背部
胸部呈白色
腿为黑色

雌雄差异：羽色相同	是否迁徙：迁徙	栖息地：湖泊、水塘、河流、水库

小天鹅

　　小天鹅为大型水禽，喜欢结群生活，除了繁殖期以外，经常结成小群或以家族群的形式活动。它们比较谨慎，远离人群和其他危险物。生性活泼，叫声清脆，游泳时总是将脖子竖直起来，一般以水生植物的根、茎、叶片等为食物。在北极苔原带繁殖，每窝通常产卵 2 ~ 5 枚，卵呈白色，雌鸟负责孵卵。

○ 形态特征：小天鹅体长为 110 ~ 130 厘米，全身羽毛洁白，脖颈较长，头顶到枕部常略沾有棕黄色；虹膜为棕色，嘴端为黑色，嘴基黄色，上嘴基部两侧黄斑向前延伸最多到鼻孔，腿、脚蹼和爪子均为黑色。

○ 主要分布：北欧、亚洲北部等地。

嘴端为黑色

白色的颈部

黑色的腿

雌雄差异：羽色相同	是否迁徙：迁徙	栖息地：湖泊、水塘、沼泽、河流

雪雁

　　雪雁的体形较大，善于游泳，一般结群生活，飞行时翅膀拍打有力，有时会发出高亢的鼻音。它们每年会换羽一次，迁徙飞行时成有序的"一"字形、"人"字形等队列。繁殖期为 5 ~ 6 月，每窝通常产卵 4 ~ 6 枚。

○ 形态特征：雪雁身长 66 ~ 84 厘米，嘴呈粉红色，嘴裂为黑色，喙边缘为锯齿状，体羽为纯白色，头部和颈部有时染有不同程度的锈色；翼翅尖为黑色，腿较短，呈粉红色，前趾有蹼。有时会出现蓝色型雪雁，头部和上颈部均为白色，其余的体羽多呈黑色。

○ 主要分布：加拿大、中国、印度、日本、韩国、美国等地。

头顶呈白色

背部为纯白色

嘴呈粉红色

粉红色的腿

雌雄差异：羽色相同	是否迁徙：迁徙	栖息地：苔原、沼泽地、沙洲、湿草甸

鸿雁

鸿雁属大型水禽，喜欢结群生活，在迁徙季节常结成数十甚至数百只的大群。它们善于游泳，飞行力较强，飞行时排成'一'字或'人'字形队形，休息时群中会有几只"哨鸟"负责警戒，不时观望。它们主要以芦苇、藻类等植物性食物为食。繁殖期为4～6月，每窝通常产卵4～8枚，卵呈乳白色或淡黄色，雌鸟负责孵卵。

◈ 形态特征：鸿雁雄鸟上嘴基部有一个疣状突，雌鸟的疣状突不明显。鸿雁从额基、头顶到后颈正中央呈暗棕褐色，额基和嘴间有一条棕白色的细纹，嘴为黑色，背部、肩部、腰部、翅上有暗灰褐色的羽毛；前颈和颈侧为白色，前颈下部和胸部均为肉桂色，尾下覆羽为白色，两胁为暗褐色，脚为橙黄色或肉红色。

◈ 主要分布：西伯利亚、中亚，中国，堪察加半岛和库页岛等。

雄鸟

上嘴基部的疣状突

背部羽毛呈暗灰褐色

橙黄色或肉红色的脚

雌鸟

后颈正中央呈暗棕褐色

嘴呈黑色

胸部为肉桂色

白色的颈侧

雄鸟

尾下覆羽呈白色

雌雄差异：羽色相似	是否迁徙：迁徙	栖息地：开阔平原、湖泊、水塘、河流

豆雁

　　豆雁是大型雁类，喜欢结成群活动，迁徙时一般结成数十、数百只的大群，飞行时常成"一"字形、"人"字形等有序队列，经常和鸿雁在一起栖息。食物以植物嫩叶、嫩芽等植物性食物为主。每窝通常产卵 3 ～ 8 枚，卵呈乳白色或淡黄白色，雌鸟负责孵卵。

◎ 形态特征: 豆雁的头部和颈部均为棕褐色，喙扁平，边缘为锯齿状；肩部、背部均为灰褐色，羽缘呈淡黄白色；胸部为淡棕褐色，腹部为污白色，两肋有灰褐色的横斑，翅上覆羽灰褐色；尾呈黑褐色，有白色的端斑，脚为橙黄色。

◎ 主要分布: 中国，西伯利亚、冰岛和格陵兰岛东部等地。

褐色的头部

喙扁平，边缘为锯齿状

腹部呈污白色

脚为橙黄色

| 雌雄差异: 羽色相似 | 是否迁徙: 迁徙 | 栖息地: 草地、沼泽、水库、江河 |

黑雁

　　黑雁的体型中等，生性活跃，善于游泳和潜水，在地上奔跑速度快；喜欢结成群活动和休息。主要以青草或水生植物的嫩芽、叶等为食。繁殖期为 6 ～ 8 月，每窝通常产卵 3 ～ 6 枚，卵呈淡黄色、淡绿白色或橄榄褐色。

◎ 形态特征: 黑雁体长 56 ～ 61 厘米。头部为黑褐色，颈、嘴呈黑色，颈部两侧缀有一个白色的横斑；胸部为黑褐色，背和两翅均为灰褐色；上腹部灰褐色，两肋较淡；下腹部为白色，尾上的羽毛为白色，脚呈黑褐色。

◎ 主要分布: 北极圈以北、北冰洋沿岸及其附近岛屿等地。

黑色的嘴

颈部有白色横斑

背部为灰褐色

黑褐色的脚

| 雌雄差异: 羽色相似 | 是否迁徙: 迁徙 | 栖息地: 海湾、沿海草场、海港、河口 |

斑头雁

　　斑头雁喜欢结成群，在繁殖期、越冬期以及迁徙期间都成群活动。它们生性机警，善于游泳，但多数时间生活在陆地上；善于行走和奔跑，飞行能力较强。主要以植物的叶、茎、青草等为食物。4月中旬至4月末开始产卵，每窝产卵2～10枚，卵呈白色卵圆形。

◐ 形态特征：斑头雁的头部和颈侧为白色，头顶有两道黑色的带斑，后颈呈暗褐色，嘴呈橙黄色，嘴甲呈黑色；背部呈淡灰褐色，腰部和尾上覆羽均为白色，胸部和上腹部均为灰色；下腹和尾下覆羽均为污白色，尾部有白色的端斑，脚和趾为橙黄色。

◐ 主要分布：中亚，克什米尔，蒙古等地。

头顶有两道
黑色带斑

嘴呈橙黄色

背部为淡灰褐色

胸部为
灰色

橙黄色的脚

雌雄差异：羽色相似	是否迁徙：迁徙	栖息地：河流、咸水湖、沼泽地带

白额雁

　　白额雁喜欢结群生活，善于行走、奔跑和游泳，飞行时经常成"一"字形、"人"字形等有序队列。它们主要以马尾草、芦苇等植物性食物为食。繁殖期为6～7月，每窝通常产卵4～5枚，卵呈卵白色或淡黄色。

◐ 形态特征：白额雁体长为64～80厘米，嘴呈肉色或粉红色，喙扁平，从上嘴基部至额部有宽阔的白斑；头顶和后颈部均为暗褐色，颈部较长，背部、肩部和腰部均为暗灰褐色；腹部为污白色，缀有黑色的斑块；脚为橄榄黄色。

◐ 主要分布：西伯利亚北极海岸到白令海峡、北美洲极北部、欧洲西部、格陵兰岛西部等地。

暗褐色的头顶

背部为暗灰褐色

肉色或粉红色的嘴

橄榄黄色的脚

雌雄差异：羽色相似	是否迁徙：迁徙	栖息地：湖泊、水库、河湾、水塘

科名：鸭科　　体重：1.4 ~ 2.3 千克　　别名：弱雁

小白额雁

　　小白额雁善于行走，奔跑速度快，还善于游泳和潜水。它们经常结成群活动，白天觅食，夜晚一般在水面过夜。主要以植物的芽苞、叶片和嫩草、谷类等为食物。繁殖期为 6 ~ 7 月，每窝通常产卵 4 ~ 7 枚，雌鸟负责孵卵，雄鸟在附近警戒。

◎ 形态特征：小白额雁的体长为 53 ~ 66 厘米，眼圈为金黄色，嘴呈肉色或玫瑰肉色，喙扁平，边缘为锯齿状，嘴基和额部有白色的斑块；颈部较长，头顶、后颈部和上体均为暗褐色，腹部有近黑色的斑块，腿为橘黄色。

◎ 主要分布：欧洲和亚洲的北部地区等地。

金黄色的眼圈

嘴呈肉色或玫瑰肉色

背部呈暗褐色

腹部有近黑色的斑块

雌雄差异：羽色相似	是否迁徙：迁徙	栖息地：湖泊、沼泽、鱼塘、苔原

科名：鸭科　　体重：2.5 ~ 4 千克　　别名：大雁、沙鹅、灰腰雁、红嘴雁

灰雁

　　灰雁属大型的雁类，身体肥胖。它们生性机警，行动灵活，善于游泳和潜水；除繁殖期外经常结群活动，迁徙飞行时多成"一"字形或"人"字形等有序队列。主要以各种水生和陆生植物的叶、茎等为食物。繁殖期为 4 ~ 6 月，每窝通常产卵 4 ~ 8 枚，卵呈白色。

◎ 形态特征：灰雁体长为 70 ~ 90 厘米，嘴呈肉色，有扁平的喙，边缘为锯齿状；颈部较长，头顶和后颈均呈褐色，嘴基有一条白色窄纹；背部和两肩均为灰褐色，腰部为灰色；胸部和腹部均为污白色，两胁为淡灰褐色，脚为肉色。

◎ 主要分布：西伯利亚，欧洲北部、中亚，中国等地。

头顶为褐色

颈部较长

嘴呈肉色，有扁平的喙

腹部呈污白色

肉色的脚

雌雄差异：羽色相似	是否迁徙：迁徙	栖息地：湖泊、水库、河口、湿草原

加拿大黑雁

头部为黑色

　　加拿大黑雁的体型中等，不怕严寒，是典型的冷水性海洋鸟，一共有 11 个亚种，是加拿大的国鸟。它们善于游泳和潜水，飞行速度很快，飞行有时呈斜线或 "V" 字形等。食物以青草或水生植物的嫩芽、叶片、茎等为主，也食用一些水栖无脊椎动物。它们喜欢结群，迁徙时经常结成大群活动。当加拿大黑雁受到别的生物威胁时，会发出 "嘶嘶" 的叫声来警告对方。繁殖期为 3 ～ 8 月，每窝通常会产卵 4 ～ 7 枚，卵呈白色或淡黄白色，雌雁负责孵卵。

◎ 形态特征：加拿大黑雁体长为 90 ～ 100 厘米，翼展为 160 ～ 175 厘米，身体大部分为灰色，头部和颈部均为黑色，虹膜褐色，嘴为黑色，咽喉延至喉间的白色横斑比较明显。加拿大黑雁的下腹部和尾下覆羽均为白色，黑色的尾较短，脚为黑色。

◎ 主要分布：北美洲等地。

黑色的脚

黑色的颈部
较长

背部呈黑色

喉咙有白色
横斑

尾呈黑色，较短

尾下覆羽呈白色

下腹部为白色

| 雌雄差异：同形同色 | 是否迁徙：迁徙 | 栖息地：海湾、海港、河口、苔原洼地 |

卷羽鹈鹕

卷羽鹈鹕喜欢结成群生活，会游泳却不会潜水，善于在地面行走，飞行时姿态优美。其脖子常弯曲成"S"形，缩在肩部，鸣叫声低沉。食物以鱼类、甲壳类以及软体动物等为主。繁殖期为4 ~ 6月，每窝通常产卵3 ~ 4枚，卵呈淡蓝色或微绿色。

○ 形态特征：卷羽鹈鹕体长160 ~ 180厘米，颈部较长，长而粗的嘴呈铅灰色，嘴缘的后半段为黄色，全身羽毛呈灰白色；头部有卷曲的冠羽，枕部的羽毛长而卷曲，眼周裸露的皮肤呈乳黄色或肉色；尾羽短且宽，脚为蓝灰色。

○ 主要分布：欧洲东南部、非洲北部和亚洲东部等地。

嘴缘后半段为黄色

颈部较长

背部呈灰白色

蓝灰色的脚

雌雄差异：羽色相似	是否迁徙：迁徙	栖息地：江河、沼泽与沿海地带

斑嘴鹈鹕

斑嘴鹈鹕善于游泳，喜欢在水面上空飞行。游泳时脖子伸得直直，嘴斜朝下。食物以鱼为主，也吃蛙类、蜥蜴、甲壳类等。每窝通常产卵3 ~ 4枚，卵呈乌白色，雌雄亲鸟轮流孵卵。

○ 形态特征：斑嘴鹈鹕的嘴长且粗，呈粉红的肉色，喉囊为紫色。其夏羽上体为淡银灰色，后颈的淡褐色羽毛较长，至枕部形成冠羽，下体呈白色，腰部、两肋和尾下覆羽等处缀有葡萄红色。冬羽头部、颈部、背部为白色，腰部、下背、两肋和尾下覆羽也为白色，但露出黑色的羽轴，翅膀和尾羽为褐色；下体均为淡褐色。脚为黑褐色。

○ 主要分布：缅甸、印度、伊朗、斯里兰卡、菲律宾和印度尼西亚等地。

嘴长而粗，呈粉红的肉色

胸部白色的羽毛

黑褐色的脚

冬羽

雌雄差异：羽色相同	是否迁徙：不迁徙	栖息地：沿海海岸、江河、湖泊、沼泽

■ 科名：鸬鹚科　体重：不详　别名：小鱼鹰

黑颈鸬鹚

黑颈鸬鹚生性较温顺，不甚怕人，主要以各种鱼类为食，以潜水的方式在水下捕捉食物。经常结成 5～6 对的小群，黑颈鸬鹚在水边的树上或较高的草丛中营巢，每窝通常产卵 3～5 枚，卵呈尖卵圆形。

◐ 形态特征：黑颈鸬鹚身体细长，颈部较短，嘴短且粗，呈褐色。它们在繁殖期身体全部呈黑色，缀有深蓝色和蓝绿色的光泽，头顶和颈部缀有丝状的白色羽毛，枕部和后颈有短的羽冠；肩部和翅覆羽均为暗银灰色，圆尾较长，脚为黑色。

◐ 主要分布：孟加拉国、中国、印度、缅甸、泰国、越南等地。

嘴短粗，呈褐色

背部为黑色，有光泽

圆尾较长

黑色的脚

雌雄差异：羽色相似	是否迁徙：不迁徙	栖息地：内陆湖泊、江河、水库、池塘

■ 科名：鹈鹕科　体重：5.4～15 千克　别名：犁鹕、淘鹅

白鹈鹕

白鹈鹕属大型水禽，喜欢结成群生活。它们善于飞行和游泳，头部飞行时向后缩，颈部弯曲成"S"形；在水中游泳时，颈部弯曲成"乙"字形，不时发出粗哑的叫声。主要以鱼类为食。繁殖期为 4～6 月，每窝通常产卵 2～3 枚，卵呈白色。

◐ 形态特征：白鹈鹕全身呈白色，颈部细长，头部、颈部和冠羽缀有粉黄色，有时扩展到上背和肩部；铅蓝色的嘴长而粗直，嘴下有一个橙黄色的皮囊；繁殖期头后部有一簇白色的冠羽，胸部有一簇披针形的黄色羽毛，脚为肉色。

◐ 主要分布：欧洲南部，非洲大部分国家，亚洲中部和南部等地。

嘴长而粗直

颈细长，呈白色

白色的胸部

肉色的脚

雌雄差异：羽色相似	是否迁徙：迁徙	栖息地：湖泊、江河、沿海和沼泽

科名：鸬鹚科　体重：1～2千克　别名：鱼鹰、鱼雕

鹗

鹗生性机警，喜欢独自或结成对活动，鸣叫声响亮，它们经常用盘旋和急降的方法捕捉水中的鱼类。食物以鱼类为主，有时也捕食蜥蜴、蛙类和小型鸟类等。繁殖期为2～6月，每窝通常产卵2～3枚，卵呈椭圆形、灰白色，雌雄亲鸟轮流孵卵。

头顶羽毛为白色

黑色的嘴

两翅的表面为暗褐色

◉ 形态特征：鹗的嘴为黑色，头顶和颈后羽毛为白色，缀有暗褐色纵纹，枕后羽毛呈披针状；上体和两翅的表面均为暗褐色，都有棕色的狭端；下体大部分为纯白色，胸部有赤褐色的斑纹，尾羽淡褐色，脚和趾呈黄色，生有锐爪。

◉ 主要分布：欧洲、非洲、北美洲、南美洲、大洋洲、亚洲等地区。

雌雄差异：羽色相似	是否迁徙：不迁徙	栖息地：江河、湖泊、海岸、水塘

科名：鸬鹚科　体重：1.2～2.2千克　别名：乌鹈

海鸬鹚

海鸬鹚是典型的海上鸬鹚。它们潜水和捕鱼的能力很强，水中活动时相当灵活，有一定的飞行能力；在陆地行走时显得笨拙，休息时要用尾羽帮助支撑身子。主要以鱼类和虾为食物。繁殖期为4～7月，每窝通常产卵3～4枚，卵呈白色或蓝色、卵圆形，雌雄亲鸟轮流孵卵。

头顶有铜绿色的冠羽

嘴细长，稍侧扁

紫色的喉囊

颈部有紫色光辉

繁殖羽

脚短而粗

◉ 形态特征：海鸬鹚全身的羽毛呈黑色，头部和颈部有紫色光辉，眼周的裸露皮肤为暗红色，嘴细长，稍侧扁。繁殖期间头顶和枕部各有一束铜绿色的冠羽，肩羽呈铜绿色，两胁分别有一个白色的大斑；黑色的尾羽呈圆形，黑色的脚粗且短。

◉ 主要分布：北太平洋沿岸和邻近岛屿。

雌雄差异：羽色相似	是否迁徙：部分迁徙	栖息地：海岸、河口地带

■ 科名：普通鸬鹚　　体重：1.3 ~ 2.3 千克　　别名：黑鱼郎、水老鸦、鱼鹰

普通鸬鹚

　　普通鸬鹚属大型水鸟，不太怕人，喜欢结成小群活动，善于游泳和潜水。它们游泳时脖颈向上伸直，飞行时脖颈向前伸直，脚伸向后面，翅膀扇动缓慢，经常站在水边岩石上或树枝上休息。主要以各种鱼类为食物。繁殖期为 4 ~ 6 月，每窝通常产卵 3 ~ 5 枚，卵呈淡蓝色或淡绿色，雌雄亲鸟轮流孵卵。

◯ 形态特征：普通鸬鹚体长为 72 ~ 87 厘米，夏羽头部、颈部和羽冠均为黑色，有紫绿色的光泽，夹杂着丝状的白色细羽，眼周和喉侧裸露皮肤均为黄色，长嘴呈锥状，前端有锐钩，上体为黑色，两肩、背部和翅覆羽均为铜褐色，有金属光泽，颏和上喉部为白色，其余下体呈蓝黑色，灰黑色的尾圆形。冬羽与夏羽区别在于冬羽没有头颈的白色丝状细羽。脚为黑色。

◯ 主要分布：欧洲、亚洲、非洲、澳洲和北美等地。

两肩呈铜褐色，有金属光泽

冬羽

头颈的白色丝状细羽

夏羽

眼周和喉侧裸露皮肤为黄色

颈部呈黑色，有紫绿色金属光泽

蓝黑色的胸部

冬羽

尾圆形，呈灰黑色

雌雄差异：羽色相似	是否迁徙：部分迁徙	栖息地：河流、湖泊、池塘、水库

科名：鲣鸟科　体重：1.2 ~ 2.4 千克　别名：无

蓝脸鲣鸟

　　蓝脸鲣鸟善于飞行和游泳，除了繁殖期以外，一般都会在海上活动。它们捕鱼的能力比较强，一般会在距离水面 30 米高的地方飞行。主要以各种鱼类尤其是飞鱼为食物，也吃乌贼和甲壳类。它们成群在一起筑巢，每窝通常产卵 2 枚。

◎ 形态特征：蓝脸鲣鸟的体长约 92 厘米，眼睛呈金黄色，粗长而尖的嘴呈圆锥状呈亮黄色，白色的头部缀有黑色的斑纹，身体的羽毛多呈白色；翅膀较为狭长，飞羽呈黑色；还有 14 枚黑色的楔形尾羽，脚粗而短，为黄色至灰色。

◎ 主要分布：热带地区的大西洋和太平洋海域。

白色的头部

背部羽毛呈白色

嘴圆锥状，呈亮黄色

脚粗短，呈黄色至灰色

雌雄差异：羽色相似	是否迁徙：不迁徙	栖息地：热带海洋、海岬和岛屿

科名：鲣鸟科　体重：约 0.837 千克　别名：导航鸟

红脚鲣鸟

　　红脚鲣鸟属于体形较大的海鸟，特征是红脚、白尾，有浅色、深色和中间色等三种色型。它们的飞行能力很强，善于行走、游泳和潜水，其食物以鱼类为主。每窝通常产一枚白色的卵，由雌雄亲鸟轮流进行孵卵。

◎ 形态特征：红脚鲣鸟（浅色型）的头部有黄色的光泽，淡蓝色的嘴不仅粗而且长，尖锐近似圆锥，基部为红色，上嘴和下嘴缘均为锯齿状；眼周和脸部呈淡蓝色，喉囊呈肉色或红色，羽毛洁白，有部分黑色的飞羽；翅膀长而尖，共有 14 枚楔形的尾羽，脚呈红色，脚蹼发达。

◎ 主要分布：热带地区的太平洋、大西洋和印度洋中的岛屿，中国西沙群岛等地。

圆锥形的嘴，基部为红色

头部为白色

浅色型

长而且尖的翅膀

白色的胸部

白色的腹部

脚呈红色，脚蹼发达

雌雄差异：羽色相似	是否迁徙：不迁徙	栖息地：热带海洋中的岛屿、海岸

第四章
涉禽

涉禽的腿细而且长，适合涉水行走，不适合游泳，
例如白鹳、彩鹮、白鹭、丹顶鹤等。
涉禽中的鹤类深受人们的青睐，
在中国文化中，
鹤尤其丹顶鹤是吉祥、长寿和高雅的象征，
有着崇高的地位。
鹤还是诗词、书画等艺术领域经常表现的题材，
而关于鹤的雅趣轶事也有很多，
梅妻鹤子、林公放鹤的典故以及鹤寿松龄、
龟鹤延年、鹤立鸡群等美好的寓意一直流传到现在。

■ 科名：鹭科　体重：0.7 ~ 1.5 千克　别名：白鹭鸶、鹭鸶、白漂鸟、大白鹤

大白鹭

　　大白鹭一般在水边的浅水处觅食，边涉水边啄取食物，行走时颈部收缩呈"S"形。它们以甲壳类、软体动物和小鱼、蛙等为食物。繁殖期 4 ~ 7 月，每窝通常产卵 3 ~ 6 枚，卵呈天蓝色、椭圆形，雌雄亲鸟共同孵卵。

◎ **形态特征**：大白鹭夏羽全身呈乳白色，颈部较长，白色，嘴和眼先均为黑色，嘴角有一条黑线，头部有短小的羽冠；肩部有长长的成丛的蓑羽，一直向后延伸；白色的腹部羽毛沾有轻微的黄色。冬羽和夏羽相似，全身为白色，但前颈下部和肩背部没有长的蓑羽，嘴和眼先为黄色。腿较长，呈黑色。

◎ **主要分布**：全球温带地区。

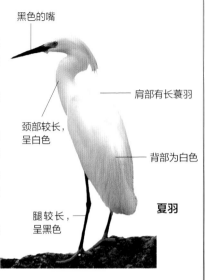

黑色的嘴

肩部有长蓑羽

颈部较长，呈白色

背部为白色

腿较长，呈黑色

夏羽

雌雄差异：羽色相似	是否迁徙：迁徙	栖息地：海滨、水田、湖泊、红树林

■ 科名：鹭科　体重：0.2 ~ 0.3 千克　　别名：绿背鹭、绿鹭鸶、绿蓑鹭

绿鹭

　　绿鹭生性孤独，除繁殖期以外一般会独自生活，经常在有浓密树荫的枝杈上休息。它们主要在清晨和黄昏时觅食，食物以小鱼、青蛙和水生昆虫等为主。繁殖期为 4 ~ 7 月，每窝通常产卵 3 ~ 5 枚，卵呈椭圆形、绿青色，雌雄亲鸟轮流孵卵。

◎ **形态特征**：绿鹭的头顶、羽冠为绿黑色，后颈、颈侧和体侧为烟灰色；颏、喉部和胸部、腹部中央均为白色，杂有灰色，背部和两肩披有窄长的矛状羽，青铜绿色；上体呈蝉灰绿色，下体两侧为银灰色，黑色的尾泛有青铜绿色的光泽，脚为黄绿色。

◎ **主要分布**：东北亚及东南亚，非洲、印度、中国、澳大利亚，新几内亚等地。

头顶呈绿黑色

背部有矛状羽

颈侧为烟灰色

黄绿色的脚

尾呈黑色

雌雄差异：羽色相似	是否迁徙：部分迁徙	栖息地：山间溪流、湖泊、草丛、滩涂

■ 科名：鹭科　体重：0.45 ~ 0.75 千克　别名：水洼子、星鸦、苍鹠、夜鹤

夜鹭

　　夜鹭性喜结群，经常结成小群在早晨、黄昏和夜间活动，飞行速度很快。食物以鱼类、虾类、蛙类以及水生昆虫等动物性食物为主，繁殖期为 4 ~ 7 月，每窝通常产卵 3 ~ 5 枚，卵呈卵圆形或椭圆形，蓝绿色，雌雄亲鸟共同孵卵。

◎ 形态特征：夜鹭黑色的嘴尖而细，喉部为白色，头顶到背部成黑绿色；头枕部披有 2 ~ 3 枚白色的羽毛，下垂到背部；腰部、两翅和尾羽均为灰色，颈侧、胸部和两胁呈淡灰色，腹部为白色，尾羽有 12 枚，脚和趾为黄色。

◎ 主要分布：欧洲大陆、非洲、亚洲中部、马达加斯加、印度、朝鲜和日本等地。

嘴尖细，呈黑色

黑绿色的头顶

背部呈黑绿色，有金属光泽

腹部呈白色

黄色的脚

雌雄差异：羽色相似	是否迁徙：部分迁徙	栖息地：溪流、水塘、江河、沼泽

■ 科名：鹭科　体重：0.33 ~ 0.55 千克　别名：雪客、白鹭鸶、白鸟、一杯鹭

小白鹭

　　小白鹭行走时步履稳健；喜欢结群，经常结成 3 ~ 5 只或十余只的小群活动。食物以小鱼、泥鳅、蛙等动物性食物为主。繁殖期为 3 ~ 7 月，每窝通常产卵 3 ~ 6 枚，卵呈灰蓝色或蓝绿色，雌雄亲鸟轮流孵卵。

◎ 形态特征：小白鹭黑色的嘴较长，其通体为白色；夏羽的枕部有两条狭长的矛状羽毛，状似两条辫子；肩部和背部着生有长蓑羽；前颈下部也生有矛状的饰羽。冬羽全身为乳白色，但头部冠羽，肩、背部和前颈的蓑羽或矛状饰羽都消失，个别前颈矛状饰羽有少许残留。黑色的腿较长，脚趾呈黄绿色。

◎ 主要分布：非洲大陆、南亚次大陆、东南亚、澳大利亚、日本等地。

枕部有狭长的矛状羽

嘴较长

白色的长颈

夏羽

腿较长，呈黑色

脚趾呈黄绿色

雌雄差异：羽色相似	是否迁徙：部分迁徙	栖息地：沼泽、水田、湖泊或滩涂地

苍鹭

苍鹭喜欢成对或结成小群活动，在水边站立时总是把脖颈缩在肩膀之间，一只脚站立，另一只脚缩于腹下。主要以小型鱼类、泥鳅、虾和昆虫等为食物。繁殖期为 4 ~ 6 月，每窝通常产卵 3 ~ 6 枚，卵呈苍白色或蓝绿色。

○ 形态特征：苍鹭的颈部较长，颈基部有灰白色的长羽，头顶两侧和枕部均为黑色，嘴长，呈黄色，颊部和喉部均为白色，上体从背部至尾上覆羽为苍灰色，两肩部有下垂的羽毛，呈苍灰色，胸部和腹部均为白色，前胸两侧各有 1 块紫黑色的大斑，脚较长，呈黄褐色或深棕色。

○ 主要分布：欧亚大陆、非洲、日本、朝鲜、伊拉克、伊朗、印度、中国等地。

头顶两侧和枕部均为黑色

嘴长，呈黄色

苍灰色的背部

颈基部有灰白色的长羽

脚较长

雌雄差异：羽色相似	是否迁徙：部分迁徙	栖息地：沼泽、山地和江河、溪流

岩鹭

岩鹭有白色型和灰色型两种，白色型的岩鹭稀少。岩鹭生性羞怯，好静，人不易接近；飞行时速度较慢，一般独自活动，有时也会结成小群活动。食物以鱼类、虾类、蟹和软体动物等为主。繁殖期为 4 ~ 6 月，每窝通常产卵 2 ~ 5 枚，卵呈淡青色或淡绿色。

○ 形态特征：岩鹭体长 55 ~ 64 厘米。灰色型岩鹭全身的羽毛为灰色，头部有短羽冠，颊部近白色，绿黄色的嘴前端呈暗褐色；喉部多为灰色，有的个体喉部则为白色；胸部和背部均有细长的蓑羽，呈白色，脚为暗绿色。白色型岩鹭主要分布在南方地区，全身为白色。

○ 主要分布：东南亚，澳大利亚、新西兰、中国等地。

灰色的头部

背部呈灰色，有细长的蓑羽

嘴前端呈暗褐色

灰色型

暗绿色的脚

雌雄差异：羽色相似	是否迁徙：不迁徙	栖息地：岛屿和沿海海岸

科名：鹭科　　体重：0.15 ~ 0.32 千克　　别名：红毛鹭、中国池鹭、红头鹭鸶

池鹭

池鹭喜欢独自或结成 3 ~ 5 只小群活动。主要以鱼类、蛙、昆虫等为食物，也食用少量的植物性食物。繁殖期为 3 ~ 7 月，每窝通常产卵 3 ~ 6 枚，卵呈蓝绿色、椭圆形。

◎ 形态特征：池鹭夏羽的头部、颈部、前胸和胸侧均为栗红色，栗红色的冠羽较长，能延长到背部；嘴呈黄色，尖端黑色，颏、喉部均为白色；背部羽毛呈披针形，呈蓝黑色；下颈部有栗褐色的丝状羽，在胸部悬垂；腹部、两胁均为白色。冬羽头顶白色，有褐色的条纹，背和肩羽为暗黄褐色，胸部为淡皮黄白色，有密集的褐色条纹，其余似夏羽。脚为暗黄色。

◎ 主要分布：东南亚，孟加拉国至中国等地。

嘴呈黄色，尖端呈黑色

头部呈栗红色

夏羽

腹部为白色

绿灰色的脚

雌雄差异：羽色相同	是否迁徙：部分迁徙	栖息地：稻田、池塘、沼泽

科名：鹭科　　体重：0.8 ~ 1.3 千克　　别名：花洼子、黄庄、紫鹭

草鹭

草鹭行动缓慢，经常在水边浅水处漫步，低头寻找食物，有时会长时间站立，飞行时缓慢而从容，独自或结成对活动和觅食。食物以小鱼、蛙类、蜥蜴、蝗虫等动物性食物为主，繁殖期为 5 ~ 7 月，通常每窝产卵 3 ~ 5 枚，卵呈椭圆形。

◎ 形态特征：草鹭的体形呈纺锤形，额和头顶为蓝黑色，暗黄色的嘴较长；枕部有两枚灰黑色羽毛形成的冠羽，在头部后面悬垂，好似辫子；颏、喉部均为白色，颈部呈棕栗色；颈侧有一条蓝色的纵纹，向前胸延伸；两肩和下背被有矛状的长羽，尾呈暗褐色，腿长，脚后缘为黄色。

◎ 主要分布：中国、印度、伊朗，欧洲南部、非洲，马达加斯加岛等地。

嘴长，呈暗黄色

头顶呈蓝黑色

下背的矛状长羽

暗褐色的尾

雌雄差异：羽色相似	是否迁徙：部分迁徙	栖息地：湖泊、河流、沼泽、水库

■ 科名：鹭科　体重：0.4 ~ 1.3千克　别名：大水骆驼、蒲鸡、水母鸡、大麻鹭

大麻鳽

　　大麻鳽属大型鹭类，在繁殖期以外常独自活动，活动时间多在黄昏和晚上，白天一般藏在水边芦苇丛和草丛中，或在沼泽草地上活动。食物以鱼、虾类、蛙、水生昆虫等动物性食物为主。繁殖期为5 ~ 7月，每窝通常产卵4 ~ 6枚，卵呈橄榄褐色、圆形，主要由雌鸟负责孵卵。

◎ **形态特征：**大麻鳽身体较粗胖，黄绿色的嘴粗而且尖，眉纹为淡黄白色；额、头顶和枕部均为黑色，后颈为黑褐色；背部呈黄褐色，有黑褐色的斑点；下体呈淡黄褐色，有黑褐色的纵纹；皮黄色的尾羽缀有黑色横斑，腿呈黄绿色。

◎ **主要分布：**欧洲、非洲、亚洲等地。

有黑褐色斑点的背部

后颈呈黑褐色

粗而尖的嘴呈黄绿色

黄绿色的腿

雌雄差异：羽色相似	是否迁徙：部分迁徙	栖息地：河流、湖泊、池塘边的芦苇丛

■ 科名：鹭科　体重：0.05 ~ 0.1千克　别名：黄斑苇鳽、小黄鹭、黄秧鸡

黄苇鳽

　　黄苇鳽是一种中型涉禽，经常在早晨或傍晚单独或结成对活动。它们生性机警，听到响动便伸长脖子观望。食物以小鱼、虾类、蛙类等动物性食物为主。繁殖期为5 ~ 7月，每窝通常产卵5 ~ 6枚，卵呈卵圆形、白色。

◎ **形态特征：**黄苇鳽雄鸟的额、头顶和冠羽均为铅黑色，杂有灰白色的纵纹；头侧、后颈和颈侧呈棕黄白色，背部和肩部均为淡黄褐色；下体从颏到喉部为淡黄白色，喉部到胸部为淡黄褐色；腹部为淡黄白色，腰部和尾上覆羽为暗黄灰色。雌鸟和雄鸟相似，但头顶为栗褐色，有黑色的纵纹。脚为黄绿色。

◎ **主要分布：**孟加拉国、柬埔寨、中国、印度、日本、缅甸、菲律宾等地。

铅黑色的头顶

淡黄褐色的胸部

腹部为淡黄白色

雄鸟

黄绿色的脚

雌雄差异：羽色略有不同	是否迁徙：部分迁徙	栖息地：平原、湖泊、水库、水塘

168 鸟图鉴

白琵鹭

　　白琵鹭属大型涉禽，喜欢结成群，有时也会独自活动；休息时常在水边散开，能长时间站立不动，飞行时颈部和脚伸直。在水边啄食虾、蟹等小型动物。繁殖期为 5 ～ 7 月，每窝通常产卵 3 ～ 4 枚，雌雄亲鸟轮流孵卵。

◎ 形态特征：白琵鹭黑色的嘴长而直，上下扁平，端部为黄色。夏羽除胸部外全身为白色，眼周、脸部裸出的皮肤为黄色；头后枕部有发丝状的橙黄色冠羽，前额下部有橙黄色的颈环；颏和上喉为橙黄色；胸部呈黄色。冬羽全身白色，头后枕部没有羽冠，前颈下部没有橙黄色的颈环，其余与夏羽相似。黑色的腿较长。

◎ 主要分布：欧亚大陆和非洲西南部分地区。

橙黄色的发丝状冠羽

背部为白色

嘴长而直，呈黑色，端部为黄色

腿较长，呈黑色

夏羽

雌雄差异：羽色相似	是否迁徙：部分迁徙	栖息地：沼泽地、河滩、苇塘

彩鹮

　　彩鹮喜欢群居，常与其他鹮类、鹭类聚集在一起活动。它们善于飞行，飞行距离一般较远，白天觅食，晚上在栖息地的树上休息。食物以水生昆虫、虾类、甲壳类、软体动物等为主。每窝通常产卵 3 ～ 5 枚，卵呈卵圆形、蓝色，雄鸟和雌鸟共同负责孵卵。

◎ 形态特征：彩鹮体长为 48 ～ 66 厘米，虹膜为褐色，黑色的嘴长而下弯，头部除面部裸出外都被有羽毛，脸部裸露的皮肤和眼圈呈铅色，体羽大部分为青铜栗色，颈部、上背、肩部均为红褐色，有绿色和紫色光泽，飞羽、尾羽均为黑色，脚为绿褐色。

◎ 主要分布：欧洲南部、亚洲、非洲等地。

肩部呈红褐色

黑色的嘴长而下弯

红褐色的颈部

绿褐色的脚

雌雄差异：羽色相似	是否迁徙：不迁徙	栖息地：河湖、水塘、沼泽、稻田等地

黑头白鹮

黑头白鹮是体型较大的涉禽，目前其数量比较稀少，属于世界濒危物种。黑头白鹮和鹭类一样，经常和白鹭类混群，在沼泽湿地、苇塘以及湖泊边缘等浅水水域活动。它们主要以软体动物、甲壳类、昆虫、小鱼和两栖类等为食物，每窝通常产卵 2 ~ 3 枚。

◉ 形态特征：黑头白鹮全长约 75 厘米，头部和颈部裸露，裸出部分皮肤为黑色；黑色的嘴长而下弯，颊、喉部均为黑色；通体羽毛为白色，翼覆羽有一条棕红色带斑，腰部和尾上覆羽有淡灰色丝状饰羽，腿较长，呈黑色。

◉ 主要分布：非洲、亚洲西部、东南亚和太平洋西南部等地。

背部为白色

头部裸露，呈黑色

黑色的嘴长而下弯

黑色的长腿

雌雄差异：羽色相似	是否迁徙：迁徙	栖息地：树上、沼泽、苇塘、河口

黑鹳

黑鹳属大型涉禽，它们的体态优美，生性机警且活动敏捷，是白俄罗斯的国鸟。善于飞行，不善于鸣叫，喜欢独自或结对在水边浅水处或沼泽地上活动，主要以鱼为食物。繁殖期为 4 ~ 7 月，每窝通常产卵 4 ~ 5 枚，卵呈卵椭圆形、白色，雌雄亲鸟轮流孵卵。

◉ 形态特征：黑鹳的嘴呈红色，长而且直，头部、颈部均为黑色；背部、肩部和翅膀为黑色，有紫色和青铜色的光泽；黑色的上胸部有紫色和绿色光泽，前颈下部的羽毛形成蓬松的颈领；下胸部、腹部、两胁和尾下覆羽为白色，腿长，呈红色。

◉ 主要分布：欧亚大陆和非洲等地。

背部呈黑色，有紫色和青铜色光泽

黑色的头部

嘴呈红色，长而且直

长腿呈红色

雌雄差异：羽色相似	是否迁徙：部分迁徙	栖息地：河流沿岸、沼泽山区溪流附近

白鹳

　　白鹳属于大型涉禽，是德国的国鸟，被欧洲人视为"吉祥鸟"。它们生性机警，经常独自或结成对在水塘岸边或开阔的沼泽草地上漫步，觅食主要在白天进行。白鹳是食肉动物，主要以昆虫、鱼类、两栖类和小鸟等为食物。一夫一妻制，繁殖期为 4 ~ 6 月，每窝通常产卵 4 ~ 6 枚，卵呈白色、卵圆形，雌雄亲鸟共同进行孵卵。

◎ 形态特征：白鹳的体长为 90 ~ 115 厘米，翼展为 195 ~ 215 厘米。其红色的嘴不仅长，而且粗壮，喙形较直，嘴基厚，眼先、眼周和喉部的裸露皮肤均呈黑色；白色的颈部细长，前颈下部有长羽，呈披针形，在求偶期间会竖直起来。它们身体羽毛主要为白色，翅膀不仅长，而且宽；翅膀处有黑羽，翼羽有绿色或紫色的光泽，鲜红色的腿细而长。

◎ 主要分布：欧洲、非洲西北部，亚洲西南部和非洲南部。

白色的头顶

嘴长而粗壮，呈红色

腿细长，为鲜红色

翅膀处有黑羽

前颈下部有披针形的长羽

颈细长，呈白色

腹部为白色

雌雄差异：羽色相同	是否迁徙：迁徙	栖息地：平原、草地、沼泽、河流

■ 科名：鹳科　　体重：2 ~ 3.5千克　　别名：彩鹳

白头鹮鹳

　　白头鹮鹳的羽毛色彩美丽，姿态优雅，白天经常缩着脖子，长时间站立不动，有时会悠闲地在沼泽和草地上漫步。它们喜欢结成对或结成小群在浅水处觅食，食物以鱼类为主。繁殖期在中国为5~7月，每窝通常产卵2~5枚，雌雄亲鸟共同孵卵。

◎ 形态特征：白头鹮鹳体长93~102厘米，橙黄色的嘴粗而长，嘴尖稍向下弯曲，头部赤裸，为橙色或红色（繁殖期），其体羽主要为黑色和白色，黑色的飞羽和尾羽有绿色的金属光泽；胸部有黑色的宽阔胸带，泛有绿色的金属光泽；其余的羽毛均为白色，腿特别长，呈红色。

◎ 主要分布：印度至中国西南部等地。

头部赤裸无羽，为橙色或红色（繁殖期）

背部呈白色

嘴粗而长，为橙黄色

红色的腿特别长

雌雄差异：羽色相似	是否迁徙：部分迁徙	栖息地：湖泊、河流、水塘、沼泽

■ 科名：鹭科　　体重：0.32 ~ 0.45千克　　别名：黄头鹭、畜鹭、放牛郎

牛背鹭

　　牛背鹭是博茨瓦纳的国鸟，也是唯一的不吃鱼而以昆虫为主食的鹭类。它们生性活跃，头部在飞行时缩到背上，和家畜特别是水牛形成依附关系，常常捕食被家畜从水草中惊飞的昆虫。繁殖期为4~7月，每窝通常产卵4~9枚，雌雄亲鸟轮流孵卵。

◎ 形态特征：牛背鹭橙黄色的颈部短而粗，头部为橙黄色，嘴为黄色；前颈基部和背部中央有羽枝分散成发状的橙黄色长形饰羽，长度可到胸部；背部饰羽向后可到尾部，尾羽和其余的体羽均为白色。冬羽全身均为白色，有的头顶缀有黄色，脚趾为黑色。

◎ 主要分布：全球温带地区。

橙黄色的头部

嘴呈黄色

前颈的橙黄色饰羽

白色的腹部

夏羽

黑色的脚趾

雌雄差异：羽色相似	是否迁徙：部分迁徙	栖息地：平原草地、牧场、湖泊、池塘

科名：鹤科　　体重：2～3千克　　别名：闺秀鹤

蓑羽鹤

　　蓑羽鹤属大型涉禽，除了繁殖期结成对活动以外，一般成家族或小群活动。它们生性比较胆小，善于在地面奔走，食物以各种小型鱼类、虾类、植物嫩芽等食物为主。繁殖期为 4～6 月，每窝通常产卵 1～3 枚，卵呈椭圆形，雌雄亲鸟共同孵卵。

○ 形态特征：蓑羽鹤的头侧、喉部和前颈均为黑色，白色的耳羽成束状，垂于头侧；头顶呈珍珠灰色，嘴呈黄绿色，喉部和前颈的羽毛延长成蓑状，在前胸悬垂；其余的头部、颈部和体羽均呈蓝灰色，黑色的腿较长，脚趾呈黑色。

○ 主要分布：欧洲南部、东部到中亚西部，贝加尔湖西部，中国等地。

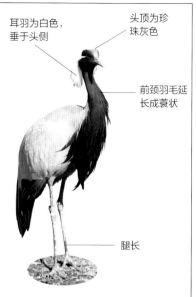

耳羽为白色，垂于头侧

头顶为珍珠灰色

前颈羽毛延长成蓑状

腿长

雌雄差异：羽色相似	是否迁徙：迁徙	栖息地：草地、草甸沼泽、芦苇沼泽

科名：鹤科　　体重：3～5.5千克　　别名：千岁鹤、玄鹤、番薯鹤

灰鹤

　　灰鹤生性机警，比较怕人，喜欢结成小群一起活动，活动和觅食的时候经常有一只灰鹤不时观望，负责警戒；飞行时一般成"∨"字或"人"字形。食物以植物叶、茎、昆虫、蛙等为食主，繁殖期为 4～7 月，每窝通常产卵 2 枚，雌雄亲鸟轮流孵卵。

○ 形态特征：灰鹤的前额为黑色，被有黑色的短羽；头顶裸出皮肤为鲜红色，颈部较长，喉、前颈和后颈均为灰黑色，黑绿色的嘴端部沾黄色，眼后到颈侧有灰白色的纵带；身体其余部分为石板灰色，背部、腰部的灰色较深，胸部和翅膀的灰色较淡；腿较长，呈灰黑色。

○ 主要分布：伊朗、印度、缅甸、中国、美国、俄罗斯，中南半岛北部等地。

头顶裸出皮肤为鲜红色

嘴为黑绿色，端部沾黄

背部呈石板灰色

长腿呈灰黑色

雌雄差异：羽色相似	是否迁徙：迁徙	栖息地：平原、草地、沼泽、河滩

丹顶鹤

丹顶鹤属大型涉禽，喜欢结成对或成家族群和小群一起活动，食物以鱼类、虾类、水生昆虫及水生植物的茎、叶等为主。休息时总是一条腿站着，将头转向后插进背部的羽毛。在觅食和休息时，经常有一只鸟负责警戒。丹顶鹤每年换羽两次，求偶时，雌雄鸟对鸣、跳跃和舞蹈。繁殖期为4～6月，每窝通常产卵2枚，卵呈椭圆形，雌雄亲鸟轮流孵卵。

● 形态特征：丹顶鹤体长约120～160厘米，朱红色的头顶裸露，眼睛后的耳羽到枕部为白色，喉部和颈部均为黑色，颈部较长；灰绿色的嘴尖端为黄色，黑色的三级飞羽长而弯曲，呈弓状；尾羽和体羽均为白色，两翅中部的飞羽长而弯；腿较长，灰呈黑色。

● 主要分布：中国、蒙古、俄罗斯乌苏里江东岸、朝鲜、韩国和日本北海道等地。

白色的体羽

头顶呈朱红色

嘴为灰绿色，尖端为黄色

颈部较长，呈黑色

喉部为黑色

黑色3级飞羽呈弓状

长腿呈灰黑色

雌雄差异：羽色相似	是否迁徙：迁徙	栖息地：平原、沼泽、湖泊、草地

科名：鹤科　　体重：约 12 千克　　别名：无

赤颈鹤

　　赤颈鹤属大型涉禽，一般独自或结成对和成家族群进行活动。它们生性胆小，喜欢成对地鸣叫，叫时脖颈伸直，嘴朝向天空。食物以鱼类、虾类、蛙类、谷物和水生植物为主。繁殖期为 5 ~ 8 月，每窝产卵 2 枚，卵呈绿色或粉红白色，雌鸟孵卵。

◎ 形态特征：赤颈鹤的头部、喉部和颈上部裸露，呈鲜红色；灰绿色的头顶较平滑，嘴呈灰色或绿角色；有时候颈基部有一个白色颈环，和上颈部相邻；全身羽毛多为浅灰色，初级覆羽呈黑色，腿较长，脚趾为粉红色。

◎ 主要分布：印度、缅甸、尼泊尔、澳大利亚、中国的云南和西双版纳等地。

颈上部裸露，呈鲜红色
灰绿色的嘴
肩部呈浅灰色
腿较长

雌雄差异：羽色相似	是否迁徙：不迁徙	栖息地：水田、沼泽湿地、平原草地

科名：鹤科　　体重：4.7 ~ 6.5 千克　　别名：红面鹤、白顶鹤、土鹤

白枕鹤

　　白枕鹤属大型涉禽，是珍稀的笼养观赏鸟类，白天一般会去寻找食物。它们生性警觉，遇到惊扰时会马上躲起来或飞走。食物以植物种子、嫩叶、鱼、虾等为主。繁殖期为 5 ~ 7 月，每窝通常产卵 2 枚，卵呈灰色或淡紫色，椭圆形，雌雄亲鸟共同孵卵。

◎ 形态特征：白枕鹤的嘴为黄绿色，前额、头顶前部、头侧部和眼周围的皮肤裸露，呈鲜红色，生有稀疏绒毛状的黑羽；喉部为白色，头顶后部、枕部、后颈、颈侧和前颈的上部形成一条暗灰色的条纹；上体呈石板灰色，尾羽末端生有横斑，红色的腿较长。

◎ 主要分布：中国、蒙古、俄罗斯、朝鲜、日本等地。

眼睛周围的皮肤呈鲜红色
背部为石板灰色
颈侧为暗灰色
红色的腿

雌雄差异：羽色相似	是否迁徙：迁徙	栖息地：芦苇沼泽、农田、湖泊岸边

■ 科名：鹤科　　体重：2.7 ~ 6.7 千克　　别名：棕鹤、加拿大鹤

沙丘鹤

　　沙丘鹤属大型的涉禽，经常结家族
群进行活动。它们生性机警，喜欢在
灌木和较高的草丛中躲藏，将头部和颈部伸出
灌丛或草丛上面，一有危险便会很快飞走。食
物以各种灌木和草本植物的叶片、嫩芽和草籽、
谷粒等为主。求偶时，雄鸟和雌鸟相互对着鸣叫、
跳跃以及飞舞，一起飞到天空中，再落到地面上。
繁殖期为 5 ~ 7 月，每窝通常产卵 1 ~ 2 枚，
卵呈卵圆形。

◎ 形态特征：沙丘鹤体长为 100 ~ 110 厘米，
嘴呈灰色，顶冠呈红色，前额和眼睑部位裸出
的皮肤均为鲜红色，被有稀疏的刚毛，颏部、
喉部均呈白色。它们全身羽毛为灰色，缀有褐色，
下体的颜色稍淡，有 11 枚初级飞羽，其中第三
枚最长，飞羽的内部为黑褐色，三级飞羽呈弓形，
羽端的羽枝分开；有 12 枚短而且直的尾羽；腿
较长，几乎呈黑色。

◎ 主要分布：中国、古巴、日本、韩国、墨西哥、
俄罗斯、美国等地。

眼睑部位皮肤裸露，
为鲜红色

长腿几乎为
黑色

背部呈灰色，
缀有褐色

嘴呈灰色

尾羽短而直

喉部为白色

雌雄差异：羽色相似	是否迁徙：迁徙	栖息地：平原沼泽、湖边草地、水塘

科名：秧鸡科　　体重：约 0.15 千克　　别名：无

长脚秧鸡

　　长脚秧鸡是小型涉禽，白天喜欢藏在草丛或灌丛中，早晨、黄昏和夜晚时候出来活动，喜欢鸣叫，叫声较清脆。食物以各种昆虫、蠕虫、草籽和谷粒等为主。繁殖期为 5 ～ 7 月，每窝通常产卵 6 ～ 14 枚，卵呈淡赭色、椭圆形，由雌鸟负责孵卵。

◎ 形态特征：长脚秧鸡的颊部和眉纹为灰色，黄色的嘴较短；头顶和上体均为淡灰褐色，有黑色的斑纹；喉部和腹部均为白色，两肋有红褐色的横斑，翅上覆羽和翅下覆羽均为栗色，脚为淡褐色。

◎ 主要分布：欧洲、非洲北部、亚洲西部，中国等地。

嘴呈黄色，比较短

胸部主要为棕色

头顶有黑色的斑纹

雌雄差异：羽色相似	是否迁徙：迁徙	栖息地：森林、草地、荒野、半荒漠

科名：秧鸡科　　体重：0.4 ～ 0.8 千克　　别名：白骨顶，骨顶鸡

白骨顶鸡

　　白骨顶鸡是中型游禽，喜欢在开阔水面游泳，游泳时尾部下垂，头前后摆动。食性较杂，食物以水生植物的嫩芽、叶、茎为主，也吃昆虫和软体动物等。繁殖期为 5 ～ 7 月，每窝通常产卵 5 ～ 10 枚，卵呈尖卵圆形或梨形，雌雄亲鸟都参与孵卵。

◎ 形态特征：白骨顶鸡的嘴高而侧扁，嘴端灰色，头部有白色的额甲，头和颈纯黑而辉亮，上体余部和两翅为石板灰黑色；上体有条纹，下体有横纹，胸部和腹部中央的羽色较浅，翅膀短而圆，尾下覆羽为黑色，腿和脚均为橄榄绿色。

◎ 主要分布：欧亚大陆、非洲，印度尼西亚、澳大利亚和新西兰等地。

背部呈石板灰黑色，有条纹

头和颈部呈纯黑色

嘴高而侧扁

橄榄绿色的腿

雌雄差异：羽色相似	是否迁徙：部分迁徙	栖息地：湖泊、水库、水塘、苇塘

■ 科名：秧鸡科　　体重：0.08 ~ 0.2 千克　　别名：秋鸡、水鸡

普通秧鸡

　　普通秧鸡属中型涉禽，喜欢独自行动，能在茂密草丛中快速奔跑。飞行快速，善于游泳和潜水。食物以小鱼、甲壳类动物、蚯蚓和水生昆虫为食。繁殖期为 5 ~ 7 月，每窝通常产卵 6 ~ 9 枚，卵呈淡赭色或淡棕色，雌雄亲鸟轮流孵卵。

● 形态特征：普通秧鸡全长约为 29 厘米。它们嘴长直，近红色，头顶到后颈为黑褐色；上体纵纹较多，颈部和胸部均为灰色，背部、肩部、腰部和尾上覆羽为橄榄褐色，两胁有黑白色的横斑；腹部中央为灰黑色，缀有淡褐色的斑纹，尾羽短而且圆，脚为肉褐色。

● 主要分布：欧亚大陆、非洲、中国等地。

背部呈橄榄褐色

嘴长直，近红色

胸部呈灰色

肉褐色的脚

雌雄差异：羽色相似	是否迁徙：迁徙	栖息地：开阔平原、河流、灌丛、草地

■ 科名：秧鸡科　　体重：0.1 ~ 0.15 千克　　别名：灰胸秧鸡

蓝胸秧鸡

　　蓝胸秧鸡生性隐匿，善于奔跑，游泳和潜水本领很好，飞行能力较弱；喜欢单独或成家族群活动，白天隐藏在草丛中，一般在清晨和黄昏活动，步履轻盈。食物以小型水生动物如虾、蟹、螺和金龟子等为主。每窝通常产卵 5 ~ 9 枚，卵呈卵圆形、乳白色。

● 形态特征：蓝胸秧鸡的嘴长直而侧扁稍弯曲，上嘴角褐色，嘴基和下嘴呈浅黄红色；额、头顶和后颈均为栗红色，上体呈暗褐色，腹部和两胁呈暗褐色，缀以白色横斑；头侧、颈侧和胸部均为灰色，尾羽短而圆，腿为青灰色或橄榄褐色。

● 主要分布：欧亚大陆及非洲北部，包括欧洲、北回归线以北的非洲、阿拉伯半岛等地。

暗褐色的背部

头顶为栗红色

嘴长直，侧扁稍弯曲

青灰色或橄榄褐色的腿

雌雄差异：羽色相似	是否迁徙：迁徙	栖息地：水田、水塘、湖岸、芦苇沼泽

科名：秧鸡科　体重：0.05 千克　别名：无

白眉田鸡

　　白眉田鸡属小型涉禽，善于游泳和潜水，喜欢在草地、沼泽和稻田漫步。清晨、傍晚和阴天较为活跃，经常结成对活动。主要以蚯蚓、昆虫、蝌蚪和小鱼为食物，也吃水生植物的叶和种子。每窝通常产卵 3 ~ 7 枚，雌雄亲鸟轮流孵卵。

◎ 形态特征：白眉田鸡的嘴短，呈黄色，有白色的眉纹；额部为灰色，头顶到后颈为灰褐色，颊部和喉部为白色；上体为橄榄褐色，缀有黑色斑点；腹部以下为皮黄色，两胁为黄褐色，脚为橄榄绿色。

◎ 主要分布：东南亚的南部、澳大利亚北部，太平洋岛屿，菲律宾等地。

背部有黑色斑点

白色的眉纹

嘴为黄色

橄榄绿色的脚

| 雌雄差异：羽色相似 | 是否迁徙：部分迁徙 | 栖息地：海岸、淡水或咸水湿地 |

科名：秧鸡科　体重：0.14 ~ 0.4 千克　别名：鷭、江鸡、红骨顶

黑水鸡

　　黑水鸡属中型涉禽，一般成对或结成小群活动。其善于游泳和潜水，游泳时身体会浮出水面很高，尾巴常常垂直竖起，飞行缓慢。食物以水草、小鱼虾、水生昆虫等为主。繁殖期为 4 ~ 7 月，每窝通常产卵 6 ~ 10 枚，卵呈卵圆形，雌雄亲鸟轮流孵卵。

◎ 形态特征：黑水鸡体长 24 ~ 35 厘米，嘴端为黄色，嘴基和额甲均为红色；头部、颈部和上背均为灰黑色，下背、腰部至尾上覆羽均为暗橄榄褐色，下体为灰黑色，两胁有宽阔的白色纵纹；尾下覆羽侧为白色，中央为黑色；腿为黄绿色，腿上部有鲜红色的环带。

◎ 主要分布：除大洋洲以外的世界各地。

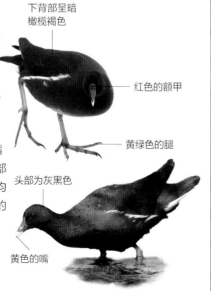

下背部呈暗橄榄褐色

红色的额甲

黄绿色的腿

头部为灰黑色

黄色的嘴

| 雌雄差异：羽色相似 | 是否迁徙：部分迁徙 | 栖息地：湿地、沼泽、湖泊、水库 |

紫水鸡

　　紫水鸡属中型的涉禽，生性温顺，喜欢在清晨和黄昏活动，善于行走和奔跑，不善飞行，常在水边浅水处涉水，也能攀爬在芦苇茎上。主要以昆虫、软体动物、水草等为食物。繁殖期为4～7月，每窝通常产卵3～7枚，由雌雄亲鸟轮流孵卵。

◉ 形态特征：紫水鸡的嘴粗而短，呈血红色，夏羽头顶、后颈为灰褐略沾紫色，额甲为橙红色；背部到尾上覆羽为紫蓝色，翅上覆羽为蓝绿色，头侧和喉部为灰白色；上胸为浅蓝绿色，胸侧、下胸和两胁均为紫蓝色，脚为暗红色或棕黄色。

◉ 主要分布：阿富汗、澳大利亚、中国、印度、俄罗斯、南非、西班牙等地。

背部覆羽呈紫蓝色

橙红色的额甲

嘴粗短，呈血红色

暗红色或棕黄色的脚

雌雄差异：羽色相似	是否迁徙：部分迁徙	栖息地：咸、淡水湖泊、河流、池塘

小田鸡

　　小田鸡在清晨和傍晚到夜间最活跃，一般会独自活动，生性胆怯，很少游泳和潜水。主要以水生昆虫及其幼虫为食物。每窝通常产卵4～10枚，卵呈椭圆形、土黄色，孵卵以雌鸟为主。

◉ 形态特征：小田鸡的嘴较短，嘴角呈绿色，喉部为棕灰色，颈侧和胸部为蓝灰色，头顶、枕部和后颈均为橄榄褐色，其余上体为橄榄褐色或棕褐色，均有黑色的纵纹，肩羽、背部、腰部和尾上覆羽缀有白色的斑点，尾羽为黑褐色，腹部和尾下覆羽均为黑褐色。雌鸟的喉部为白色，下体的羽色和雄鸟比较淡。腿为黄绿色至污绿色。

◉ 主要分布：北非和欧亚大陆等地。

背部为橄榄褐色或棕褐色

头顶为橄榄褐色

胸部呈灰色

肩羽、背部、腰部和尾上覆羽缀有白色斑点

雄鸟

雌雄差异：羽色略有不同	是否迁徙：迁徙	栖息地：沼泽、苇荡、蒲丛、稻田

■ 科名：秧鸡科　体重：0.16 ~ 0.26 千克　别名：白胸秧鸡、白面鸡、白腹秧鸡

白胸苦恶鸟

　　白胸苦恶鸟生性机警，行走时轻快，喜欢独自或结成对活动，有时集成 3 ~ 5 只的小群，多在晨昏和晚上活动。主要以昆虫、小型水生动物以及植物种子为食。繁殖期为 4 ~ 7 月，每窝通常产卵 4 ~ 10 枚，卵呈椭圆形的淡黄褐色，雌雄亲鸟轮流孵卵。

◎ 形态特征：白胸苦恶鸟的嘴为黄绿色，头顶、后颈、背部和肩部均为暗石板灰色，沾有橄榄褐色；两颊、喉部以至胸部、上腹部均为白色，下腹部中央呈白色，稍沾红褐色；下腹两侧和尾下覆羽均为红棕色，腿为黄褐色。

◎ 主要分布：印度次大陆、中南半岛、太平洋诸岛屿，中国等地。

暗石板灰色的头顶

背部呈暗石板灰色

黄绿色的嘴

胸部呈白色

黄褐色的腿

雌雄差异：羽色相似	是否迁徙：部分迁徙	栖息地：沼泽、高草丛、竹丛、河流

■ 科名：鹬科　体重：不详　别名：灰鹬

漂鹬

　　漂鹬喜欢单独或成小群活动，善于游泳。觅食小型甲壳类、软体动物、蠕虫等小型海洋无脊椎动物。繁殖期为 6 ~ 7 月，每窝通常产卵 4 枚，雌鸟负责孵卵。

◎ 形态特征：漂鹬夏羽的嘴为黑色，头顶、后颈、翅、肩部、背部；直到尾部，整个上体呈淡鼠灰色，脸、头侧、颈侧、喉和前颈均为白色，有灰色的纵纹；其余下体为白色，有灰黑色波浪形横斑；腹部中央为白色，翅下覆羽为暗灰色。冬羽似夏羽，但下体没有横斑，除颏、喉、下腹、肛区和中央尾下覆羽为白色外，其余下体呈淡石板灰色。脚为黄色。

◎ 主要分布：西伯利亚东北部、北美西北部、南美，阿拉斯加，澳大利亚、新西兰等地。

夏羽

头顶呈淡鼠灰色

淡鼠灰色的背部

嘴呈黑色

腹部有灰黑色的波浪形横斑

黄色的脚

雌雄差异：羽色相似	是否迁徙：迁徙	栖息地：山地溪流、湖泊、水塘边

■ 科名：鹬科　体重：约 0.11 千克　别名：无

长嘴鹬

　　长嘴鹬一般独自或结成小群活动，喜欢在小水塘和沼泽边活动、觅食。食物以软体动物、小鱼和蛙、昆虫等为主。繁殖期为 6 ～ 8 月，每窝通常产卵 4 枚，雌雄亲鸟轮流孵卵。

◎ 形态特征：长嘴鹬的嘴长而直，为黑褐色，夏羽上体呈暗红褐色，头顶、脸和前颈有黑褐色的斑点；下背部呈纯白色；腰和尾上覆羽为白色，有黑色横斑；下体呈锈红色，胸部有黑褐色斑点和横斑，腹部为栗红色。冬羽呈暗灰色，前颈和胸部较灰，腹部纯白色。脚为灰色或褐绿色。

◎ 主要分布：阿根廷、加拿大、古巴、墨西哥、巴拿马、美国等地。

头顶有黑褐色斑点

腰和尾上覆羽有黑色横斑

嘴长而直，呈黑褐色

腹部呈栗红色

夏羽

雌雄差异：羽色相同	是否迁徙：迁徙	栖息地：冻原地带、海岸、沼泽、河川

■ 科名：鹬科　体重：0.04 ～ 0.05 千克　别名：无

阔嘴鹬

　　阔嘴鹬生性孤僻，喜欢单独、成对或结成小群活动或觅食，食物以甲壳类、软体动物、昆虫和昆虫幼虫等小型无脊椎动物为主。繁殖期为 6 ～ 7 月，每窝通常产卵 4 枚。卵呈淡褐色或黄灰色，梨形，雌雄亲鸟轮流孵卵。

◎ 形态特征：阔嘴鹬的嘴呈黑色。夏羽头顶呈黑褐色，贯眼纹呈黑褐色；下体为白色，喉部呈淡褐白色，前颈和胸缀灰褐色，有明显的褐色纵纹；肩部为黑褐色；腰和尾上覆羽两边呈白色，中央一对尾羽为黑褐色；冬羽头顶和上体为淡灰褐色，有黑色的中央纹和白色羽缘；下体多为白色。腿短，呈灰黑色。

◎ 主要分布：斯堪的纳维亚半岛往东到西伯利亚北部，南到中亚叶尼塞河等地。

头顶呈黑褐色

黑色的嘴

肩部为黑褐色

白色的腹部

雌雄差异：羽色相似	是否迁徙：迁徙	栖息地：冻原中的湖泊、河流、水塘

丘鹬

　　丘鹬体型较肥胖，喜欢单独生活，白天经常隐伏在林中或草丛中，夜晚和黄昏　时外出觅食。食物以昆虫幼虫、蚯蚓等小型无脊椎动物为主。繁殖期为 5 ~ 7 月，每窝通常产卵 4 枚，卵呈梨形或卵圆形，雌鸟负责孵卵。

绒黑色的头顶
上背部呈锈红色
黑褐色的尾羽
嘴长且直
腹部有黑褐色横斑

◌ 形态特征：丘鹬的嘴蜡黄色；长且直，头顶为绒黑色，喉部为白色，其余下体为灰白色，略沾棕色，缀有黑褐色的横斑；上体呈锈红色，杂有黑褐色和灰褐色横斑和斑纹；上背和肩部有大块黑色斑，下背、腰部有黑褐色的横斑；尾羽呈黑褐色，脚为灰黄色或蜡黄色。

◌ 主要分布：欧亚大陆、北非、中南半岛，日本，印度等地。

雌雄差异：羽色相似	是否迁徙：迁徙	栖息地：阔叶林、混交林、林间沼泽

青脚鹬

　　青脚鹬喜欢单独、成对或成小群活动；在水边或浅水处涉水或觅食，主要以虾、蟹、小鱼、水生昆虫等为食物。繁殖期为 5 ~ 7 月，每窝通常产卵 4 枚，卵呈灰色或淡皮黄色，雌雄亲鸟轮流孵卵。

背部呈灰褐或黑褐色
头顶为灰褐色
嘴较长，微向上翘
长腿近绿色

◌ 形态特征：青脚鹬体长为30 厘米左右，嘴较长，微向上翘；上体为灰黑色，有黑色的轴斑和白色的羽缘；前颈和胸部有黑色的纵斑，头顶至后颈为灰褐色；背部、肩部为灰褐或黑褐色，下背、腰部、下胸和腹部均为白色，长腿近绿色。

◌ 主要分布：古北界，南至澳大利亚、新西兰。

雌雄差异：羽色相似	是否迁徙：迁徙	栖息地：苔原森林、湖泊、河流

黑尾塍鹬

　　黑尾塍鹬喜欢单独或结成小群活动；多在水边泥地或沼泽地上活动、觅食，食物以水生和陆生昆虫、甲壳类和软体动物等为主。繁殖期为 5 ~ 7 月，每窝通常产卵 4 枚，卵呈橄榄绿色，雌雄亲鸟轮流孵卵。

◎ 形态特征：黑尾塍夏羽的头部呈红棕色，嘴细长，微向上翘；喉、前颈和胸部呈亮栗红色，后颈呈栗色，有黑褐色的细条纹；肩部、背部和三级飞羽均为黑色，杂有淡肉桂色和栗色斑；腰呈白色。冬羽上体为灰色，下体为白色，颈和胸侧有灰褐色的纵纹。腿细长。

◎ 主要分布：欧亚大陆北部、中南半岛，南非、印度、澳大利亚等地。

嘴细长，近直形

红棕色的头部

背部呈黑色

夏羽

细长的腿

雌雄差异：羽色相似	是否迁徙：迁徙	栖息地：沼泽、湿地、湖边、草地

长趾滨鹬

　　长趾滨鹬喜欢单独或结成小群活动，在水边泥地和沙滩以及浅水处活动和觅食；生性胆小，飞行快而敏捷。食物以昆虫、昆虫幼虫、软体动物等小型无脊椎动物为主，繁殖期为 6 ~ 8 月，每窝通常产卵 4 枚，卵呈灰绿色。

◎ 形态特征：长趾滨鹬的嘴为黑色，头顶为棕色，有黑褐色的纵纹，后颈为淡褐色，有暗色的纵纹。其背部、肩羽中央为黑色，有宽的栗棕色、橙栗色和白色的羽缘；腰和尾中央为黑褐色，下体为白色，胸部缀灰皮黄色，有黑褐色的纵纹；脚和趾为褐黄色或黄绿色。

◎ 主要分布：澳大利亚、印度、日本、缅甸、菲律宾、俄罗斯、中国、泰国、美国等地。

背部为黑色

头顶有黑褐色纵纹

黑色的嘴

褐黄色、黄绿色的脚

雌雄差异：羽色相似	是否迁徙：迁徙	栖息地：沿海、河流、水塘和泽沼

科名：鹬科　　体重：0.04 ~ 0.083 千克　　别名：无

黑腹滨鹬

　　黑腹滨鹬生性活跃，善于奔跑，飞行速度较快。食物以甲壳类、昆虫等各种小型无脊椎动物为主。繁殖期为 5 ~ 8 月，每窝通常产卵4 枚，卵呈绿色或黄橄榄色，雌雄亲鸟轮流孵卵。
◎ 形态特征：黑腹滨鹬全长约 20 厘米，嘴呈黑色，较长，微向下弯。夏羽眉纹为白色，头顶呈棕栗色，有黑褐色的纵纹；上体为棕色，下体为白色；颈部和胸部有黑褐色纵纹，腹部有大型黑斑；腰和尾上覆羽中间为黑褐色。冬羽上体为灰色，下体为白色，颈和胸侧有灰褐色的纵纹。脚为绿灰色。
◎ 主要分布：欧亚大陆北部、北非、东非以及亚洲南部，日本和中国等地。

头顶呈棕栗色，有黑褐色纵纹

背部呈棕色

嘴呈黑色，较长

腹部有大型黑斑

绿灰色的脚

夏羽

雌雄差异：羽色相似	是否迁徙：迁徙	栖息地：高原、湖泊、河流、水塘

科名：鹬科　　体重：0.048 ~ 0.084 千克　　别名：三趾滨鹬

三趾鹬

　　三趾鹬生性活泼，喜欢成群活动，常低垂着头，嘴向下，在水边来回奔跑、捕食。食物以甲壳类、软体动物、蚊类和昆虫幼虫、蜘蛛等为主。繁殖期为 6 ~ 8 月，每窝通常产卵 4 枚，卵呈卵圆形或梨形，雌鸟常常下两窝卵，其中一窝由雄鸟孵化。
◎ 形态特征：三趾鹬体长约 20 厘米，嘴为黑色，尖端微向下弯曲。夏羽额基、颊和喉为白色；头的余部、颈和上胸呈深栗红色，有黑褐色的纵纹；肩为黑色，下胸、腹部和翅下覆羽呈白色；腰和尾上覆羽两侧为白色，中央尾羽呈黑褐色，脚为黑色。
◎ 主要分布：北极地区、非洲、东南亚，澳大利亚等地。

中央尾羽呈黑褐色

嘴呈黑色

下胸部为白色

夏羽

黑色的脚

雌雄差异：羽色相似	是否迁徙：迁徙	栖息地：北极冻原苔藓草地、海岸

■ 科名：鹬科　　体重：0.66～1千克　　别名：大勺鹬、构捞、麻鹬

白腰杓鹬

　　白腰杓鹬生性机警，喜欢结成小群活动，边走边将长嘴插入泥中探觅食物，时常抬头观望。主要以甲壳类、软体动物、昆虫和昆虫幼虫为食物。繁殖期为5～7月，每窝通常产卵4枚，卵呈绿色或橄榄黄色，雌雄亲鸟轮流孵卵。

○ 形态特征：白腰杓鹬的嘴较长，呈褐色，头顶和上体均为淡褐色；头部、颈部、上背均有黑褐色的羽轴纵纹，颈部和前胸呈淡褐色，下背、腰部和尾上覆羽呈白色；腹部、胁部为白色，缀有黑褐色的斑点；脚为青灰色。

○ 主要分布：欧亚大陆北部、欧洲南部、亚洲南部，南非、印度和日本等地。

头顶为淡褐色

嘴较长，呈褐色

腹部有黑褐色的斑点

青灰色的脚

雌雄差异：羽色相似	是否迁徙：迁徙	栖息地：湖泊、河流岸边和沼泽地带

■ 科名：鹬科　　体重：0.060～0.107千克　　别名：无

白腰草鹬

　　白腰草鹬属小型涉禽，飞行速度快，发出"呼呼"声响，喜欢单独或成对活动；多在水边浅水处活动，迁徙时也常成小群在放水翻耕的旱田地上觅食。主要以蠕虫、虾、小蚌等昆虫及幼虫为食。繁殖期为5～7月，每窝通常产卵3～4枚，卵呈梨形。

○ 形态特征：白腰草鹬的嘴呈灰褐色或暗绿色，尖端为黑色；头顶和后颈均为黑褐色，有白色的纵纹；喉部和上胸为白色，密被黑褐色的纵纹；上背、肩部和翅覆羽均为黑褐色，胸部、腹部和尾下覆羽均为纯白色；两胁和尾上覆羽为白色，腿为橄榄绿色或灰绿色。

○ 主要分布：欧洲、非洲、中亚，阿尔泰地区、地中海沿岸、波斯湾，中国、蒙古、俄罗斯等地。

黑褐色的头顶

上背部为黑褐色

嘴呈灰褐色或暗绿色

纯白色的腹部

橄榄绿色或灰绿色的腿

雌雄差异：羽色相似	是否迁徙：迁徙	栖息地：湖泊、河流、沼泽

科名：鹬科　　体重：0.07 ~ 0.17 千克　　别名：灰尾鹬、黄足鹬

灰尾漂鹬

　　灰尾漂鹬喜欢单独或结成松散的小群，在水边的浅水处活动、觅食。食物以石蛾、水生昆虫、甲壳类等为主。繁殖期为 6 ~ 7 月，每窝通常产卵 4 枚，卵呈淡蓝色或淡皮黄色，雌雄亲鸟轮流孵卵。

　　● 形态特征：灰尾漂鹬的嘴呈黑色，下嘴基部为黄色。夏羽头顶、翅膀和尾等整个上体均为淡石板灰色，微缀褐色；颈侧有灰色的纵纹；胸部为白色，有灰色 "V" 形斑或波浪形横斑；腹部为纯白色。冬羽和夏羽相似，但下体没有横斑。腿为黄色。

　　● 主要分布：西伯利亚东部，贝加尔湖，蒙古、新西兰以及中国等地。

头顶为淡石板灰色，微缀褐色

背部为淡石板灰色

嘴为黑色，下嘴基部为黄色

夏羽

黄色的腿

雌雄差异：羽色相似	是否迁徙：迁徙	栖息地：高原、湖泊、河流、水塘

科名：鹬科　　体重：0.11 ~ 0.2 千克　　别名：无

鹤鹬

冬羽

　　鹤鹬喜欢独自或成分散的小群活动，在水边沙滩、浅水处边走边啄食，有时甚至进到水中寻找食物。食物以甲壳类、蠕形动物及水生昆虫为主。繁殖期为 5 ~ 8 月，每窝产卵 4 枚，卵呈淡绿色或黄绿色，梨形，雌雄亲鸟轮流孵卵。

　　● 形态特征：鹤鹬的嘴细长而尖直，冬羽前额、头顶至后颈为灰褐色，上背部呈灰褐色，下背和腰部为白色；肩部、飞羽和翅上覆羽为黑褐色；喉部和整个下体均为白色，前颈下部和胸部微缀灰色的斑点，脚呈红色或亮橙红色。

　　● 主要分布：欧洲北部冻原带、地中海沿岸，非洲，印度、中国等地。

上背部呈灰褐色

灰褐色的头顶

嘴细长而尖直

红色或亮橙红色的脚

雌雄差异：羽色相似	是否迁徙：迁徙	栖息地：冻原上的湖泊，淡、咸湖泊

矶鹬

矶鹬喜欢单独或结成对活动，非繁殖期也会成小群；生性机警，行走时步履缓慢，不慌不忙，有时也会沿着水边跑跑停停。主要以蝼蛄、甲虫等昆虫为食，也吃螺和蠕虫等。繁殖期为 5 ~ 7 月，每窝通常产卵 4 ~ 5 枚，卵呈肉红色或土红色，梨形。

○ 形态特征：矶鹬的嘴较短，呈暗褐色；头部、颈部、背部、翅覆羽和肩羽均为橄榄绿褐色；眼先为黑褐色，颏和喉部为白色，颈部和胸侧为灰褐色，前胸微有褐色纵纹；下体余部呈纯白色，翼下覆羽为白色，脚为淡黄褐色。

○ 主要分布：欧亚大陆，南到地中海沿岸，伊朗、阿富汗、尼泊尔，东到日本等地。

头部呈橄榄绿褐色

背部呈橄榄绿褐色

暗褐色的嘴

白色的喉部

腹部为纯白色

淡黄褐色的脚

雌雄差异：羽色相似	是否迁徙：部分迁徙	栖息地：江河沿岸、湖泊、水库、海岸

斑尾塍鹬

斑尾塍鹬一般结成 5 ~ 6 只小群活动，在沙滩上行走或觅食。主要以甲壳类、昆虫和植物种子等为食。每窝通常产 3 ~ 5 枚，卵呈橄榄色或绿色，梨形，白天雌鸟孵化幼雏，雌雄亲鸟一起养育幼雏。

○ 形态特征：斑尾塍鹬的嘴细长而上翘，呈红色；繁殖期羽毛多为棕栗色，冬季头顶为灰白色，有黑褐色的纵纹；颏和喉部为白色，肩部、上背为黑褐色，下背、腰部和尾上覆羽呈白色沾棕；前胸浅褐色，其余下体呈棕栗色。雌鸟繁殖羽体羽较少，雄性的栗红色多被土黄色替代，颈、胸部为棕黄色，腹部为白色。腿为黑褐色。

○ 主要分布：欧亚大陆北部和北美、非洲和大洋洲。

嘴细长而上翘

黑褐色的背部

棕栗色的腹部

雄鸟（繁殖羽）

黑褐色的腿

雌雄差异：羽色略有不同	是否迁徙：迁徙	栖息地：沼泽湿地和水域周围的湿草甸

科名：鹬科　　体重：0.32 ~ 0.47 千克　　别名：无

中杓鹬

中杓鹬喜欢单独或结成小群活动和觅食，在迁徙时和在栖息地会集成大群；常在树上栖息，或将嘴插入泥地寻找食物。食物以昆虫、蟹、螺、甲壳类等为主。繁殖期为 5 ~ 7 月，每窝通常产卵 3 ~ 5 枚，卵呈蓝绿色或橄榄褐色，长卵圆形，雌雄亲鸟轮流孵卵。

◎ 形态特征：中杓鹬头顶呈暗褐色，嘴长而下弯曲，眉纹呈白色，颏、喉呈白色，颈和胸部为灰白色，有黑褐色纵纹；上背、肩部、背部均为暗褐色，有黑色中央纹；下背和腰部为白色，尾和尾上覆羽为灰色，有黑色横斑；脚为蓝灰色或青灰色。

◎ 主要分布：欧亚大陆北部、非洲，澳大利亚等地。

暗褐色的头顶

背部为暗褐色

嘴长而下弯

蓝灰色或青灰色的脚

雌雄差异：羽色相似	是否迁徙：迁徙	栖息地：北极苔原森林、林中、沼泽

科名：鹬科　　体重：0.08 ~ 0.19 千克　　别名：田鹬

扇尾沙锥

扇尾沙锥喜欢单独或结成小群，在黎明和黄昏时活动，白天多隐藏在植物丛中。食物以蚂蚁、金针虫、蜘蛛和软体动物等为主。繁殖期为 5 ~ 7 月，每窝通常产卵 4 枚，卵呈黄绿色或橄榄褐色，梨形，雌鸟负责孵卵。

◎ 形态特征：扇尾沙锥的嘴长而直，头顶冠纹和眉线呈乳黄色或黄白色，贯眼纹为黑褐色；背部和肩羽为褐色，有黑褐色的斑纹；黄褐色的前胸有黑褐色的纵斑，灰白色的腹部缀有黑褐色的横斑；次级飞羽有白色的后缘，腿和趾均为橄榄绿色。

◎ 主要分布：欧亚大陆和北美、欧洲南部、中南半岛、非洲、印度、印度尼西亚、中国等地。

眉线为乳黄色或黄白色

背部为褐色

嘴长而直

橄榄绿色的腿

雌雄差异：羽色相似	是否迁徙：迁徙	栖息地：湖泊、河流、水塘、芦苇塘

澳南沙锥

　　澳南沙锥生性胆怯，受到惊吓时一般会蹲伏在地上，飞行快而敏捷，喜欢独自或结成松散的小群觅食，觅食活动多在黄昏和夜间。食物以环节动物、昆虫、昆虫幼虫和甲壳类等动物为主。繁殖期为 4 ~ 8 月，每窝通常产卵 4 枚，卵呈黄色或褐色，梨形。

颊淡黄色

背部为黄褐色

长嘴肉色或橄榄褐色

　　◎ 形态特征：澳南沙锥的长嘴为肉色或橄榄褐色，背部、肩部及翼上覆羽为黄褐色，背部与肩部有 4 条纵形带斑，腰和尾上覆羽呈淡棕色，喉和胸部为淡褐色；下胸和腹部为淡灰色，脚为橄榄灰色或革青色沾黄。

　　◎ 主要分布：日本、澳大利亚、菲律宾、新几内亚、库页岛等地。

雌雄差异：羽色相似	是否迁徙：迁徙	栖息地：低山丘陵、草地、湖泊、农田

海鸥

　　海鸥是最常见的海鸟，多在海边、海港和盛产鱼虾的渔场上。它们低空飞行，食物以软体动物、甲壳类动物和鱼等为主。繁殖期为 4 ~ 8 月，每窝通常产卵 2 ~ 4 枚，卵呈绿色或橄榄褐色，雌雄亲鸟轮流孵卵。

细嘴呈绿黄色

头部呈白色

背部为石板灰色

夏羽

　　◎ 形态特征：海鸥夏羽的头部、颈部为白色，虹膜为黄色，细嘴为绿黄色；背部、肩部均为石板灰色，翅上覆羽也为石板灰色，腰部和尾上覆羽均为纯白色；下体为纯白色，尾呈白色，初级飞羽的羽尖为白色。冬羽和夏羽相似，但在头顶、头侧、枕和后颈有淡褐色的点斑。脚为浅绿黄色。

　　◎ 主要分布：欧洲、亚洲至阿拉斯加、北美洲西部等地。

浅绿黄色或肉色的脚

雌雄差异：羽色相似	是否迁徙：迁徙	栖息地：港口、码头、海湾

科名: 鸥科　体重: 0.21 ~ 0.38 千克　别名: 笑鸥、钓鱼郎、水鸽子

红嘴鸥

夏羽

红嘴鸥喜欢结成群，有时 3 ~ 5 只成群。主要以鱼、虾、水生植物等为食物。繁殖期为 4 ~ 6 月，每窝通常产卵 3 枚，卵呈绿褐色、淡蓝橄榄色或灰褐色，雌雄亲鸟轮流孵卵。

○ 形态特征: 红嘴鸥的嘴呈红色。夏羽头部至颈上部为咖啡褐色，眼后有一道半月形的白斑，颈下部、上背、肩部、尾上覆羽和尾均为白色，下背、腰及翅上覆羽淡灰色，尾羽为黑色。冬羽头部白色，头顶、后头沾灰，下背、肩、腰部均为珠灰色，上背为白色，体上余羽纯白。脚为赤红色。

○ 主要分布: 阿富汗、法国、意大利、日本、印度、菲律宾，东南亚等地。

头部呈咖啡褐色

黑色的尾羽

嘴呈红色

赤红色的脚

雌雄差异: 羽色相似	是否迁徙: 迁徙	栖息地: 河流、湖泊、水库、海湾

科名: 鸥科　体重: 0.4 ~ 0.67 千克　别名: 无

黑尾鸥

黑尾鸥属中型水禽，喜欢结成群活动，它们经常在海面上空飞翔或伴随船只觅食，群集在沿海渔场活动和觅食。主要以鱼类为食物，也吃虾、软体动物和水生昆虫等。繁殖期为 4 ~ 7 月，每窝通常产卵 2 枚，卵呈卵圆形或梨形，雌雄亲鸟轮流孵卵。

○ 形态特征: 黑尾鸥的嘴为黄色，先端为红色。夏羽头部、颈部、腰部和尾上覆羽以及整个下体全为白色，背部和两翅为暗灰色；外侧初级飞羽黑色，从第 3 枚起微具白色先端，内侧初级飞羽为灰黑色；尾基部为白色，端部为黑色；脚为绿黄色。

○ 主要分布: 中国、日本、朝鲜、韩国、越南等地。

嘴呈黄色，先端呈红色

头部为白色

两翅呈暗灰色

白色的胸部

夏羽

绿黄色的脚

雌雄差异: 羽色相似	是否迁徙: 部分迁徙	栖息地: 海岸沙滩、悬岩、草地、湖泊

■ 科名：鸥科　体重：0.32 ~ 0.35 千克　别名：无

细嘴鸥

细嘴鸥一般结成小群活动，有时也会结成大群，飞行时轻快而敏捷。它们在潮间带寻觅食物，食物主要为鱼、昆虫和海洋无脊椎动物等。繁殖期为5 ~ 6月，每窝通常产卵3枚，卵呈白色或乳白色，由雌雄亲鸟轮流进行孵卵。

◎ 形态特征：细嘴鸥夏羽的头、颈部为白色，嘴纤细，呈红色；背部、肩部、翅上覆羽、内侧飞羽均为淡灰色，腰部、尾上覆羽均为白色；下体为白色，下胸以及腹部常常有粉红色，脚为红色。

◎ 主要分布：西伯利亚东北部、印度次大陆、东南亚、菲律宾及澳大利亚等地。

嘴纤细，呈红色

背部为淡灰色

胸部为白色

红色的脚

雌雄差异：羽色相似	是否迁徙：迁徙	栖息地：海岸、岛屿、沙洲、海滩

■ 科名：鸥科　体重：约0.3 千克　别名：白燕鸥

白玄鸥

白玄鸥一般在热带海洋和岛屿上活动，喜欢结群，它们频繁地在海面上空飞翔，飞行时轻快而敏捷。主要以鱼虾等为食物。白玄鸥的繁殖期为5 ~ 9月，每窝通常产卵1枚，卵呈灰白色或粉红灰色，阔卵圆形。

◎ 形态特征：白玄鸥体型较大，黑色的嘴较长，基部较粗，往尖端变细，且微向上翘；虹膜为褐色，眼周有一道窄的黑色眼围，体羽几乎全是白色；翅较长，第一枚初级飞羽最长，尾呈叉状；脚为黑色或淡蓝色。

◎ 主要分布：澳大利亚、巴西、中国、印度、日本、墨西哥、瑙鲁，所罗门群岛等地。

白色的颈部

背部为白色

翅较长

尾呈叉状

雌雄差异：羽色相似	是否迁徙：迁徙	栖息地：海岸、海岛和开阔的海洋

黑浮鸥

黑浮鸥喜欢单独或成小群活动，行走能力较差。主要以水生无脊椎动物和昆虫为食物。繁殖期为 5 ~ 7 月，每窝通常产卵 3 枚，卵呈赭色或暗褐色，雄雌亲鸟轮流孵卵。

◎ 形态特征：黑浮鸥嘴较长而尖，呈黑色。夏羽头部为黑色，背部、肩部为石板灰色；腰和尾部为灰褐色，初级飞羽和次级飞羽向端部渐呈黑色；下体为黑色，尾下覆羽为白色。冬羽头顶和枕部为黑色，上体淡灰褐色，尾灰色；额、颊、喉和后颈的窄环以及下体均为白色。脚为红褐色。

◎ 主要分布：北美洲、欧洲、中美洲、西非，南非等地。

夏羽

嘴长而尖，呈灰黑色

头部为黑色

下背为淡灰色

灰褐色的尾部

红褐色的脚

雌雄差异：羽色相似	是否迁徙：迁徙	栖息地：平原、山地、森林、湖泊

须浮鸥

须浮鸥常成群活动，飞行轻快。食物以小鱼、虾、水生昆虫等水生脊椎动物为主。繁殖期为 5 ~ 7 月，每窝通常产卵 3 枚，卵呈绿色、天蓝色或浅土黄色，梨形，雌雄亲鸟轮流孵卵。

◎ 形态特征：须浮鸥夏羽的嘴为淡紫红色，前额自嘴基沿眼下缘经耳区到后枕的头顶均为黑色，颊、喉和眼下缘的整个颊部呈白色；肩部为灰黑色，背、腰、尾上覆羽和尾部均为鸽灰色；前颈和上胸为暗灰色，下胸、腹部为黑色，尾呈叉状。冬羽前额白色，头顶至后颈黑色。从眼前经眼和耳覆羽到后头，有一半环状黑斑。其余上体灰色，下体白色。脚呈淡紫红色。

◎ 主要分布：中亚、欧洲南部、非洲，俄罗斯、印度尼西亚和澳大利亚等地。

夏羽

嘴为淡紫红色

头顶为黑色

背部呈暗灰色

尾呈叉状

淡紫红色的脚

雌雄差异：羽色相似	是否迁徙：部分迁徙	栖息地：湖泊、水库、河口、海岸

科名：鸥科　　体重：0.11 ~ 0.15 千克　　别名：无

小鸥

　　小鸥喜欢结群活动，多数时候在水面上空飞翔。食物以昆虫、昆虫幼虫、甲壳类和软体动物等无脊椎动物为主。繁殖期为 5 ~ 6 月，每窝通常产卵 2 ~ 3 枚，卵呈卵褐色或橄榄绿色，雄雌亲鸟轮流孵卵。

◎ 形态特征：小鸥的嘴细窄，呈暗红黑色。夏羽头部为黑色，后颈、腰部、尾上覆羽和尾均为白色，背部、肩部、翅上覆羽和飞羽上表面均为淡珠灰色；下体为白色，微缀玫瑰色；冬羽头部白色，头顶至后枕呈暗色，眼后有一块暗色的斑。脚为红色。

◎ 主要分布：西伯利亚、波罗的海，东南欧及北美洲等地。

夏羽

头部呈黑色

嘴细窄，呈暗红黑色

胸部呈白色，微缀玫瑰色

白色的腹部

雌雄差异：羽色相似	是否迁徙：迁徙	栖息地：森林、湖泊、海岸、河流

科名：鸥科　　体重：1.2 ~ 2.7 千克　　别名：无

北极鸥

　　北极鸥飞翔能力强，善于游泳，行走很快；它们喜欢成对或成小群在苔原湖泊、和沿海上空活动。食物以鱼、水生昆虫、甲壳类和软体动物等为主。繁殖期为 5 ~ 8 月，每窝通常产卵 2 ~ 3 枚，卵呈橄榄褐色，雌雄亲鸟轮流孵卵。

◎ 形态特征：北极鸥嘴呈黄色，下嘴前端有橙红色斑。夏羽头部、颈部、腰部和尾部均为白色，肩部、背部和翅上覆羽均为淡灰色；初级飞羽基部为淡灰色，端部为白色；下体为白色。冬羽头、颈部纯白，密布灰褐色的细状纵纹，后颈杂以暗褐色的斑纹，其余和夏羽相似。脚为粉红色。

◎ 主要分布：北冰洋沿岸和岛屿、欧亚大陆和北美洲的北极地区，法国，北美五大湖区和日本沿海。

嘴呈黄色，下嘴前端有橙红色斑

夏羽

头部为白色

背部覆羽呈淡灰色

粉红色的脚

雌雄差异：羽色相似	是否迁徙：迁徙	栖息地：北极苔原、海岸和岛屿

科名：鸥科　　体重：0.78 ～ 1.8 千克　　别名：大海鸥、黑背鸥、黄腿鸥、鱼鹰子

银鸥

　　银鸥喜欢成对或结成小群活动在水面上，或在水面上空飞翔，轻快敏捷，也善于游泳。主要以鱼、鼠类、蜥蜴等动物为食。繁殖期为 4 ～ 7 月，每窝通常产卵 2 ～ 3 枚，卵呈淡绿褐色或蓝色，雌雄亲鸟轮流孵卵。

◎ 形态特征：银鸥的虹膜和嘴均为黄色，下嘴尖端有一道红斑。夏羽头部、颈部均为白色，肩、背部为淡蓝灰色或鼠灰色，肩羽有宽阔的白色端斑；腰部、尾上覆羽和尾均为白色，初级飞羽末端呈黑褐色；下体为白色。冬羽和夏羽相似，但头部和颈部有褐色的纵纹。脚为黄色或淡红色。

◎ 主要分布：欧洲、非洲，印度和美国等地。

嘴呈黄色，下嘴尖端有红斑

背部呈淡蓝灰色或鼠灰色

白色的胸部

夏羽

黄色或淡红色的脚

雌雄差异：羽色相似	是否迁徙：迁徙	栖息地：苔原、河流、湖泊、沼泽

科名：鸥科　　体重：约 1 千克　　别名：无

灰翅鸥

　　灰翅鸥喜欢成对或成小群活动，食性较杂，一般在海面和岩礁上空飞翔，或在海面上游荡，多成群站在悬岩岩石或沙滩上休息。食物以鱼、虾、甲壳类、软体动物等为主。繁殖期为 5 ～ 7 月，每窝通常产卵 3 枚，卵呈橄榄绿色。

◎ 形态特征：灰翅鸥的嘴为黄色，下嘴先端有红斑。夏羽头部、颈部、腰部、尾为白色，肩部、背部和翅上覆羽为鸽灰色，初级飞羽为烟灰色，下体为白色，脚为粉红色。冬羽和夏羽相似，但头部和颈部有淡褐色的纵纹，有时会扩展到上胸部。

◎ 主要分布：西伯利亚北部，堪察加半岛、阿拉斯加和北美洲，日本等地。

头部为白色

背上覆羽呈鸽灰色

嘴为黄色

夏羽

粉红色的脚

雌雄差异：羽色相似	是否迁徙：迁徙	栖息地：海岸、悬岩、海滨沙滩

灰背鸥

　　灰背鸥喜欢结成对或成小群活动，非繁殖期也会集成大群。食物以小鱼、虾、螺等为主。繁殖期为5~7月，每窝通常产卵2~3枚，卵呈橄榄绿色或赭色。灰背鸥在中国主要为冬候鸟，在9~10月飞来中国越冬。

◐ 形态特征：灰背鸥夏羽头颈部为白色，冬羽颈部为灰白色。其嘴为黄色，下嘴先端有红斑。夏羽上体从肩部、背部为灰黑色，初级飞羽为黑色，次侧飞羽有白色的尖端，下体为纯白色，脚为粉红色。

◐ 主要分布：西伯利亚东北部、库页岛、琉球群岛，日本和中国等地。

头部呈白色
黄色的嘴
灰黑色的背部
夏羽
白色的腹部
粉红色的脚

雌雄差异：羽色相似	是否迁徙：迁徙	栖息地：岩石海岸、海滨沙滩、海湾

领燕鸻

非繁殖羽

　　领燕鸻喜欢成群活动，善于奔跑、行走和飞行，在早上和傍晚时最活跃。它们在飞行中觅食，较少在陆地上取食，以蜻蜓、甲虫和蝗虫等各种昆虫为食。繁殖期5~7月，每窝通常产卵2~3枚，卵呈白色或皮黄白色，雌雄亲鸟轮流负责孵卵。

◐ 形态特征：领燕鸻体长25厘米，虹膜为深褐色，嘴较短，为黑色；嘴基为红色；上体为橄榄褐色，颔和喉皮为黄色，边缘有黑色的领圈；下眼睑为白色。繁殖季节翼下颜色较深，腋羽和翼下覆羽为深栗色；叉尾呈白色，有黑色的端带，腿为黑色。

◐ 主要分布：欧洲、非洲、中东至中亚地区等地。

嘴较短，呈黑色
橄榄褐色的头部
背部呈橄榄褐色
黑色的腿

雌雄差异：羽色相似	是否迁徙：迁徙	栖息地：开阔平原、草地、沼泽、湖泊

科名：燕鸻科　　体重：0.05 ~ 0.1千克　　别名：土燕子

普通燕鸻

嘴呈黑色，嘴角为红色

围绕喉部的黑色细线

夏羽

茶褐色的背部

黑褐色的腿

　　普通燕鸻飞行迅速，长时间在河流、湖泊和沼泽等水域上空飞翔，休息时一般在土堆或沙滩上站立。主要以金龟甲、蚱蜢和蝗虫等昆虫为食。繁殖期5 ~ 7月，每窝通常产卵2 ~ 4枚，卵呈黄灰色、土灰色或乳白色。

● 形态特征：普通燕鸻的嘴为黑色，嘴角为红色。夏羽头顶灰褐沾棕色，从眼先经眼下缘，再沿头侧向下，围绕喉部有一条黑色细线；上体为茶褐色，后颈、肩部和背部均为橄榄褐色或棕灰褐色，腰部为白色，颈部、胸部均为黄褐色；黑色的尾呈叉状，腿为黑褐色。

● 主要分布：澳大利亚、中国、印度、日本、新加坡、美国、越南等地。

雌雄差异：羽色相似	是否迁徙：部分迁徙	栖息地：湖泊、河流、水塘、农田

科名：鸻科　　体重：0.06 ~ 0.08千克　　别名：普通环鸻

剑鸻

夏羽

白色的颈圈

嘴呈黑色

灰褐色的背部

白色的胸部

腹部呈白色

　　剑鸻生性机警，不易接近，喜欢单独或结成小群活动，常见3 ~ 5只结成小群。食物以龙虱、步行甲等昆虫和幼虫为主。繁殖期5 ~ 7月，每窝通常产卵3 ~ 4枚，卵呈梨形，雌雄亲鸟共同孵卵。

● 形态特征：剑鸻夏羽的嘴为黑色，有一条白色的条带在额前，有白色的颈圈和完整的黑色胸带，胸带较宽，环绕至颈后；头顶、肩羽、翼上覆羽均为灰褐色，背部至尾上覆羽为灰褐色；尾为黑褐色，胸带以下、腹部、两胁、尾下均为白色，脚为橙黄色。冬羽与夏羽相似，唯有黑色部分转为暗褐色。

● 主要分布：欧亚大陆北部、格陵兰群岛，加拿大等地。

雌雄差异：羽色相似	是否迁徙：迁徙	栖息地：小岛、海岸滩涂、江河、湖泊

环颈鸻

环颈鸻喜欢单独或 3 ~ 5 只结群活动。以昆虫、软体动物为食物，也食植物的种子和叶片。繁殖期为 4 ~ 7 月，每窝通常产卵 2 ~ 4 枚。

◎ 形态特征：环颈鸻的嘴纤细，呈黑色。雄鸟繁殖羽额前和眉纹为白色，头顶前部有黑斑，枕部至后颈呈沙棕色或灰褐色；后颈有白色领圈，背部和肩部均为灰褐色；喉部、胸部和腹部为白色，胸部两侧有黑斑。雌鸟繁殖羽缺少黑色，在雄性是黑色的部分，在雌性则被灰褐色或褐色所取代。雌雄鸟非繁殖羽和雌鸟繁殖羽的一样暗淡，头部缺少黑色和棕色，胸侧的块斑为灰褐色，面积明显缩小。长腿为黄褐色或淡褐色。

◎ 主要分布：欧洲、亚洲、非洲和美洲等地。

雄鸟（繁殖羽）

- 嘴纤细，呈黑色
- 后颈有白色领圈
- 背部为灰褐色
- 腹部呈白色
- 黄褐色或淡褐色的腿

雌雄差异：羽色略有不同	是否迁徙：部分迁徙	栖息地：盐田、岛屿、河滩、湖泊

美洲金鸻

美洲金鸻飞行迅速而敏捷，它们善于疾走，主要食用昆虫、软体动物和甲壳动物等。生活环境一般和湿地有关，繁殖期为 5 ~ 6 月，每窝通常产卵 4 枚，卵呈白色或灰白色，雌雄亲鸟轮流孵卵。

◎ 形态特征：美洲金鸻非繁殖羽的眉纹为白色，嘴为黑色，头、后颈、背至尾上覆羽呈黑褐色，布满金黄色和浅棕白色的斑点；喉、胸部为黄色，下胸部和腹部中央为灰黄色；尾羽有黑褐和淡棕白色相间的横斑。繁殖羽和非繁殖羽相似，但颊、颈、喉至下胸和腹部中央均呈黑色。腿为浅灰黑色。

◎ 主要分布：阿根廷、巴西、加拿大、智利、古巴、墨西哥、秘鲁、美国等地。

- 头部为黑褐色
- 背部布满斑点
- 嘴为黑色
- 浅灰黑色的腿

非繁殖羽

雌雄差异：羽色相似	是否迁徙：迁徙	栖息地：海滨、岛屿、河滩、湖泊

灰斑鸻

非繁殖羽

　　灰斑鸻有极强的飞行能力，生活环境一般与湿地有关，食物以昆虫、小鱼、蟹和其他软体动物为主。繁殖期 5 ~ 8 月，每窝通常产卵 4 枚，雌雄亲鸟共同孵卵。

◎ 形态特征：灰斑鸻非繁殖羽的嘴为黑色，头顶为淡黑褐至黑褐色；后颈呈灰褐色，背、腰呈浅黑褐至黑褐色，尾上覆羽和尾羽呈白色，有黑褐色横斑；两翅覆羽呈黑褐色，下喉、胸部密布浅褐色斑点和纵纹；下胸、腹部为纯白色，尾形短圆，脚为暗灰色。雌雄鸟的繁殖羽两颊、额、喉部和整个下体变为黑色。

◎ 主要分布：澳大利亚、巴西、加拿大、中国、法国、英国等地。

背部为浅黑褐至黑褐色

头顶为淡黑褐至黑褐色

黑色的嘴

暗灰色的脚

雌雄差异：羽色相似	是否迁徙：迁徙	栖息地：海滨、岛屿、河滩、湖泊

距翅麦鸡

　　距翅麦鸡生性胆小，行动谨慎，喜欢独自或结成对活动，也成小群活动，受惊吓时会游泳或是潜水。食物以蝗虫、蛙类、植物种子等为主。繁殖期为 4 ~ 6 月，每窝通常产卵 3 ~ 4 枚，卵呈黄色或暗灰褐色，卵圆形，雌雄亲鸟轮流孵卵。

◎ 形态特征：距翅麦鸡雄鸟的嘴呈黑色，头顶和枕部羽冠为黑色，耳羽呈灰白色，眼先和喉部为黑色；后颈呈灰褐色，翼角有弯曲的黑色距，肩部、背部和翅上覆羽呈砂褐色；尾上覆羽为白色；胸部有浅灰褐色的环带，腹部中央有黑色的块斑，余部均为白色，腿为黑色。

◎ 主要分布：孟加拉国、不丹、柬埔寨、中国、印度、老挝、缅甸、尼泊尔、泰国等地。

头顶为黑色

背部为砂褐色

尾端黑色

黑色的腿

雌雄差异：羽色相似	是否迁徙：不迁徙	栖息地：沼泽、湖畔、农田、旱草地

■ 科名：鸻科　　体重：0.18 ~ 0.28 千克　　别名：田凫

凤头麦鸡

　　凤头麦鸡一般成群活动，善于飞行。它们以蝗虫、蛙类、小型无脊椎动物、植物种子等为食物。繁殖期为 5 ~ 7 月，每窝通常产卵 4 枚，卵呈梨形或尖卵圆形，雌雄亲鸟轮流孵卵。

◌ 形态特征：凤头麦鸡雄鸟夏羽的头顶和枕为黑褐色，头上有黑色反曲的长形羽冠，颈侧混杂有黑斑；背、肩部为暗绿色或辉绿色，尾上覆羽为棕色；胸部有宽阔的黑色横带，下胸部和腹部均为白色，腿为肉红色或暗橙栗色。雌鸟夏羽和雄鸟相似，雌鸟冬羽头部淡黑色或皮黄色，羽冠黑色，颏、喉部为白色，肩和翅覆羽有较宽的皮黄色羽缘，余同夏羽。

◌ 主要分布：阿富汗、中国、法国、德国等地。

黑色反曲的长形羽冠

头顶呈黑褐色

背部呈暗绿色或辉绿色

胸部有宽阔的黑色横带

腿呈肉红色或暗橙栗色

雄鸟（夏羽）

雌雄差异：羽色相似	是否迁徙：部分迁徙	栖息地：湿地、水塘、湖泊、沼泽

■ 科名：鸻科　　体重：0.17 ~ 0.21 千克　　别名：无

肉垂麦鸡

　　肉垂麦鸡属中型涉禽，生性较胆小，见人接近便会立刻飞远，一般结成对或成家族群活动；在晚上活动较多，飞行速度较慢。以螃蟹、小鱼、小型无脊椎动物以及植物种子等为食物。繁殖期为 6 ~ 8 月，每窝通常产卵 4 枚，卵呈橄榄形、灰黄色。

◌ 形态特征：肉垂麦鸡雄鸟的嘴呈红色，有黑端；眼周和眼先肉垂为亮红色，前额至后颈呈黑色；后颈的黑色部分形成半圆形，其后有一个白色领环，下延至胸侧；喉部、胸部均为黑色，肩部、背部、翼覆羽均为铜褐色；尾上覆羽及下体余均为白色，腿为鲜黄色。

◌ 主要分布：西亚、南亚和中国等地。

眼周和眼先肉垂为亮红色

背部覆羽呈铜褐色

嘴呈红色，有黑端

黑色的胸部

鲜黄色的腿

雌雄差异：羽色相似	是否迁徙：不迁徙	栖息地：湿地、水塘、水渠、沼泽

科名：反嘴鹬科　　体重：0.27～0.4千克　　别名：反嘴鸻

反嘴鹬

　　反嘴鹬喜欢单独或成对活动和觅食，栖息时多结成群，经常在水边浅水处活动，边走边啄食，善于游泳。主要以水生昆虫、蠕虫和软体动物等小型无脊椎动物为食物。繁殖期为5～7月，每窝通常产卵4枚，卵呈黄褐色或赭色，雌雄亲鸟轮流孵卵。

◎ 形态特征：反嘴鹬的嘴为黑色，细长而向上翘，头顶和颈上部为绒黑色或黑褐色，形成一个经眼下到后枕，然后弯下后颈的黑色帽状斑；其余颈部、背、腰、尾上覆羽以及整个下体均为白色；腿特别长，为蓝灰色、粉红色或橙色。

◎ 主要分布：欧洲、中东、中亚、非洲，西伯利亚，阿富汗、印度等地。

黑色的嘴向上翘
头顶呈绒黑色或黑褐色
白色的尾
白色的胸部
腿特别长

雌雄差异：羽色相似	是否迁徙：迁徙	栖息地：湖泊、水塘、沼泽、水稻田

科名：反嘴鹬科　　体重：0.14～0.2千克　　别名：红腿娘子、高跷鸻

黑翅长脚鹬

　　黑翅长脚鹬喜欢单独、成对或结成小群活动。食物以软体动物、虾、昆虫以及小鱼和蝌蚪等为主。繁殖期为5～7月，每窝通常产卵4枚，卵呈黄绿色或橄榄褐色，卵圆形。

◎ 形态特征：黑翅长脚鹬雄鸟夏羽的头顶至后颈为黑色；或白色杂以黑色，肩部、背部和翅上覆羽也为黑色；两颊从眼下缘、前颈、颈侧、胸和其余下体均为白色；脚细长，呈血红色。雄鸟冬羽头、颈部均为白色，头顶至后颈有时缀有灰色。雌鸟和雄鸟基本相似，但整个头、颈部均为白色，上背、肩部和三级飞羽为褐色。

◎ 主要分布：欧洲东南部、中亚、非洲、东南亚，塔吉克斯坦等地。

细长的嘴呈黑色
黑色的背部
白色的胸部
翅上覆羽为黑色
脚细长，呈血红色
雄鸟（夏羽）

雌雄差异：羽色略有不同	是否迁徙：迁徙	栖息地：湖泊、浅水塘、沼泽、浅滩

第五章
猛禽

猛禽翅膀较大，擅于飞翔，大多性情凶猛，
处在食物链的顶端。
猛禽中的猫头鹰在中国被认为不吉利，
在日本则被视作福鸟，
而在希腊，猫头鹰是智慧的象征。
大部分的猛禽会自己做窝，
个别种类会强占别的鸟类的窝，
如喜鹊的窝就常常被阿穆尔隼强行占有。
由于猛禽体态矫健，威猛而庄严，
在中国传统诗歌和书画中经常出现，
是进取和雄心壮志等的象征。

红隼

　　红隼是比利时的国鸟，喜欢单独或结成对活动，飞行速度快，喜欢逆风飞翔，能够快速振翅在空中停留，主要以大型昆虫、鸟类和小哺乳动物为食物。繁殖期为 5 ~ 7 月，每窝通常产卵 4 ~ 5 枚，主要由雌鸟负责孵卵。

◑ 形态特征：红隼雄鸟的头顶、头侧以及后颈均为蓝灰色，有黑色的羽干纹，前额呈棕白色，颏、喉部为乳白色或棕白色，胸部和腹部为棕黄色或乳黄色，背部、肩部和翅上覆羽均呈砖红色，缀有黑色的斑点，腰部和尾上覆羽为蓝灰色，尾呈蓝灰色，脚为深黄色。雌鸟头和后颈均为淡褐色，背、肩和翅上羽毛比雄鸟略暗淡。

◑ 主要分布：非洲、印度、中国、东南亚等地。

雄鸟

头顶呈蓝灰色

肩部呈砖红色，有黑色斑点

蓝灰色的尾

雌雄差异：羽色略有不同	是否迁徙：部分迁徙	栖息地：森林、苔原、丘陵、草原

灰背隼

　　灰背隼属体型小的猛禽，喜欢独自活动。它们叫声尖锐，多在低空飞行，经常追捕鸽子，发现猎物后会立刻冲下来捕捉。食物主要以昆虫和鼠类等小型动物为主。繁殖期为 5 ~ 7 月份，每窝通常产卵 3 ~ 4 枚，卵呈砖红色，由雌雄亲鸟轮流孵卵。

◑ 形态特征：灰背隼的前额、眉纹和头侧呈污白色；雄鸟的嘴为铅蓝灰色，尖端为黑色，蓝灰色的后颈有一个缀有黑斑的棕褐色领圈；上体为淡蓝灰色，有黑色的羽轴纹；颊部和喉部均为白色，其余的下体呈淡棕色，尾羽上有黑色和白色的端斑，脚和趾为橙黄色。

◑ 主要分布：阿富汗、奥地利、比利时、巴西、中国、丹麦、法国，巴哈马群岛等地。

雄鸟

嘴呈铅蓝灰色

背部有黑色的羽轴纹

橙黄色的脚

雌雄差异：羽色相似	是否迁徙：迁徙	栖息地：丘陵、平原、山岩、海岸

游隼

　　游隼属中型猛禽，性情凶猛，叫声尖锐，是阿联酋和安哥拉的国鸟。它们一般独自活动，飞行速度快，喜欢翱翔在天空中，食物以野鸭、鸠鸽类、鸥类和鸡类等鸟类为主。繁殖期为4～6月，每窝通常产卵2～4枚，卵呈红褐色，雌雄亲鸟轮流进行孵卵。

◎ 形态特征：游隼的眼周为黄色，嘴为铅蓝灰色，颊部有一块向下的黑色髭纹，头部到后颈呈灰黑色；其余上体为蓝灰色，下体为白色；上胸部有黑色的细斑点，下胸部至尾下覆羽缀有黑色的横斑；翅膀长而尖，尾部有黑色的横带，脚和趾均为橙黄色。

◎ 主要分布：几乎遍布世界各地。

颊部有1块黑色髭纹
嘴呈铅蓝灰色
背部呈蓝灰色
上胸部有黑色细斑点
橙黄色的脚

雌雄差异：羽色相似	是否迁徙：部分迁徙	栖息地：山地、丘陵、半荒漠、沼泽

燕隼

　　燕隼属小型猛禽，一般独自或结成对活动，飞行速度快如闪电；喜欢在高大的树上或电线杆上停留、休息，黄昏时捕食活动最多。食物以麻雀、山雀、蜻蜓、蟋蟀等为主。繁殖期为5～7月，每窝通常产卵2～4枚，卵呈白色，孵卵由亲鸟轮流进行，但以雌鸟为主。

◎ 形态特征：燕隼的嘴为蓝灰色，上体为暗蓝灰色，有一个白色的细眉纹；颊部有一个向下的黑色髭纹，颈侧、喉部、胸部以及腹部均为白色，胸部和腹部有黑色的纵纹；下腹部到尾下覆羽为棕栗色，尾羽为灰色或石板褐色，脚和趾均为黄色。

◎ 主要分布：欧洲、非洲西北部、俄罗斯、中国、美国等地。

白色的喉部
胸部有黑色纵纹
下腹部为棕栗色
黄色的脚

雌雄差异：羽色相似	是否迁徙：迁徙	栖息地：开阔平原、旷野、耕地、海岸

矛隼

　　矛隼是冰岛的国鸟，比较凶猛，翅膀强而有力，善于快速飞行和翱翔，不仅能猎取飞行的鸟类，还能捉住奔跑的兽类。食物以野鸭、雷鸟、海鸥、松鸡等各种鸟类为主。繁殖期为5～7月，每窝通常产卵3～4枚，卵呈褐色或赭色，多由雌鸟负责孵卵。

◐ 形态特征：矛隼有暗色、灰色、白色三种类型。暗色型矛隼头部为白色，头顶有暗色的纵纹，嘴呈铅灰色；上体为灰褐色到暗石板褐色，缀有白色的横斑和斑点；白色的下体缀有暗色的横斑，脚为暗黄褐色。

◐ 主要分布：北美、北欧，包括加拿大、格陵兰、冰岛、美国等地。

头部为白色

嘴为铅灰色

暗色型

胸部有暗色横斑

白色的腹部

暗黄褐色的脚

雌雄差异：羽色相似	是否迁徙：部分迁徙	栖息地：岩石山地、沿海岛屿、河谷

猎隼

　　猎隼容易驯养，经过驯养后的猎隼是猎人的好帮手，深受蒙古人民的喜爱，是蒙古的国鸟。猎隼的食物以中小型鸟类、鼠类和野兔等动物为主。繁殖期为4～6月，每窝通常产卵3～5枚，卵呈赭黄色或红褐色，雌雄亲鸟轮流孵卵。

◐ 形态特征：猎隼的头顶呈浅褐色，嘴呈灰色，眼下方有黑色线条，眉纹和颊部呈白色；背部、肩部和腰部均为暗褐色，缀有砖红色的斑点和横斑；下体偏白色，翼下大覆羽有黑色的细纹；尾部缀有砖红色的横斑，脚为浅黄色。

◐ 主要分布：中欧、北非、印度北部、中亚至蒙古、中国等地。

头顶呈浅褐色

肩部呈暗褐色

灰色的嘴

胸部偏白色

浅黄色的脚

雌雄差异：羽色相似	是否迁徙：迁徙	栖息地：草原、丘陵、河谷、沙漠

科名：隼科　　体重：0.12 ~ 0.19 千克　　别名：青鹰、青燕子、黑花鹞、红腿鹞子

红脚隼

　　红脚隼属小型猛禽，飞行能力很强，飞翔时两翅扇动很快，是迁徙旅程最远的猛禽，喜欢独自在白天活动。食物以蝗虫、蚱蜢、蟋蟀等昆虫为主。繁殖期为 5 ~ 7 月，每窝通常产卵 4 ~ 5 枚，卵呈椭圆形、白色，雌雄亲鸟轮流孵卵。

◎ 形态特征：红脚隼虹膜为褐色，雄鸟的上体大部分为石板黑色，嘴为灰色，喉部、颈部、胸部和腹部均为淡石板灰色，胸部有黑褐色的羽干纹，尾下覆羽和覆腿羽均为棕红色，脚为橙红色。雌鸟背部及翅羽为石板灰色，有黑褐色羽干纹；颔与喉部呈乳白色；其余下体棕白色。

◎ 主要分布：安哥拉、中国、印度、蒙古、俄罗斯、索马里、南非、泰国、越南等地。

头部为石板黑色

石板黑色的背部

橙红色的脚

雄鸟

雌雄差异：羽色不同	是否迁徙：迁徙	栖息地：低山疏林、林缘、沼泽、河流

科名：隼科　　体重：0.12 ~ 0.23 千克　　别名：黄脚鹰

黄爪隼

　　黄爪隼属小型猛禽，性情活跃，生性大胆，喜欢成对或集群活动，经常在空中滑翔，叫声比较尖锐。黄爪隼以甲虫、蝗虫等昆虫为食。繁殖期为 5 ~ 7 月，通常每窝产卵 4 ~ 5 枚，卵呈白色或浅黄色，由雄鸟和雌鸟轮流孵卵。

◎ 形态特征：黄爪隼雄鸟的前额为棕黄色，嘴为蓝灰色，头顶、后颈和颈侧均为淡蓝灰色，耳羽有棕黄色羽干纹，喉部呈粉红白色或皮黄色；背部和肩部呈砖红色或棕黄色，下体为淡棕色；淡蓝灰色的尾部缀有黑色次端斑和白色端斑，脚趾呈淡黄色。雌鸟前额污白色，头、颈、肩、背等处羽毛淡栗色，下体棕白色。

◎ 主要分布：阿富汗、中国、埃及、法国、印度、俄罗斯、南非、阿联酋、美国等地。

头顶为淡蓝灰色

砖红色或棕黄色的肩部

嘴呈蓝灰色

淡黄色的脚趾

雄鸟

淡蓝灰色的尾部

雌雄差异：羽色不同	是否迁徙：迁徙	栖息地：旷野、荒漠草地、河谷、丛林

苍鹰

雄鸟

黑褐色的头顶

腹部密布灰褐和白色相间的横纹

黄色的脚

　　苍鹰生性机警，视觉敏锐，叫声比较尖锐，飞行快速灵活。白天它们喜欢独自活动，翱翔在空中时两翅伸直，一般隐藏在森林的树枝间搜寻猎物。食物以森林鼠类、雉类、野兔和其他小型鸟类为主。每窝通常产卵 3 ~ 4 枚，卵呈椭圆形，雌鸟负责孵卵。

● 形态特征：苍鹰的头顶、枕部和头侧均为黑褐色，白色眉纹杂有黑纹，虹膜为金黄或黄色；背部呈棕黑色，胸部以下密布有灰褐色和白色相间的横纹；灰褐色的方形尾有 4 条黑色的横斑，尾下覆羽为白色；脚和趾为黄色。雌鸟羽色与雄鸟相似，但较暗，体型较大。

● 主要分布：北半球温带森林及寒带森林。

雌雄差异：羽色相似	是否迁徙：迁徙	栖息地：针叶林、混交林、阔叶林

褐耳鹰

头部呈灰白色

嘴呈石板蓝色

腹部有棕色和白色的细横纹

脚为黄色

　　褐耳鹰视觉敏锐，一般白天活动，常独自低空飞行，发现地面的猎物后马上冲下去捕食，食物以小鸟、蛙类、鼠类和直翅目昆虫等为主。繁殖期为 5 ~ 7 月，每窝通常产卵 3 ~ 4 枚，卵呈椭圆形或近圆形、蓝白色，雌鸟负责孵卵。

● 形态特征：褐耳鹰雄鸟头部为灰白色，虹膜呈金黄色；嘴为石板蓝色，嘴角为黄色；上体为浅蓝灰色，后颈有一条红褐色的领圈，胸部和腹部有棕色和白色的细横纹；有四枚淡灰色的中央尾羽，脚和趾均为黄色，爪为黑色。雌鸟与雄鸟相似，唯背羽呈褐色，喉部灰色更深更浓。

● 主要分布：非洲至印度，中国南方和东南亚等地。

雌雄差异：羽色相似	是否迁徙：部分迁徙	栖息地：森林、农田、草地、稀树草场

科名：鹰科　　体重：0.12 ~ 0.3千克　　别名：无

白眼鵟鹰

　　白眼鵟鹰生性机警，视觉敏锐，喜欢单独活动，它们飞行时一般紧贴地面，很少翱翔和滑翔。食物以小蛇、蛙、鼠等为主。繁殖期为3 ~ 6月，每窝通常产卵2 ~ 3枚，卵呈白色或淡蓝白色，由雌鸟负责孵卵。

◎ 形态特征：白眼鵟鹰的眼后纹为白色，后颈也为白色；暗褐色的背部有黑色的羽轴纹，翅上覆羽缀有白色斑点和横斑，喉部为白色；其余下体均为褐色，尾羽为棕褐色或棕色，方尾；腿较长，为橙黄色。

◎ 主要分布：孟加拉国、中国、印度、伊朗等地。

眼后纹为白色

白色的后颈

翅上覆羽有白色斑点和横斑

背部呈暗褐色

腿较长，呈橙黄色

| 雌雄差异：羽色相似 | 是否迁徙：不迁徙 | 栖息地：山脚平原、林缘灌丛、原野 |

科名：鹰科　　体重：不详　　别名：灰鹞子

黑翅鸢

　　黑翅鸢属小型猛禽，喜欢在空中翱翔，多在白天单独活动，在大树树梢或电线杆上停息，有小鸟和昆虫飞过时，会冲过去扑食。食物以鼠类、小鸟、野兔、昆虫等为主。每窝通常产卵3 ~ 5枚，卵呈卵圆形的白色或淡黄色，雌雄亲鸟轮流孵卵。

◎ 形态特征：黑翅鸢体长约33厘米，眼周有黑斑点，前额为白色，到头顶逐渐变为灰色；虹膜呈血红色，嘴呈黑色；后颈、背部、肩部和腰部，一直到尾上覆羽均为蓝灰色；整个下体和翅下覆羽均为白色；尾较短，中间稍凹，呈浅叉状；脚和趾为深黄色，爪为黑色。

◎ 主要分布：中国、摩洛哥、埃及、阿富汗、印度、越南、缅甸、印度尼西亚、菲律宾等地。

血红色的虹膜

尾较短，呈浅叉状

白色的前额

胸部为白色

| 雌雄差异：羽色相似 | 是否迁徙：部分迁徙 | 栖息地：原野、农田、疏林和草原 |

黑鸢

黑鸢属中型猛禽，生性机警，人难以接近。一般在白天活动，飞行快而有力；喜欢单独在高空飞翔，秋季会结成2 ~ 3只的小群。主要以小鸟、鼠类、蛙、鱼等动物性食物为食物。繁殖期4 ~ 7月，每窝通常产卵2 ~ 3枚，卵呈污白色，雌雄亲鸟轮流孵卵。

○ 形态特征：黑鸢的头顶到后颈为棕褐色，有黑褐色的羽干纹；嘴为黑色，下嘴基部为黄绿色；上体为暗褐色，下体颊和喉部均为灰白色，有暗褐色的羽干纹；胸部、腹部和两肋均为暗棕褐色，棕褐色的尾缀有相间排列的黑色和褐色横带；脚为黄色或黄绿色。

○ 主要分布：欧亚大陆、非洲，印度到澳大利亚等地。

头顶呈棕褐色

黑色的嘴

喉部有暗褐色羽干纹

腹部为棕褐色

黄色或黄绿色的脚

雌雄差异：羽色相似	是否迁徙：迁徙	栖息地：开阔平原、草地、荒原

栗鸢

栗鸢的视力敏锐，喜欢在白天独自活动，在高而突出的地方栖息；除繁殖期是结成对和成家族群外，常单独在湖滨和河岸上空长时间翱翔和滑翔。食物以蟹、鱼、蛙等为主。繁殖期为4 ~ 7月，每窝通常产卵2 ~ 3枚，卵呈白色或淡蓝色，主要由雌鸟负责孵卵。

○ 形态特征：栗鸢的嘴为淡蓝绿色或淡柠檬色，基部为蓝色；头部、颈部、胸部和上背部均为白色，其余体羽和翅膀均为栗色；初级飞羽为黑色，尾羽呈圆形，脚和趾为暗黄色、黄灰色或黄绿色。

○ 主要分布：印度、缅甸、印度尼西亚、菲律宾及澳大利亚、巴布亚新几内亚，所罗门群岛等地。

白色的头部

胸部白色

肩部为栗色

暗黄色或黄绿色的脚

雌雄差异：羽色相似	是否迁徙：部分迁徙	栖息地：江河、湖泊、水塘、沼泽

■ 科名：鹰科　　体重：约 6 千克　　别名：无

兀鹫

嘴端有钩

颈基部有近白色的翎颌

兀鹫是大型的鹫类，是目前世界上飞得第二高的鸟。它们视力非常好，叫声粗哑，能够在天空飞行数小时，并仔细地搜寻地面的动物尸体，在空中不停地盘旋，或在树枝上休息。它们能凭借着良好的嗅觉来找寻动物的尸体，经常为一块肉而不停争抢。

○ 形态特征：兀鹫的嘴端有钩，颈的基部有松软的翎颌，近白色；头部和颈部均为黄白色，羽毛较少或全秃；亚成鸟有褐色的翎颌。兀鹫与秃鹫的不同是下体为浅色，尾部呈平形或圆形，脚为暗淡绿黄色。

○ 主要分布：南欧、北非、中亚、阿富汗、巴基斯坦、印度北部等地。

暗淡绿黄色的脚

雌雄差异：羽色相似	是否迁徙：部分迁徙	栖息地：开阔多岩的高山

■ 科名：鹰科　　体重：5.7 ~ 9 千克　　别名：狗头鹫、天勒、狗头雕、座山雕

秃鹫

头裸出，被有黑褐色的绒羽

嘴带钩，嘴端呈黑褐色

颈基部被有皱翎

秃鹫是高原上体型最大的猛禽，一般独自活动，或结成小群，白天常在高空翱翔和滑翔，或低空飞行，喜欢在开阔的山地和平原上空飞行，寻找动物的尸体。休息时多站在突出的岩石上或树顶的枯枝上，食物以大型动物的尸体和其他腐烂动物为主。

○ 形态特征：秃鹫头部裸出，被有黑褐色绒羽，嘴带钩，嘴端为黑褐色，颈基部被有黑色或淡褐白色的皱翎，上体从背到尾上覆羽为暗褐色，暗褐色的尾略呈楔形，下体呈暗褐色，前胸被有黑褐色的绒羽，两侧各有一束矛状的长羽，腹部缀有淡色纵纹，脚趾呈灰色。

○ 主要分布：非洲西北部、欧洲南部、西班牙、法国、伊朗、阿富汗、印度、蒙古、阿尔泰等地。

前胸有黑褐色的绒羽

脚趾呈灰色

雌雄差异：羽色相似	是否迁徙：部分迁徙	栖息地：丘陵、荒岩草地、山谷溪流

胡兀鹫

胡兀鹫生性孤独，一般会独自活动，不和别的猛禽合群。它们喜欢在山顶或山坡上空缓慢飞行和翱翔，头向下低垂，盯住地面寻找动物的尸体。食物以大型动物的尸体为主，尤其喜欢新鲜的动物尸体和骨头。胡兀鹫一般不和其他猛禽抢夺食物，它们等猎物被吃完后，才去捡吃剩下的残肉和骨头。它们有时会结成对生活，有时会两只雄鸟和一只雌鸟一起生活。繁殖期为 2 ~ 5 月，每窝通常产卵 2 枚，卵呈钝卵圆形。

⊃ 形态特征：胡兀鹫雄鸟全身的羽毛多为黑褐色，头部呈灰白色，黑色的贯眼纹和颏部的黑色须状羽相连；嘴角呈褐色，尖端为黑色；后头、颈部和上腹部均呈红褐色，后头和前胸上有黑色的斑点；下体为橙皮黄色到黄褐色，胸部为橙黄色，有时下体为白色或乳白色，缀有棕色或红褐色；脚为铅灰色。

⊃ 主要分布：亚洲、欧洲和非洲等地。

颈部呈红褐色

铅灰色的脚

颏部有黑色的
须状羽

背部呈黑褐色

灰白色的头部

黑褐色的肩部

胸部为
橙黄色

雌雄差异：羽色相似	是否迁徙：部分迁徙	栖息地：草原、冻原、高地、裸岩

■ 科名：鹰科　　体重：8～12千克　　别名：黄秃鹫

高山兀鹫

　　高山兀鹫属大型的猛禽，能飞越珠穆朗玛峰，是世界上飞得最高的鸟类之一。它们喜欢独自或结成十几只的小群飞行，经常聚集在"天葬台"附近，等待啄食尸体。食物以尸体、病弱的大型动物等为主。繁殖期为2～5月，每窝通常产卵1枚，卵呈白色或淡绿白色。

● 形态特征：高山兀鹫的嘴角呈绿色或暗黄色，头部和颈部裸露，被有绒羽；颈基部长的羽簇为淡皮黄色或黄褐色，呈披针形；上体和翅上覆羽为淡黄褐色，下体呈淡白色或淡皮黄褐色；飞羽为黑色，脚和趾呈绿灰色或白色。

● 主要分布：阿富汗、中国、印度、马来西亚、蒙古、尼泊尔、巴基斯坦、泰国等地。

披针形的羽簇

头和颈部裸露

嘴角呈绿色或暗黄色

飞羽为黑色

雌雄差异：羽色相似	是否迁徙：不迁徙	栖息地：高山、岩石、高原草地

■ 科名：鹰科　　体重：1.1～4千克　　别名：御雕

白肩雕

　　白肩雕属大型猛禽，一喜欢独自活动，滑翔时两翅伸得平直，或长时间停在树上或岩石上。食物以野兔、斑鸡、雉鸡等哺乳动物和鸟类为主。繁殖期为4～6月，每窝通常产卵2～3枚，卵呈白色，雌雄亲鸟轮流孵卵。

● 形态特征：白肩雕的嘴为黑褐色，头顶呈黑褐色，头顶后部、枕部和后颈均为棕褐色，后颈缀有黑褐色的羽干纹；上体到背部、腰部和尾上覆羽均为黑褐色，肩羽呈纯白色，下体从喉部、胸部、腹部、两胁到覆腿羽均为黑褐色；灰褐色的尾羽缀有横斑和斑纹，尾下覆羽为淡黄褐色；脚趾为黄色。

● 主要分布：西北非洲和南欧、东欧及伊朗、印度和中国等地。

黑褐色的嘴

背部呈黑褐色

黄色的脚趾

黑褐色的尾羽

雌雄差异：羽色相似	是否迁徙：迁徙	栖息地：山地森林、草原、丘陵、河流

短趾雕

短趾雕喜欢独自活动，一般在空中翱翔和
滑翔，滑翔时翅膀平伸，它们飞行时发现猎物，
便突然降落下来去捕捉。食物以蛇类为主，其
次有蜥蜴类、蛙类以及小型鸟类等。在树上筑巢，
繁殖期为 4 ～ 6 月，每窝通常产卵 1 枚，卵呈
白色，主要由雌鸟孵卵。

● 形态特征：短趾雕的虹膜为黄色，嘴为黑色，
蜡膜为灰色；上体呈灰褐色，下体呈白色，而
且缀有深色的纵纹；喉部和胸部为褐色，腹部
有不明显的横斑；尾羽较长，上面有不明
显的宽阔横斑，脚为偏绿色。

● 主要分布：欧洲南部、中部和亚洲中部、
东部，蒙古、印度等地。

嘴呈黑色

背部为灰褐色

尾羽较长

雌雄差异：羽色相似	是否迁徙：迁徙	栖息地：稀疏树区、海岸、沙丘、山坡

白尾海雕

白尾海雕是大型猛禽，为波兰的国鸟。在
白天活动，喜欢单独或结成对在湖面和海面上
空飞翔，冬季有时也有 3 ～ 5 只的小群。
主要以鱼类为食，也吃野鸭、大雁、鼠类等。
繁殖期为 4 ～ 6 月，每窝通常产卵 2 枚，
卵呈白色，雌雄亲鸟轮流孵卵。

● 形态特征：白尾海雕的嘴呈黄色，后
颈和胸部羽毛较长，呈披针形，头、颈部为沙
褐色或淡黄褐色，背部以下上体为暗褐色，腰
和尾上覆羽呈暗棕褐色，有暗褐色羽轴纹和斑
纹；尾羽呈楔形，为纯白色；颏、喉部为淡黄
褐色，尾下覆羽呈淡棕色，有褐色斑；脚和趾
呈黄色。

● 主要分布：欧亚大陆北部和格陵兰岛等地。

后颈羽毛呈披针形

头部呈沙褐色
或淡黄褐色

嘴呈黄色

黄色的脚

尾羽呈楔形

雌雄差异：羽色相似	是否迁徙：迁徙	栖息地：湖泊、河流、海岸、岛屿

■ 科名：鹰科　　体重：3～5千克　　别名：白腹雕、白尾雕

白腹海雕

　　白腹海雕属大型猛禽，喜欢单独或成对沿海岸低空飞行，翱翔或滑翔时两翅成"V"字形，多在白天活动和觅食。食物以鱼类、海龟和海蛇等水生动物为主。每窝通常产卵2～3枚，卵呈卵圆形、白色，雌雄亲鸟轮流孵卵。

◐ 形态特征：白腹海雕体长为70～85厘米。其上嘴为红灰色，下嘴为蓝灰色；头部和颈部均为白色，背部、肩部和翼覆羽均为黑灰色，腹部为白色；两翼宽长，飞羽为黑褐色；褐色的尾羽呈楔形，脚为黄色。

◐ 主要分布：印度、亚洲南部，澳大利亚海岸、中国东南沿海等地。

头部呈白色

黑灰色的背部

白色的颈部

脚为黄色

雌雄差异：羽色相似	是否迁徙：不迁徙	栖息地：海岸及河口地区

■ 科名：鹰科　　体重：约5千克　　别名：虎头雕、海雕、羌鹫

虎头海雕

　　虎头海雕飞行速度慢，冬季会结成群活动，时常滑翔、盘旋在天空中。它们行动机警，叫声深沉而嘶哑。主要以大马哈鱼、鲑鱼等鱼类为食物，有时也会捕猎鸟类和哺乳动物。虎头海雕为一夫一妻制，繁殖期为4～6月，每窝通常产卵1～3枚，卵呈白色。

◐ 形态特征：虎头海雕的前额为白色，虹膜为黄色；暗褐色的头部有灰褐色的纵纹，似虎斑；黄色的鸟喙特大，体羽主要为暗褐色，肩部、腰部、尾上覆羽和尾下覆羽均为白色；尾羽呈楔形，为白色，共有14枚；脚、趾均为黄色，爪为黑色。

◐ 主要分布：中国、日本、朝鲜、韩国和俄罗斯等地。

头部为暗褐色，有灰褐色的纵纹

鸟喙特大，呈黄色

胸部呈暗褐色

暗褐色的腹部

脚趾呈黄色

雌雄差异：羽色相似	是否迁徙：迁徙	栖息地：海岸及河谷地带

蛇雕

　　蛇雕多单独或成对活动，在深山高大密林中栖居，喜欢在林地及林缘活动，在高空盘旋飞翔，发出似啸声的鸣叫。以蛇、蛙、蜥蜴等为食物。繁殖期4～6月，每窝通常产卵1枚，卵呈白色。

◎ 形态特征：蛇雕的枕部有黑色杂白的圆形羽冠，嘴为蓝灰色；上体呈暗褐色，下体呈土黄色；喉部有细的暗褐色横纹，腹部有黑白两色的虫眼斑；暗褐色的飞羽羽端有白色的羽缘，黑色的尾部中间有一条淡褐色带斑；脚趾为黄色，爪为黑色。

◎ 主要分布：泰国、缅甸、印度、巴基斯坦、印度尼西亚和中国等地。

头顶有黑色杂白的圆形羽冠

背部呈暗褐色

腹部有黑白两色的虫眼斑

雌雄差异：羽色相似	是否迁徙：部分迁徙	栖息地：山地森林及其林缘开阔地带

草原雕

　　草原雕属大型猛禽，多在白天活动，它在滑翔时两翅平伸，略微向上抬起。飞翔时遇见猎获物便猛扑下去抓获猎物。主要以黄鼠、野兔、旱獭、蛇和鸟类等小型脊椎动物为食。繁殖期为5～7月，每窝通常产卵1～3枚，由雌鸟负责孵卵。

◎ 形态特征：草原雕体长为71～82厘米，嘴为黑褐色，头小而突出，头顶较暗浓；上体为土褐色，下体为暗土褐色；胸部、上腹部和两胁缀有棕色的纵纹，黑褐色的飞羽缀有较暗的横斑；尾下覆羽为淡棕色，杂有褐色的斑，脚趾为黄色。

◎ 主要分布：欧洲东部、非洲、亚洲中部，印度、缅甸、越南等地。

飞羽为黑褐色

嘴呈黑褐色

背部为土褐色

黄色的脚趾

雌雄差异：羽色相似	是否迁徙：迁徙	栖息地：开阔平原、草地、荒漠

金雕

头顶呈黑褐色

后颈羽端为金黄色

背部为暗褐色

黑褐色的腹部

脚趾呈黄色

金雕属大型猛禽，喜欢单独或成对活动，冬天有时结成小群体。它们善于翱翔和滑翔，一般在多山或丘陵地区生活。食物主要以雁鸭类、雉鸡类、松鼠、野兔等为主。每窝通常产卵两枚，卵呈肮白色或青灰白色，卵圆形，雌雄亲鸟轮流孵卵。

● 形态特征：金雕的头顶为黑褐色，后头至后颈的羽毛尖长，呈柳叶状，羽端呈金黄色；上体为暗褐色，肩部颜色较淡，下体喉部和前颈均为黑褐色；胸部和腹部均为黑褐色，尾羽缀有暗灰褐色的横斑或斑纹和黑褐色的端斑；翅上覆羽为暗赤褐色，脚趾为黄色。

● 主要分布：北半球温带、亚寒带、寒带地区。

雌雄差异：羽色相似	是否迁徙：部分迁徙	栖息地：高山草原、荒漠、河谷、森林

乌雕

暗褐色的头顶

胸部为黑褐色

暗褐色的腹部

脚趾为黄色

乌雕喜欢独自活动，经常长时间在树梢上站立，多在飞翔中或伏在地面捕食，有时在林缘和森林上空盘旋。食物主要为鱼、蛙、鼠等动物，也吃金龟子和蝗虫等。乌雕的繁殖期为5～7月，每窝通常产卵1～3枚，卵呈白色，由雌鸟负责孵卵。

● 形态特征：乌雕体长为61～74厘米。嘴为黑色，鼻孔为圆形，全身羽毛为暗褐色；背部略微缀有紫色的光泽，颈部、喉部和胸部为黑褐色，其余下体稍淡；尾羽短且圆，基部有一个"V"字形白斑和白色的端斑；脚趾为黄色，爪为黑褐色。

● 主要分布：欧洲东部、非洲东北部、亚洲大部分地区。

雌雄差异：羽色相似	是否迁徙：不迁徙	栖息地：平原草地及湿地附近的林地

■ 科名：鹰科　　体重：不详　　别名：鱼雕

渔雕

　　渔雕的叫声很响亮，喜欢在山地森林中的河流和溪流岸边活动，捕食时从空中猛扑入水中将猎物抓起，也能潜入水中去猎捕。食物以鱼类为主，也吃蜥蜴和蛙类等小动物。繁殖期为 3 ~ 6 月，每窝通常产卵 2 ~ 3 枚。

● 形态特征：渔雕的嘴为暗褐色，基部为铅蓝色；头部和颈部为灰色，腹部为白色，其余部位均为灰褐色；圆形的尾羽缀有黑色的端斑，中央尾羽呈暗褐色，先端色彩较淡，且缀有宽斑；脚和趾呈淡黄色或淡灰白色，爪为黑色。

● 主要分布：中国、印度、缅甸、越南、泰国、马来西亚、印度尼西亚和菲律宾等地。

嘴呈暗褐色

颈部为灰色

灰褐色的肩部

腹部呈白色

| 雌雄差异：羽色相似 | 是否迁徙：迁徙 | 栖息地：河流或海岸的森林地区 |

■ 科名：鹰科　　体重：0.65 ~ 1.1 千克　　别名：雪白豹、毛足鵟

毛脚鵟

　　毛脚鵟善于飞行，叫声强而有力，喜欢在原野和农田上空飞翔盘旋，捕猎食物，有时在地上或电线杆上等待猎物。食物以田鼠等小型啮齿类动物和小型鸟类为主。繁殖期为 5 ~ 8 月，每窝通常产卵 3 ~ 4 枚，主要由雌鸟负责孵卵。

● 形态特征：毛脚鵟头部的颜色深，虹膜为黄褐色，嘴呈深灰色；颊部有黑褐色的羽干纹，喉部和胸部为黄褐色，有大块的轴斑；上体呈暗褐色，下背和肩部常缀近白色的不规则横带；腹部为暗褐色，下体其余部分为白色；尾羽洁白，脚为黄色。

● 主要分布：全世界范围内均有分布。

深灰色的嘴

背部呈暗褐色

暗褐色的腹部

黄色的脚

| 雌雄差异：羽色相似 | 是否迁徙：迁徙 | 栖息地：针、阔混交林和原野、耕地 |

棕尾鵟

棕尾鵟喜欢独自活动，在岩石、土丘上等待或寻找猎物，或在空中翱翔和盘旋，飞行时，翅膀上举呈"V"形。主要以野兔、蛇、蛙、雉鸡和其他鸟类等为食。繁殖期为4～7月份，每窝通常产卵3～5枚，卵呈白色或皮黄白色，雌雄亲鸟共同孵卵。

⊙ 形态特征：棕尾鵟的嘴为黑色或石板褐色，下嘴的基部为黄色；头部和颈部呈棕褐色，上体余部近褐色，喉部和胸部主要为皮黄白色；下腹部为淡棕白色，尾羽为淡棕白色，尾尖有暗褐色的次端斑；脚呈黄色或柠檬黄色。

⊙ 主要分布：希腊、伊拉克、伊朗、巴基斯坦、阿富汗、印度和中国等地。

头部呈棕褐色
嘴呈黑色或石板褐色
背部近褐色
黄色或柠檬黄色的脚

雌雄差异：羽色相似	是否迁徙：迁徙	栖息地：荒漠、半荒漠、草原、平原

普通鵟

普通鵟生性机警，喜欢在白天独自活动，有时也会2～4只在空中盘旋，善于飞行，大部分时间都在空中盘旋和滑翔。食物以森林鼠类为主。繁殖期为5～7月，每窝通常产卵2～3枚，卵呈青白色，雌雄亲鸟共同孵卵。

⊙ 形态特征：普通鵟有淡色型、棕色型和暗色型共三种色型。淡色型普通鵟的嘴为灰色，上体多呈灰褐色，头部有暗的羽缘，翅上覆羽常为浅黑褐色，下体呈乳黄白色，颏和喉部有淡褐色纵纹，胸部和两胁有粗的棕褐色横斑和纵纹，腹部近乳白色，或有淡褐色斑纹，脚为黄色。

⊙ 主要分布：欧亚大陆，往东到朝鲜和日本等地。

淡色型

灰褐色的头部
嘴为灰色
胸部有棕褐色的横斑
腹部近乳白色
黄色的脚

雌雄差异：羽色相似	是否迁徙：部分迁徙	栖息地：山地森林、林缘、低山丘陵

■ 科名：鹰科　体重：0.3 ~ 0.6 千克　别名：灰泽鹞、灰鹰、白抓、灰鹞、鸡鸟

白尾鹞

头顶呈灰褐色

背部为蓝灰色

黑色的嘴

雄鸟

腹部为白色

黄色的脚

　　白尾鹞属中型猛禽，喜欢低空飞行，滑翔时两翅上举呈"V"字形，在白天活动和觅食。主要以小型鸟类、鼠类、蜥蜴、蛙等动物性食物为食物。繁殖期为 4 ~ 7 月，每窝产卵 4 ~ 5 枚，卵呈淡绿色或白色，雌鸟负责孵卵。

○ 形态特征：白尾鹞雄鸟的嘴为黑色，灰褐色的头顶有暗色的羽干纹；头后有棕黄色羽缘，后颈、背部、肩部和腰部均蓝灰色；腹部、两胁和翅下覆羽为白色，翅尖为黑色；尾上覆羽为白色，脚和趾皆黄色。雌鸟上体暗褐色，下体棕黄或黄白色，有红褐色或棕褐色纵纹。

○ 主要分布：欧亚大陆、北美、北非，伊朗、日本等地。

雌雄差异：羽色不同	是否迁徙：迁徙	栖息地：平原、低山丘陵、湖泊、沼泽

■ 科名：鹰科　体重：0.53 ~ 0.74 千克　别名：无

白头鹞

头顶呈淡黄白色或棕白色

胸部有黑色的纵纹

嘴呈灰色

背部呈栗褐色

　　白头鹞多在沼泽中的芦苇丛活动，捕食时低空飞行，翅膀呈"V"形。食物包括田鼠和小哺乳动物以及鱼、蛙等。繁殖期为 4 ~ 5 月，每年只孵育 1 次，一般每窝有 4 ~ 5 枚卵，卵呈椭圆形、蓝白色，在雌鸟孵蛋期间，雄鸟喂食雌鸟。

○ 形态特征：白头鹞的体型中等，翼展达 130 厘米，其雄鸟虹膜为黄色，雌鸟虹膜淡褐色。其嘴为灰色，上体大多为黑色，头顶、后颈呈淡黄白色或棕白色，杂以黑褐色的羽干纹；上体从背部、肩部、腰部均为栗褐色，胸部有黑色的纵纹；尾羽为银灰褐色，脚为黄色。

○ 主要分布：北非、欧洲（除不列颠群岛外）、亚洲，新几内亚岛、留尼汪岛、马达加斯加群岛等地。

雌雄差异：羽色相似	是否迁徙：迁徙	栖息地：芦苇丛、树丛、麦田等地

科名：草鸮科　体重：0.31 ~ 0.36 千克　别名：猴面鹰

栗鸮

　　栗鸮喜欢在晚上、黄昏和黎明前活动，活动时多单独或结成对，有时也会成 2 ~ 3 只的小群。主要以鼠类、小鸟和蛙等动物为食物。繁殖期为 3 ~ 7 月，在树洞中筑窝，每窝通常产卵 3 ~ 5 枚，卵呈椭圆形、白色，由雌雄亲鸟轮流孵卵。

◎ 形态特征：栗鸮的脸庞为心形，近粉色，嘴呈褐色，喉部为浅葡萄红色；颈侧至胸围有一道白色项翎，后颈为深栗色，上背和肩部覆羽为棕黄色；下背为浅栗色，两翅多为棕栗色；下体和覆腿羽均为葡萄红色；脚为黄褐色。

◎ 主要分布：中国广西、云南、海南岛，印度、缅甸、泰国、中南半岛等地。

上背覆羽呈棕黄色

脸庞为心形

褐色的嘴

黄褐色的脚

| 雌雄差异：羽色相似 | 是否迁徙：不迁徙 | 栖息地：山地常绿阔叶林、针叶林 |

科名：草鸮科　体重：0.47 ~ 0.57 千克　别名：猴头鹰、谷仓猫头鹰

仓鸮

　　仓鸮白天多在树上或洞中休息，黄昏和晚上出来活动，在破宅、坟地或其他废墟中出没，飞行时快速而有力。食物以鼠类和野兔为主，是捕鼠的高手。在树洞或岩隙中营巢，每年繁殖两次，每窝通常产卵 2 ~ 7 枚，卵呈白色，雌鸟负责孵卵。

◎ 形态特征：仓鸮体长 33 ~ 39 厘米。其头大而圆，面盘呈心脏形，为白色；周围皱领为橙黄色，颈侧和肩为浅棕黄色；上体为斑驳的灰色和橙黄色，并有黑色和白色的斑点；下体呈白色，稍沾淡黄色，有暗褐色的斑点；灰黑色的脚强健有力。

◎ 主要分布：亚洲西部、南部和东南部，欧洲、非洲以及北美洲、南美洲等地。

头大而圆

胸部呈白色，稍沾淡黄色

面盘呈心形

灰黑色的脚

| 雌雄差异：羽色相似 | 是否迁徙：迁徙 | 栖息地：原野、低山、丘陵、农田 |

■ 科名：鸱鸮科　　体重：约 0.18 千克　　别名：辞怪、小猫头鹰、小鸮、东方小鸮

纵纹腹小鸮

　　纵纹腹小鸮喜欢站在篱笆和电线上，有时以长腿高高站起。它们一般在夜晚出来活动，追捕猎物时，还会利用善于奔跑的双腿去追击，食物以昆虫和鼠类、小鸟等为主。它们在岩洞或树洞中筑窝，繁殖期为 5 ~ 7 月，每窝通常产卵 2 ~ 8 枚，卵呈白色，雌鸟负责孵卵。

◎ 形态特征：纵纹腹小鸮的头部顶平，眼睛呈亮黄色，宽髭纹为白色；上体为沙褐色或灰褐色，有白色的纵纹和斑点；下体为白色，有褐色杂斑和纵纹；肩上有两道白色或皮黄色横斑；白色的脚被有羽毛。

◎ 主要分布：欧洲、非洲东北部、亚洲西部和中部，俄罗斯、伊朗等地。

头部顶平

胸部有褐色杂斑和纵纹

腹部为白色

脚被有羽毛

雌雄差异：羽色相似	是否迁徙：不迁徙	栖息地：丘陵、林缘灌丛、森林、农田

■ 科名：鸱鸮科　　体重：1 ~ 2 千克　　别名：雪枭、白猫头鹰、白鸮、雪鹰

雪鸮

　　雪鸮白天黑夜都可以活动，飞行姿态平稳有力，升空的速度很快，能短程贴地飞行。食物以旅鼠为主，也吃野兔、鸥和鸭等大型猎物。繁殖期为 5 ~ 8 月，每窝通常产卵 4 枚，卵呈白色、椭圆形，一般由雌鸟孵化。

◎ 形态特征：雪鸮体长约为 50 ~ 71 厘米，头圆而小，嘴基长满须状羽毛，雄鸟甚至全身几乎纯白色；虹膜为金黄色，眼先和脸盘杂有黑褐色的斑点；颈基部缀有污白色的横斑，腰部有褐色的斑点；下体几乎纯为白色，尾羽呈白色，腋羽和翼下覆羽也为白色；脚趾被有白色的绒羽。

◎ 主要分布：加拿大、中国、芬兰、冰岛、日本、挪威、俄罗斯、英国、美国，格陵兰岛等地。

虹膜呈金黄色

嘴基长满须状羽毛

上胸部为纯白色

雄鸟

脚趾被有白色绒羽

雌雄差异：羽色相似	是否迁徙：部分迁徙	栖息地：冻土、苔原、荒地丘陵

科名：鸱鸮科　　体重：0.24 ~ 0.37 千克　　别名：鹰鸮、猫头鹰

猛鸮

　　猛鸮是属于国家二级重点保护野生动物，飞行迅速，有时振翅飞翔，有时滑翔；喜欢在白天活动和觅食，在树木的顶端或电线杆上休息，见到猎物候则猛扑，食物以啮齿动物为主。繁殖期为 4 ~ 7 月，每窝通常产卵 3 ~ 13 枚，雌鸟负责孵卵。

● 形态特征：猛鸮体长 35 ~ 40 厘米，体形和隼类相似。其虹膜为鲜黄色，嘴为黄色；脸部的图案深褐色和白色纵横，耳羽为白色；上体为棕褐色，有白色的斑纹；下体为白色，缀有褐色横斑；尾羽较长，脚趾被有白色的绒羽。

● 主要分布：欧洲北部、俄罗斯、美国、中国等地。

嘴为黄色

腹部呈白色，有褐色横斑

尾羽较长

| 雌雄差异：羽色相似 | 是否迁徙：迁徙 | 栖息地：原始针叶林和针阔叶混交林 |

科名：鸱鸮科　　体重：1 ~ 4 千克　　别名：鹫兔、怪鸱、角鸱、雕枭、恨狐、老兔

雕鸮

　　雕鸮除繁殖期外一般单独活动，白天喜欢远离人群，躲在密林中栖息，听觉和视觉在夜间非常敏锐。以各种鼠类为主食，也吃兔类、蛙、雉鸡和其他鸟类。繁殖期雌雄鸟成对栖息，每窝通常产卵 2 ~ 5 枚，卵呈卵白色，雌鸟负责孵卵。

● 形态特征：雕鸮的面盘为淡棕黄色，杂有褐色的细斑，头顶为黑褐色，虹膜为金黄色，嘴为铅灰黑色，耳羽突出，后颈和上背为棕色，肩部、下背和翅上覆羽为棕色至灰棕色，腰和尾上覆羽为棕色至灰棕色，棕色的胸部有黑褐色的羽干纹，爪为铅灰黑色。

● 主要分布：欧亚地区和非洲，从斯堪的纳维亚半岛到西伯利亚，伊朗，缅甸北部等地。

黑褐色的头顶

耳羽突出

嘴为灰黑色

爪呈铅灰黑色

| 雌雄差异：羽色相似 | 是否迁徙：迁徙 | 栖息地：山地森林、平原、荒野、疏林 |

■ 科名：鸱鸮科　　体重：0.05 ~ 0.1千克　　别名：普通角鸮、欧亚角鸮、欧洲角鸮

红角鸮

红角鸮除繁殖期成对活动外，一般单独活动，白天喜欢躲在树上浓密的枝叶丛间，晚上开始活动和鸣叫，主要以鼠类和甲虫等为食物。繁殖期为 5 ~ 8 月，每窝通常产卵 3 ~ 6 枚，卵呈白色、卵圆形，雌鸟负责孵卵。

◐ 形态特征：红角鸮的嘴为暗绿色，面盘为灰褐色，领圈为淡棕色，头顶至背和翅覆羽杂以棕白色斑；上体为灰褐色或棕栗色，有黑褐色的细纹，尾羽为灰褐色，尾下覆羽为白色；下体大部分为红褐至灰褐色，有暗褐色的纤细横斑和黑褐色的羽干纹；爪为灰褐色。

◐ 主要分布：阿富汗、中国、埃及、法国、希腊、意大利、波兰、俄罗斯、西班牙等地。

面盘为灰褐色

背部呈灰褐色或棕栗色

灰褐色的爪

雌雄差异：羽色相似	是否迁徙：不迁徙	栖息地：山地林间

■ 科名：鸱鸮科　　体重：0.385~0.8千克　　别名：无

灰林鸮

灰林鸮是夜间活动的猛禽，夜行性，白天一般在隐蔽的地方休息。灰林鸮能在夜间凭借视觉及听觉捕捉猎物，飞行时比较安静，从高处俯冲下来捉住猎物。主要以啮齿类、兔子、鸟类及甲虫等为食物。每窝通常产卵 2 ~ 3 枚，卵呈光白色，由雌鸟负责孵卵。

◐ 形态特征：灰林鸮的头大而且圆，面盘为灰色，嘴为黄色，围绕双眼的面盘较为扁平；全身有浓红褐色的杂斑和棕纹，但也有偏灰个体；每片羽毛都有复杂的纵纹和横斑，下体为白色或皮黄色；胸部沾黄色，有浓密的条纹；脚为黄色。

◐ 主要分布：古北界的西部、中东、喜马拉雅山脉，中国、朝鲜等地。

头大且圆

黄色的嘴

胸部呈白色或皮黄色

脚为黄色

雌雄差异：羽色相似	是否迁徙：迁徙	栖息地：落叶疏林、针叶林中、花园

科名：鸱鸮科　　体重：0.2 ~ 0.32 千克　　别名：长耳木兔、彪木兔、夜猫子

长耳鸮

　　长耳鸮喜欢单独或成对活动，白天多躲藏在树林中，迁徙期间和冬季则会结成10 ~ 20只或多达30只的大群活动。以小鼠、鸟、鱼和蛙等为食物。繁殖期为4 ~ 6月，每窝通常产卵3 ~ 8枚，卵呈圆形、白色，由雌鸟负责孵卵。

○形态特征：长耳鸮的耳羽簇长，在头顶的两侧，虹膜为橙红色，棕黄色的面盘显著；上体为棕黄色，密杂以黑褐色羽干纹，颏为白色；其余下体为棕白色，有黑褐色的羽干纹；脚趾密被棕黄色的羽毛。

○主要分布：欧洲、亚洲中部、非洲北部和西北部以及北美洲，朝鲜、俄罗斯、中国等地。

耳羽簇长

虹膜为橙红色

背部密杂以黑褐色羽干纹

脚趾密被棕黄色羽毛

雌雄差异：羽色相似	是否迁徙：迁徙	栖息地：针叶林、针阔混交林、阔叶林

科名：鸱鸮科　　体重：0.25 ~ 0.45 千克　　别名：田猫王、短耳猫头鹰、小耳木兔

短耳鸮

　　短耳鸮一般在黄昏和晚上活动和猎食，多在地上栖息或潜伏在草丛中，喜欢贴近地面飞行，鼓翼飞行一会后会滑翔一段时间。食物以鼠类为主，也吃小鸟、蜥蜴和昆虫。繁殖期为4 ~ 6月，每窝通常产卵3 ~ 8枚，卵呈卵圆形、白色，雌鸟负责孵卵。

○形态特征：短耳鸮的体长为38 ~ 40厘米。其面庞显著；黑褐色的耳羽小而不外露，羽缘为棕色，眼为黄色，嘴为黑色；上体为黄褐色，满布黑色和皮黄色的纵纹；下体为皮黄色，有深褐色的纵纹；腰和尾上覆羽几乎纯为棕黄色，棕黄色的脚趾被有羽毛。

○主要分布：自北极的周围到北温带，夏威夷和南美洲等地。

眼为黄色

黑色的嘴

胸部呈皮黄色

腹部有深褐色纵纹

雌雄差异：羽色相似	是否迁徙：部分迁徙	栖息地：低山、丘陵、苔原、荒漠

■ 科名：鸱鸮科　　体重：0.75 ~ 1 千克　　别名：夜猫子

乌林鸮

　　乌林鸮生性机警，除了繁殖期外，一般单独活动，飞行迅速，经常在高大的树木顶端停息，等待和观察猎物。繁殖期为 5 ~ 7 月，每窝通常产卵 3 ~ 5 枚，卵呈卵圆形，白色或灰白色，雌鸟负责孵卵。

◐ 形态特征：乌林鸮体长 56 ~ 65 厘米，头部较大，面盘呈圆形，灰色或灰白色，有呈波状的黑色同心圆圈；眼为鲜黄色，两眼间有对称的"C"形白色纹饰，嘴为黄色；全身羽毛呈浅灰色，上体、下体均有浓重的深褐色纵纹，尾部有灰色和深褐色的横斑，脚为橘黄色。

◐ 主要分布：欧洲、俄罗斯，蒙古北部，中国，加拿大，美国的阿拉斯加、加利福尼亚等地。

面盘有黑色同心圆圈

嘴为黄色

胸部有深褐色的纵纹

| 雌雄差异：羽色相似 | 是否迁徙：不迁徙 | 栖息地：针叶林、混交林、落叶林 |

■ 科名：鸱鸮科　　体重：0.71 ~ 1 千克　　别名：棕林鸮

褐林鸮

　　褐林鸮喜欢成对或单独活动，白天一般藏在茂密的森林中，黄昏和晚上才出来活动和猎食；生性机警而胆怯，听到声响便迅速飞走。主要以啮齿类、小鸟、蛙、小型兽类和昆虫等为食物。繁殖期为 3 ~ 5 月，每窝通常产卵 2 枚。

◐ 形态特征：褐林鸮的头部为圆形，面盘显著，眼圈呈黑色，有白色或棕白色的眉纹；头顶为纯褐色，嘴角呈褐色，全身为栗褐色；肩部、翅膀和尾上覆羽有白色横斑，喉部呈白色；其余下体为皮黄色，有细密的褐色横斑，脚趾为橙黄色。

◐ 主要分布：欧洲、中亚、非洲西北部、西伯利亚西部，中国、朝鲜、印度等地。

眉纹呈白色或棕白色

胸部有褐色横斑

橙黄色的脚趾

| 雌雄差异：羽色相似 | 是否迁徙：迁徙 | 栖息地：山地阔叶林、混交林中、河岸 |

长尾林鸮

　　长尾林鸮除繁殖期成对活动外，一般单独活动，白天喜欢在密林深处栖息，多呈波浪式飞行。主要以田鼠、棕背鼠等为食物。繁殖期为 4 ~ 6 月，每窝通常产卵 2 ~ 6 枚，卵呈白色，雌鸟负责孵卵。

> **形态特征：** 长尾林鸮体长 45 ~ 54 厘米，头部较圆，面盘显著，有细的黑褐色羽干纹；嘴为黄色，体羽大多为浅灰色或灰褐色，有暗褐色条纹；下体的条纹特别长；尾羽较长，稍呈圆形，有横斑和白色端斑；爪为褐色。

> **主要分布：** 奥地利、白俄罗斯、中国、芬兰、德国、波兰、俄罗斯、西班牙等地。

头部较圆

嘴呈黄色

胸部的条纹

雌雄差异：羽色相似	是否迁徙：不迁徙	栖息地：地针叶林、针阔叶混交林

领角鸮

　　领角鸮除繁殖期成对活动外，一般单独活动，白天喜欢藏在树上浓密枝叶间，晚上才开始活动和鸣叫，飞行轻快。主要以鼠类、蝗虫和甲虫等为食物。繁殖期为 3 ~ 6 月，每窝通常产卵 2 ~ 6 枚，卵呈卵圆形、白色，雌雄亲鸟轮流孵卵。

> **形态特征** 领角鸮的额和面盘为白色或灰白色，缀有黑褐色的细点；喉部为白色，其余下体呈白色或灰白色；上体包括两翅表面大都呈灰褐色，有黑褐色的羽干纹；肩部和翅上外侧覆羽端有棕色或白色的斑点，尾为灰褐色。

> **主要分布：** 中国、印度、日本、朝鲜、韩国、马来西亚、缅甸、俄罗斯、泰国等地。

面盘呈白色或灰白色

两翅表面大都呈灰褐色

灰褐色的尾

雌雄差异：羽色相似	是否迁徙：不迁徙	栖息地：山地阔叶林、混交林

东方角鸮

　　东红角鸮白天喜欢待在树荫深处，在早晨、黄昏和夜间出来捕食，喜欢有树丛的开阔原野。它们的翅膀开合有力，飞行迅速，主要以昆虫、鼠类和小鸟等为食物。繁殖期为 5 ~ 8 月，每窝通常产卵 3 ~ 6 枚，卵呈卵圆形、白色，雌鸟负责孵卵。

◆ 形态特征：东方角鸮是中国体型最小的一种鸮形目猛禽，分为灰色型和棕色型。它的虹膜为橙黄色，嘴角质为灰色，耳羽直立。胸部满布黑色的条纹，全身遍布花纹；在肩部有一列较大的羽毛，脚为偏灰色。

◆ 主要分布：喜马拉雅山脉、印度次大陆、东亚、日本和中国等地。

耳羽直立

虹膜为橙黄色

偏灰色的脚

雌雄差异：羽色相似	是否迁徙：迁徙	栖息地：山地林间

鬼鸮

　　鬼鸮大多单独活动，白天喜欢躲在树冠层枝叶茂密处或树洞中休息，飞行快而直，稍呈波浪形。它们在飞行中猎食，或在猎物出现时突然袭击。食物以鼠类为主，也吃小鸟和蛙类等。繁殖期为 3 ~ 7 月，每窝通常产卵 3 ~ 6 枚，卵呈白色，雌鸟负责孵卵。

◆ 形态特征：鬼鸮的头顶和枕部为褐色，头部较大，面盘显著，嘴为淡黄色；上体为朱古力褐色到灰褐色，头顶密杂以白色斑点，背部和肩部有大型的白斑；下体为白色，缀有褐色斑纹；尾羽呈褐色，脚为黄色。

◆ 主要分布：欧洲、亚洲中部，俄罗斯、蒙古、中国、加拿大，日本北海道、阿拉斯加等地。

头顶呈褐色，密布白色斑点

淡黄色的嘴

白色胸部有褐色的斑纹

腹部有褐色的斑纹

雌雄差异：羽色相同	是否迁徙：不迁徙	栖息地：草原、沼泽、针阔混交林

科名：鸱鸮科　　体重：0.15 ~ 0.26 千克　　别名：横纹小鸮、猫王鸟、小猫头鹰

斑头鸺鹠

斑头鸺鹠一般单独或成对活动，喜欢在白天活动和觅食，鸣叫声很像辘轳的车轮声。以蝗虫、螳螂、蝉、蟋蟀等各种昆虫和幼虫为食。繁殖期为 3 ~ 6 月，每窝通常产卵 3 ~ 5 枚，卵呈白色，雌鸟负责孵卵。

◑ 形态特征：斑头鸺鹠的虹膜为黄色，嘴为黄绿色，头部、胸部和整个背面几乎均为暗褐色，头部和全身的羽毛有白色横斑；喉部缀有两个白色的斑，腹部为白色，下腹部有褐色的纵纹；尾羽上有六道白色的横纹，脚趾为黄绿色，爪近黑色。

◑ 主要分布：印度东北部，喜马拉雅山脉至中国南部，东南亚等地。

头部呈暗褐色

胸部有白色横斑

黄绿色的嘴

背部呈暗褐色

下腹部有褐色纵纹

雌雄差异：羽色相似	是否迁徙：迁徙	栖息地：平原、低山丘陵、阔叶林

科名：鸱鸮科　　体重：0.04 ~ 0.06 千克　　别名：小鸺鹠

领鸺鹠

领鸺鹠除繁殖期外都是单独活动，多在白天活动，中午会在阳光下飞行和觅食，黄昏时活动也比较频繁，晚上喜欢鸣叫。主要以昆虫和鼠类为食物，也吃小鸟和其他小型动物。繁殖期为 3 ~ 7 月，每窝通常产卵 2 ~ 6 枚，卵呈卵圆形、白色。

◑ 形态特征：领鸺鹠体长 14 ~ 16 厘米，虹膜为鲜黄色，嘴呈黄绿色；灰褐色的上体有浅橙黄色的横斑，后颈有浅黄色的领斑，两侧各有一个黑斑，下体为白色，喉部有一个栗色的斑；两胁还有宽阔的纵纹和横斑，尾下覆羽为白色，脚趾为黄绿色。

◑ 主要分布：不丹、柬埔寨、中国、印度、印度尼西亚、老挝、缅甸、尼泊尔、泰国等地。

虹膜呈鲜黄色

黄绿色的嘴

白色的腹部

黄绿色的脚趾

雌雄差异：羽色相似	是否迁徙：迁徙	栖息地：山地森林、林缘灌丛

第六章
攀禽

攀禽的脚短而强健，有助于攀缘树木，
翅膀多呈为圆形或近圆形。
攀禽中的一些种类被人类作为宠物饲养和驯化，
如彩虹吸蜜鹦鹉、虎皮鹦鹉、葵花鹦鹉等，
它们经过训练以后能够学说人语。
戴胜、三宝鸟等种类由于羽色鲜艳而人们被捕捉，
作为观赏鸟类饲养。
另外，金丝燕和多种同属燕类用唾液在悬崖上筑的鸟窝被
人们称作燕窝，
经加工后成为一种保健营养食品。

彩虹吸蜜鹦鹉

　　彩虹吸蜜鹦鹉的羽色鲜艳，是比较受欢迎的宠物。它们生性爱玩，活泼好动，喜欢成对或结成群活动，叫声嘈杂，飞行多呈直线，而且速度很快。彩虹吸蜜鹦鹉非常聪明，学习能力相当强，经过训练后能够模仿人语。花开季节，它们会从这个树丛飞到另外的树丛，寻找食物。食物以植物的果实、种子、嫩芽、花蜜等为主。每窝通常产卵 2 ~ 3 枚，卵呈纯白色，雌雄亲鸟轮流孵卵。

◑ 形态特征：彩虹吸蜜鹦鹉体长 25 ~ 30 厘米。其嘴为橘红色，鸟喙比一般鹦鹉的要长；头顶、下颌和脸颊部均为深蓝色，枕部和颈上部有紫褐色和黄绿色的环带；背部、翅膀和尾羽均为绿色，红色的胸部带有黑色的带状块斑，腹部、两胁均为暗绿色，并且有红色横斑；尾下覆羽为黄色，脚为蓝灰色。

◑ 主要分布：澳大利亚、印尼、巴布亚新几内亚，所罗门群岛等地。

头顶呈深蓝色

嘴为橘红色

蓝灰色的脚

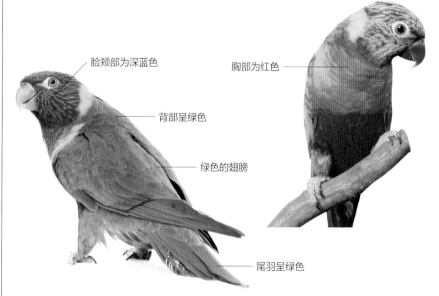

脸颊部为深蓝色

背部呈绿色

绿色的翅膀

胸部为红色

尾羽呈绿色

紫红头鹦鹉

　　紫红头鹦鹉喜欢成对活动，或组成最多15只的小群体觅食。主要以种子、坚果、水果、花朵和花粉等为食。在印度，12～4月为紫红头鹦鹉的繁殖期，每窝平均产卵4～6枚。

◆ 形态特征：紫红头鹦鹉雄鸟的上鸟喙为橙黄色，下鸟喙为黑棕色，头部中间为红色；下颌下面到脸颊下面，环绕颈部有一条黑色的环状羽毛，并连接一条蓝绿色的条状羽毛；下体为黄绿色，尾巴较长，中间尾羽为蓝色。雌鸟头部蓝灰色，绕颈的条状羽毛黄色，翅羽无红斑，上鸟喙浅黄色，下鸟喙灰色。

◆ 主要分布：孟加拉国、印度、尼泊尔、巴基斯坦、斯里兰卡等地。

头部中间为红色

上鸟喙为橙黄色

颈部有黑色的环状羽毛

黄绿色的胸部

雄鸟

尾巴较长

雌雄差异：羽色略有不同	是否迁徙：迁徙	栖息地：乡村林地、热带草原

红领绿鹦鹉

　　红领绿鹦鹉喜欢成群活动，叫声嘈杂，飞行快而有力。食物以植物果实与种子为主，也吃谷物和其他灌木浆果、花朵、花蜜等。繁殖期为2～4月，每窝通常产卵4～6枚，卵呈卵圆形、白色，雌雄亲鸟轮流孵卵。

◆ 形态特征：红领绿鹦鹉雄鸟头部为绿色，嘴呈珊瑚红色；颈基部有一条环绕颈后和两侧的粉红色宽带，从颈前向颈侧环绕有半环形的黑领带；上体呈深草绿色，下体和上体同色，但较浅；蓝绿色的中央尾羽最长，翅膀为绿色，脚为石板灰色或石板绿色。雌鸟与雄鸟近似，唯颈部无黑纹和玫瑰红领环。

◆ 主要分布：塞内加尔、埃塞俄比亚、印度、斯里兰卡、孟加拉国、缅甸、越南和中国等地。

雌鸟

头部呈绿色

绿色的翅膀

嘴呈珊瑚红色

蓝绿色的中央尾羽最长

雌雄差异：羽色略有不同	是否迁徙：不迁徙	栖息地：疏林、村庄、农田和庭园

■ 科名：鹦鹉科　　体重：0.085 ~ 0.17 千克　　别名：鹦哥

绯胸鹦鹉

绯胸鹦鹉一般十余只至数十只成群活动，飞行时多沿直线。喜欢鸣叫，经过训练后可以模仿人语。食物以坚果、浆果、谷物和种子等为主。在中国繁殖期为 3 ~ 5 月，每窝通常产卵 3 ~ 4 枚，卵呈白色，雌鸟负责孵卵。

◎ 形态特征：绯胸鹦鹉雄鸟的嘴多为珊瑚红色，前额有一道黑带，下嘴基部两侧各有一个黑色的带斑；背部、肩部均为青铜色，胸部为葡萄红沾紫灰色；下体余部和翼下覆羽为绿色，中央两枚尾羽狭长；脚为暗黄绿色或石板黄色。雌鸟的嘴黑褐色，中央尾羽比雄鸟稍短。

◎ 主要分布：中南半岛各国到马来西亚中部，包括印度北部，缅甸、中国等地。

前额有1道黑带
嘴呈珊瑚红色
胸部为葡萄红沾紫灰色
暗黄绿色或石板黄色的脚

雄鸟

雌雄差异：羽色略有不同	是否迁徙：迁徙	栖息地：海拔不高的山麓林带

■ 科名：鹦鹉科　　体重：约 0.028 千克　　别名：韦纳尔悬挂鹦鹉，印度小鹦鹉

短尾鹦鹉

短尾鹦鹉属于树栖鹦鹉，从来不落在地上，一般在茂密的树冠顶层活动，喜欢悬挂在树枝上休息和嬉戏，成对或结成小群活动，也和其他物种混群。食物以植物和开花灌木、果实、花蜜、水果和蔬菜种子等为主。繁殖期为 1 ~ 4 月，每窝通常产卵 2 ~ 4 枚。

◎ 形态特征：短尾鹦鹉体型一般纤小，体长约 13 厘米，全身羽毛呈绿色，虹膜为淡黄白色，嘴为红色；头部辉亮，呈深绿色；仅雄鸟喉部有蓝色斑块，翼下覆羽为青绿色，带有绿色翼衬；臀部和底面尾部覆羽均为红色，腰部多为红色，尾部较短，脚为淡橙黄色。

◎ 主要分布：孟加拉国、柬埔寨、中国、印度、老挝、缅甸、尼泊尔、泰国、越南等地。

头部辉亮，呈深绿色
红色的嘴
翼下覆羽为青绿色
黄色的脚

尾部较短

雌鸟

雌雄差异：羽色略有不同	是否迁徙：不迁徙	栖息地：森林边缘、次生林

■ 科名：翠鸟科　　体重：0.07 ~ 0.095 千克　　别名：小啄鱼、小花鱼狗

斑鱼狗

　　斑鱼狗喜欢成对或结群在较大的水域和红树林活动，性喜嘈杂，是唯一经常徘徊在水面寻食的鱼狗。生活在不同的栖息地和湿地，捕鱼的本领强，主要吃小鱼，还吃甲壳类和多种水生昆虫，雌雄亲鸟共同孵卵。

○ 形态特征：斑鱼狗身长 24 ~ 26 厘米，冠羽较小，有显眼的白色眉纹；嘴为黑色，粗直，长而坚；头部较大，上体为黑色，缀有很多白点；下体为白色，上胸有黑色的宽阔条带，下面有狭窄的黑斑；脚为黑色。

○ 主要分布：欧亚大陆及非洲北部、非洲中南部、印度次大陆，中国，中南半岛等地。

黑色的背部有很多白点

白色眉纹明显

嘴呈黑色，粗长

黑色的脚

雌雄差异：羽色相似	是否迁徙：不迁徙	栖息地：河流、稻田、淹没区、沼泽

■ 科名：翠鸟科　　体重：0.07 ~ 0.095 千克　　别名：花斑钓鱼郎

冠鱼狗

　　冠鱼狗是中等体型的鱼狗，常站立在流速快、砾石较多的清澈河流及溪流边，静观水中的游鱼，一旦发现，立刻扎入水中捕取猎物，然后飞至树枝上吞食。繁殖期为 2 ~ 8 月，在堤岸、田坎等处挖洞筑窝，每窝通常产卵 3 ~ 7 枚，卵呈白色。

○ 形态特征：冠鱼狗的嘴粗直，长而坚，颈部较短；嘴为黑色，上嘴基部和先端为淡绿褐色；枕部、后颈、喉部均为白色，前胸部为黑色，有白色的横斑；下胸、腹部、短的尾下覆羽均为白色，背部、腰部均为灰黑色，各羽有许多白色的横斑；脚为肉褐色。

○ 主要分布：喜马拉雅山脉和印度北部山麓地带，印度，中国的南部和东部等地。

嘴粗长

背部有许多白色的横斑

颈部短

肉褐色的脚

雌雄差异：羽色相似	是否迁徙：不迁徙	栖息地：池塘、小山丘、河溪

三趾翠鸟

　　三趾翠鸟是颜色艳丽的小型森林翠鸟，喜欢单独或成对共同捕食，常在树叶或泥土中寻找猎物。主要食物是昆虫、蝗虫、苍蝇和蜘蛛，也吃水甲虫、小螃蟹、青蛙和小鱼等。它们在土崖壁上或河流的堤坝上筑窝，雌鸟通常每窝产卵 3 ~ 7 枚。

◐ 形态特征：三趾翠鸟的头部、颈部为橙红色，嘴粗长而坚，红色；肩羽为灰褐色，上背呈深蓝色；下背部、腰部、尾上覆羽、尾羽为橙红色，喉部为淡蛋黄白色；嘴下至胸部、腹部、尾下覆羽均为蛋黄色，脚为红色，脚趾仅三个。

◐ 主要分布：印度次大陆、中国的西南地区和太平洋诸岛屿。

嘴粗长，呈红色

蛋黄色的腹部

脚呈红色，脚趾三个

喉部为淡蛋黄白色

深蓝色的上背部

雌雄差异：羽色相似	是否迁徙：迁徙	栖息地：常绿阔叶林与溪流岸边

蓝耳翠鸟

　　蓝耳翠鸟生性孤独，喜欢独自或成对活动，平时常站立在近水边的树枝上或岩石上，伺机猎食，俯冲到水面用尖嘴捕捉鱼虾。食物以小鱼为主，也吃甲壳类和多种水生昆虫。繁殖期为 4 ~ 8 月，每窝通常产卵 6 ~ 8 枚，卵呈纯白色，雌雄亲鸟共同孵卵。

◐ 形态特征：蓝耳翠鸟雄鸟的头顶、枕部为紫蓝色，被有黑色的横斑，嘴为黑色，耳覆羽和头侧紫蓝色，上背、腰部和尾上覆羽为亮钻蓝色，肩部和翅上覆羽为暗蓝色，喉部为白色或皮黄白色，其余下体为栗色或暗红棕色，脚为亮红色；雄鸟嘴全黑，雌鸟下颚橘黄色。

◐ 主要分布：孟加拉国、中国、印度、老挝、马来西亚、缅甸、尼泊尔、菲律宾、新加坡等地。

头顶呈紫蓝色

黑色的嘴

胸部为栗色或暗红棕色

雄鸟

亮红色的脚

雌雄差异：羽色相似	是否迁徙：不迁徙	栖息地：河流岸边、溪流、湖泊、江河

普通翠鸟

普通翠鸟生性孤独，喜欢单独或结成对活动，主要以小鱼、甲壳类等为食物。繁殖期为5 ~ 8月，每窝通常产卵5 ~ 7枚，卵呈圆形或椭圆形、白色，雌雄亲鸟轮流孵卵。

❍ 形态特征：普通翠鸟雄鸟的嘴粗长而尖；上嘴为黑色，下嘴为红色；耳后颈侧为白色，橘黄色的条带横贯眼部；上体为浅蓝绿色，头顶布满细斑，体背为灰翠蓝色，肩部和翅为暗绿蓝色；下体为橙棕色，胸部以下为栗棕色，脚为红色。雌鸟上体羽色较雄鸟稍淡，多蓝色，少绿色。头顶灰蓝色；胸、腹部颜色较雄鸟淡。

❍ 主要分布：北非、欧亚大陆，日本、印度，马来半岛、新几内亚和所罗门群岛等地。

上嘴为黑色，下嘴为红色

橘黄色的条带横贯眼部

雄鸟

红色的脚

耳后颈侧为白色

灰翠蓝色的背部

胸部呈橙棕色

雌雄差异：羽色略有不同	是否迁徙：不迁徙	栖息地：林区溪流、平原河谷、水库

白领翡翠

白领翡翠是一种蓝白色的翠鸟，分布很广，喜欢在沿海或近水开阔区域及淡水渠道、芦苇丛、森林、河流等地活动，它们经常在岩石或树上休息，食物以罗非鱼、蟹、鲤鱼、蛙和水生昆虫为主。

❍ 形态特征：白领翡翠的嘴粗长似凿，上嘴呈深灰色，下嘴呈浅灰色，嘴上部有白点；白色的颈环比较明显，过眼纹为黑色；头顶、两翼、背部和尾呈亮丽蓝绿色；整个下体为白色，第一片初级飞羽和第七片初级飞羽等长或稍短，脚为灰色。

❍ 主要分布：非洲中南部地区、印度次大陆、中南半岛、太平洋诸岛屿，中国、澳大利亚和新西兰等地。

嘴粗长，上部有白点

白色的颈环

背部呈蓝绿色

白色的胸部

灰色的脚

雌雄差异：羽色相似	是否迁徙：不迁徙	栖息地：岩石、树上、灌木丛

■ 科名：翠鸟科　　体重：0.14 ~ 0.2 千克　　别名：鹳嘴翠鸟

鹳嘴翡翠

　　鹳嘴翡翠生性孤独，喜欢单独活动，常躲藏在树丛中，站在水边树枝上注视着水面，当发现食物时，则扎入水中捕捉。它们性情胆小，主要以鱼、虾、甲壳类和水生昆虫为食物。繁殖期为 3 ~ 6 月，每窝通常产卵 3 ~ 5 枚，雄鸟和雌鸟轮流孵卵。

◑ 形态特征：鹳嘴翡翠的嘴粗长而尖，呈红色；头顶和枕部为灰褐色，后颈有一个宽阔的赭黄褐色领环；背部为天蓝色，腰部和尾羽为蓝色，上背、肩部和翅膀的表面为深铁蓝色；喉部、胸部、腹部覆羽均为赭黄褐色，脚为红色。

◑ 主要分布：孟加拉国、印度、印尼、马来西亚、缅甸、新加坡、泰国、中国云南等地。

宽阔的赭黄褐色领环

背部呈天蓝色

红色的脚

红色的嘴粗长而尖

胸部覆羽呈赭黄褐色

雌雄差异：羽色相似	是否迁徙：不迁徙	栖息地：常绿阔叶林中溪流

■ 科名：翠鸟科　　体重：0.076 ~ 0.077 千克　　别名：红翡翠

赤翡翠

　　赤翡翠生性孤独，能在沼泽森林、红树林、林中溪流、湿地和平原等地生活；完全食肉性，在内陆主要吃昆虫和小蜗牛、蜥蜴等，沿海的赤翡翠以小龙虾、鱼、蟹等为食物。它们在地面或河岸打洞筑窝，雌鸟每窝通常产卵 4 ~ 6 枚，雌雄亲鸟轮流孵蛋。

◑ 形态特征：赤翡翠的虹膜为褐色，嘴亮红色，尖端亮淡白色；头部、颈部、背部、腰部覆羽、尾羽均为棕赤色，腰中央和尾上覆羽基部中央为翠蓝色；翼为棕赤色，颏、喉为白色，前颈、胸部、腹部和尾下覆羽为赤黄色；前颈和胸颜色较深，腿和脚趾为亮皮黄色。

◑ 主要分布：印度至日本、中国，东南亚至菲律宾及印度尼西亚等地。

亮红色的嘴

棕赤色的头部

颈部呈棕赤色

腹部呈赤黄色

亮皮黄色的腿趾

雌雄差异：羽色相似	是否迁徙：不迁徙	栖息地：灌木丛、林区溪流、鱼塘

科名： 翠鸟科　**体重：** 0.06 ~ 0.11 千克　**别名：** 蓝鱼狗、蓝翠毛

蓝翡翠

蓝翡翠喜欢单独活动，多在河边树桩和岩石上休息，并盯着水面，看到鱼虾时会很快扎入水中用嘴捕取；有时沿水面快速飞行，发出叫声，夜晚在树林或竹林里休息。食物以小鱼、虾和蟹等为主。繁殖期为 5 ~ 7 月，每窝通常产卵 4 ~ 6 枚，卵呈纯白色，雌雄亲鸟轮流孵化。

◎ 形态特征：蓝翡翠额、头和枕部呈黑色，后颈有白色领环，嘴呈珊瑚红色；背部、腰部和尾上覆羽呈钴蓝色，尾也为钴蓝色；翅上覆羽为黑色，形成一大块黑斑，颏、喉、颈侧、颊和上胸均为白色，翼下覆羽为橙棕色，脚趾为红色。

◎ 主要分布：柬埔寨、中国、印度、日本、朝鲜、缅甸、泰国、越南等地。

雌雄差异： 羽色相似	**是否迁徙：** 部分迁徙	**栖息地：** 溪流、河流、水塘、沼泽

科名： 翠鸟科　**体重：** 0.05 ~ 0.1 千克　**别名：** 白喉翡翠

白胸翡翠

白胸翡翠一般沿河流和沟渠、鱼塘和海滩捕食猎物，有时站立或栖息在栅栏、电线杆或树枝上等待猎物，喜欢单独或结队共同捕食。食物以蟋蟀、蜘蛛、蜗牛、小鱼等为主。繁殖期为 4 ~ 6 月，每窝通常产卵 4 ~ 8 枚，卵呈纯白色、圆形。

◎ 形态特征：白胸翡翠的嘴为珊瑚红或赤红色，头、后颈、上背呈棕赤色，下背、腰部、尾上覆羽、尾羽均为亮蓝色；初级飞羽端部呈黑褐色，中覆羽呈黑色；喉部、前胸和胸部中央均为白色，眼下、耳羽、颈的两侧、胸侧、腹部、尾下覆羽均为棕赤色，脚为珊瑚红或赤红色。

◎ 主要分布：欧亚大陆、非洲北部、印度次大陆、中南半岛、太平洋诸岛屿，中国等地。

雌雄差异： 羽色相似	**是否迁徙：** 不迁徙	**栖息地：** 溪流、河流、沼泽、灌木丛

栗喉蜂虎

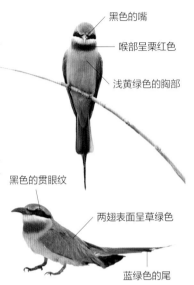

黑色的嘴

喉部呈栗红色

浅黄绿色的胸部

　　栗喉蜂虎一般结成数只至数十只的群体活动，繁殖期间也有单独或成对活动的，它们飞行技术高超，能在空中做出急速飞行、滑翔、悬停等高难度动作。以蜻蜓、蝴蝶、蜜蜂等为食。繁殖期为 4 ~ 6 月，每窝通常产卵 4 ~ 7 枚，卵呈椭圆形或圆形、白色。

◐ 形态特征：栗喉蜂虎的喉为栗红色，嘴为黑色，从胸部以下为浅黄绿至浅绿色，头顶至背部为草绿色沾黄，黑色的贯眼纹宽阔，肩部和两翅表面为草绿色，下腹部至尾下覆羽为蓝色，腰和尾上覆羽均为鲜蓝色，尾为蓝绿色。

◐ 主要分布：孟加拉国、柬埔寨、中国、印度、缅甸、尼泊尔、菲律宾、新加坡、越南等地。

黑色的贯眼纹

两翅表面呈草绿色

蓝绿色的尾

雌雄差异：羽色相似	是否迁徙：部分迁徙	栖息地：灌木丛、疏林

栗头蜂虎

头部呈亮栗色

上背部呈亮栗色

嘴细长而下弯

下背表面呈草绿色

　　栗头蜂虎喜欢集群，群体由十余只到近百只个体组成，生性情活泼好动，一起生活时极为吵闹。它们善于游泳和潜水，飞行的速度快，以空中飞虫为食物，特别喜吃蜂类。繁殖期 5 ~ 7 月，每窝通常产卵 5 ~ 6 枚，卵呈卵圆形、白色，雄鸟和雌鸟轮流孵化。

◐ 形态特征：栗头蜂虎耳羽呈栗色，嘴形细长而下弯；头部至上背呈亮栗色，喉部为淡黄色，下背和翅表面为草绿色，腰部和尾上覆羽为淡蓝色，胸部为淡棕黄杂以草绿色，腹部为淡草绿色，尾羽呈暗草绿色；脚为黑色。

◐ 主要分布：中南半岛、爪哇岛，斯里兰卡、中国等地。

雌雄差异：羽色相似	是否迁徙：迁徙	栖息地：林缘、稀树草坡、悬岩、陡坡

绿喉蜂虎

　　绿喉蜂虎一般结成小群活动，日落时结成大群在乔木或竹树上休息。主要以昆虫为食物，包括膜翅类、蜻蜓、小甲虫等。繁殖期为 4 ~ 7 月，每窝通常产卵 4 ~ 7 枚，卵呈卵圆形或圆形、白色，雄鸟和雌鸟轮流孵卵。

● 形态特征：绿喉蜂虎的嘴细长而且向下弯曲，呈黑色；喉部为绿色，额部、头顶至上背为锈红色，有一道黑色的过眼纹，其余上体均为亮绿色；背部至尾上覆羽均为鲜草绿色，后者羽端沾蓝；胸部以下为淡蓝绿色；尾羽为暗草绿色，脚为淡褐色。

● 主要分布：孟加拉国、喀麦隆、埃及、印度、约旦、马里、苏丹、泰国、越南、中国等地。

黑色的嘴细长

黑色的过眼纹

背部为鲜草绿色

喉部为绿色

淡褐色的脚

尾羽为暗草绿色

雌雄差异：羽色相似	是否迁徙：不迁徙	栖息地：林缘疏林、竹林、稀树草坡

蓝胸佛法僧

　　蓝胸佛法僧有时长时间站立在树干或电线等高处，搜寻地面的猎物，有时则行踪不定。食物以甲虫、蟋蟀、蝗虫、苍蝇和蜘蛛等动物为主。繁殖期为 5 ~ 7 月，每窝通常产卵 1 ~ 7 枚，卵呈白色、椭圆形，主要由雌鸟负责孵卵。

● 形态特征：蓝胸佛法僧的嘴为暗褐色，耳羽为淡褐色；喉部以下淡绿蓝色，头顶、颊、腰部为淡蓝绿色，背部、肩部均为沙棕色；翅膀长而宽，除栗色背羽外大部分为蓝色；翼覆羽为绿蓝色，小、中覆羽端部沾沙棕色，其余飞羽为黑色，脚为淡褐色。

● 主要分布：阿富汗、中非、中国、埃及、法国、葡萄牙、南非、苏丹、乌克兰、阿联酋等地。

头顶呈淡蓝绿色

嘴呈暗褐色

栗色的背羽

淡绿蓝色的胸部

淡褐色的脚

雌雄差异：羽色相似	是否迁徙：迁徙	栖息地：森林、灌丛、林缘、荒漠

■ 科名：佛法僧科　体重：0.16 ～ 0.18 千克　别名：无

棕胸佛法僧

　　棕胸佛法僧喜欢单独或成对活动，也常站立在林缘、村边或农田地区乔木顶端枯枝上或电线上，多飞翔在空中捕食。主要以昆虫和其他小动物为食物。繁殖期为 4 ～ 7 月，每窝通常产卵 3 ～ 5 枚，卵呈卵圆形、白色，雌雄亲鸟轮流孵卵。

◐ 形态特征：棕胸佛法僧的嘴为黑褐色，头顶为暗蓝色；喉部为葡萄紫色，有淡蓝色的纵纹；下胸为葡萄褐色，腹部和尾下覆羽为淡蓝色，背部为暗绿色，腰部为蓝紫色；尾上覆羽为辉蓝色，中央尾羽为暗绿色，脚趾为黄褐色。

◐ 主要分布：阿富汗、柬埔寨、中国、印度、伊朗、伊拉克、泰国、阿联酋、越南等地。

黑褐色的嘴

喉部呈葡萄紫色

腹部呈淡蓝色

黄褐色的脚趾

雌雄差异：羽色相似	是否迁徙：部分迁徙	栖息地：林缘疏林、竹林、村镇、农田

■ 科名：犀鸟科　体重：不详　别名：冠犀鸟

冠斑犀鸟

　　冠斑犀鸟属大型鸟类，除繁殖期外常成群活动，一般在树上栖息和活动，有时到地面上觅食，叫声洪亮。主要以榕树等植物的果实和种子为食，也捕食蜗牛、鼠类、蛇和昆虫等。繁殖期为 4 ～ 6 月，每窝通常产卵 2 ～ 3 枚，由雌鸟负责孵卵。

◐ 形态特征：冠斑犀鸟体长 74 ～ 78 厘米。其头部、颈部为黑色，嘴有较大盔突，呈蜡黄色或象牙白色，盔突前面有黑色斑；上体为黑色，有金属绿色的光泽；下体除腹部为白色外，全为黑色，尾部为黑色，腿为铅黑色。

◐ 主要分布：中国、印度、缅甸、孟加拉国、斯里兰卡、中南半岛和马来西亚等地。

盔突呈蜡黄色或象牙白色

黑色的颈部

黑色的背部

白色的腹部

雌雄差异：羽色相似	是否迁徙：不迁徙	栖息地：低山和山脚常绿阔叶林

242 鸟图鉴

科名：犀鸟科　体重：2.1～4千克　别名：大斑犀鸟、印度大犀鸟

双角犀鸟

　　双角犀鸟繁殖期间常单独活动，非繁殖期则喜欢结群在榕树上活动，鸣叫时颈部垂直向上，嘴指向天空。多在树上觅食，主要吃各种野果，也食蛇、蜥蜴、大型昆虫、鼠类和谷物。繁殖期为3～6月，每窝通常产卵2枚，卵呈卵圆形，雌鸟负责孵卵。

◐ 形态特征：双角犀鸟的嘴和盔突均较大，基部呈黑色，嘴端和盔突顶部为橙红色，下嘴为乳白色；后头和颈部呈白色，其余上体为黑色，胸部为黑色，腹部和尾下的覆羽为白色；翅膀为黑色，腿为灰绿色沾褐，爪近黑色。

◐ 主要分布：中国、印度，中南半岛，马来西亚和印度尼西亚等地。

盔突顶部
为橙红色

乳白色的下嘴

胸部为黑色

爪近黑色

雌雄差异：羽色相似	是否迁徙：不迁徙	栖息地：常绿阔叶林、林中沟谷

科名：犀鸟科　体重：1.36~3.65千克　别名：无

花冠皱盔犀鸟

　　花冠皱盔犀鸟常成3～5只的小群活动。叫声单调而沙哑，像狗叫；飞翔时显得较笨重，振翅的声响较大。食物以植物果实为主，也吃树蛙、蝙蝠等动物性食物。繁殖期为2～6月，每窝通常产卵2～3枚，卵呈白色。

◐ 形态特征：花冠皱盔犀鸟雄鸟体长约105厘米，虹膜为红色，嘴粗大，呈黄色；上嘴基部有一个长形而扁平的盔突，有隆起的皱褶；羽冠为栗色，头部、颈部和尾均为白色，其余体羽为黑色；喉囊为黄色，其上有一个黑色横带；尾部呈纯白色，脚为黑色。雌鸟尾羽白色，其余体羽黑色，喉囊灰蓝色。

◐ 主要分布：印度次大陆、中南半岛和太平洋诸岛屿、中国等地。

上嘴基部有扁平的盔突

黄色的嘴粗大

黄色的喉囊

黑色的脚

雄鸟

雌雄差异：羽色不同	是否迁徙：不迁徙	栖息地：亚热带常绿阔叶林

科名：啄木鸟科　　体重：0.3 ~ 0.35 千克　　别名：无

黑啄木鸟

头顶呈血红色

嘴呈楔状

黑褐色的胸部

暗褐灰色的脚

雄鸟

　　黑啄木鸟喜欢单独活动，飞行不平稳呈波浪式，在告警或飞行时发出响亮的声音。主食为蚂蚁，食物中约 99% 是蚂蚁，也吃远离蜂巢的蜜蜂。繁殖期为 4~6 月，每窝通常产卵 3 ~ 5 枚，由雄鸟和雌鸟轮流孵卵。

○ 形态特征：黑啄木鸟的体型较大，身长 45 ~ 47 厘米，全身几乎纯为黑色，淡蓝灰至骨白色的嘴呈楔状，尖端铅黑色；雄鸟的额部、头顶和枕部全为血红色，雌鸟仅头后部为血红色；喉部为褐色，上、下体其余部分均为黑褐色，暗褐灰色的脚有四个脚趾。

○ 主要分布：斯堪的纳维亚半岛，波兰、西班牙、俄罗斯、蒙古、朝鲜、日本、伊朗、中国等地。

雌雄差异：羽色略有不同	是否迁徙：不迁徙	栖息地：针叶林、山毛榉林

科名：啄木鸟科　　体重：0.02~0.03 千克　　别名：无

小斑啄木鸟

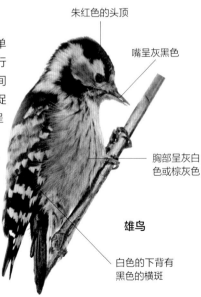

朱红色的头顶

嘴呈灰黑色

胸部呈灰白色或棕灰色

雄鸟

白色的下背有黑色的横斑

　　小斑啄木鸟属小型鸟类，除繁殖期外常单独活动，喜欢在森林中上层活动和休息，飞行呈波浪式，速度快。繁殖期为 5 ~ 6 月，期间雄鸟常在林冠间飞来飞去追逐雌鸟，发出短促而响亮的叫声。每窝通常产卵 3 ~ 8 枚，卵呈卵圆形、白色，雌雄亲鸟轮流孵卵。

○ 形态特征：小斑啄木鸟雄鸟额头为污白色或茶褐色，头顶和枕为朱红色，或杂有白斑；嘴为灰黑色，后颈至上背均为黑色，下背白色，有黑色横斑；前颈至胸部为灰白色或棕灰色，腹部灰白色；尾上覆羽为黑色，脚为黑褐色。雌鸟与雄鸟相似，唯头顶和枕黑色，额灰白色。

○ 主要分布：欧洲、非洲西北部、伊朗、中亚、哈萨克斯坦、俄罗斯、日本、中国等地。

雌雄差异：羽色略有不同	是否迁徙：不迁徙	栖息地：低山丘陵、山脚平原阔叶林

科名：啄木鸟科　　体重：约 0.012 千克　　别名：棕啄木鸟

白眉棕啄木鸟

　　白眉棕啄木鸟属小型鸟类，一般独自活动，喜欢在小树和灌木上休息，沿树干攀爬，有时下到地上觅食。食物以蚂蚁和各种昆虫为主。繁殖期为 4 ~ 6 月，每窝通常产卵 3 ~ 4 枚，卵呈椭圆形、白色，雌雄亲鸟轮流孵卵。

○ 形态特征：白眉棕啄木鸟雄鸟的嘴为淡黑色，眉纹为白色，宽而短，额部为金黄色，前头部为棕栗色，头顶和枕橄榄绿色而沾棕褐色，背部、肩部和两翅表面均为橄榄绿色，腰部为纯棕色，黑色的尾较短，脚为橙黄色或黄色。雌鸟与雄鸟相似，唯头的前部和额呈棕色。

○ 主要分布：孟加拉国、不丹、柬埔寨、中国、印度、老挝、缅甸、尼泊尔、泰国、越南。

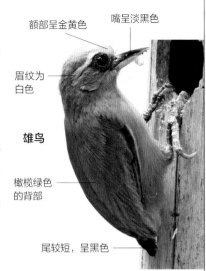

额部呈金黄色

嘴呈淡黑色

眉纹为白色

雄鸟

橄榄绿色的背部

尾较短，呈黑色

雌雄差异：羽色略有不同	是否迁徙：迁徙	栖息地：低山和山脚平原阔叶林、竹林

科名：啄木鸟科　　体重：0.06 ~ 0.08 千克　　别名：白花啄木鸟、啄木冠、叼木冠

大斑啄木鸟

　　大斑啄木鸟喜欢独自或成对活动，一般在树干和粗枝上觅食，飞行时呈波浪式。食物以甲虫、小蠹虫、蝗虫、蚁科等为主。繁殖期为 4 ~ 5 月，每窝通常产卵 3 ~ 8 枚，卵呈椭圆形、白色，雌雄亲鸟轮流孵卵。

○ 形态特征：大斑啄木鸟雄鸟的嘴为铅黑或蓝黑色，头顶为黑色，枕部有一红色斑块，后枕有黑色横带，后颈和颈两侧为白色，形成白色的领圈；肩部为白色，背部为辉黑色，腰部为黑褐色，喉部、前颈至胸以及两肋均为污白色，腹部污白色略沾桃红色，尾下覆羽为辉红色，腿为褐色。雌鸟与雄鸟相似，唯枕部无辉红色斑块。

○ 主要分布：中国、印度、日本、朝鲜、韩国、西班牙、瑞典、英国、美国、越南等地。

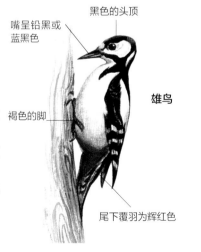

黑色的头顶

嘴呈铅黑或蓝黑色

褐色的脚

雄鸟

尾下覆羽为辉红色

雌雄差异：羽色略有不同	是否迁徙：不迁徙	栖息地：亚热带常绿阔叶林

■ 科名：啄木鸟科　　体重：0.1 ~ 0.16 千克　　别名：海南绿啄木鸟、黑枕绿啄木鸟

灰头绿啄木鸟

　　灰头绿啄木鸟喜欢独自或成对活动。食物以蚂蚁、小蠹虫、天牛幼虫等昆虫为主，也吃山葡萄、红松子等植物果实和种子。繁殖期为4 ~ 6月，每窝通常产卵8 ~ 11枚，卵呈卵圆形、乳白色，由雌雄亲鸟轮流孵卵。

◎ 形态特征：灰头绿啄木鸟雄鸟的嘴为灰黑色，头顶部为红色，枕部有黑纹，喉部为灰色；上体背部呈绿色，腰部和尾上覆羽均为黄绿色，胸部、腹部和两胁为灰绿色；尾大部分为黑色，脚为灰绿色或褐绿色。雌鸟与雄鸟相似，唯头顶及额部无红色斑块。

◎ 主要分布：欧亚大陆，东到乌苏里，南到喜马拉雅山、中南半岛等地。

头顶部呈红色

绿色的背部

灰黑色的嘴

灰绿色或褐绿色的脚

雄鸟

雌雄差异：羽色略有不同	是否迁徙：不迁徙	栖息地：低山阔叶林、混交林和次生林

■ 科名：啄木鸟科　　体重：0.12 ~ 0.13 千克　　别名：无

大黄冠啄木鸟

　　大黄冠啄木鸟喜欢独自或成对活动，飞行呈波浪式，多沿着树干攀缘和觅食，也到地上活动和觅食。食物以昆虫为主，有时也吃植物种子和浆果。繁殖期为4 ~ 6月，每窝通常产卵3 ~ 4枚，卵呈白色，雌雄亲鸟轮流孵卵。

◎ 形态特征：大黄冠啄木鸟雄鸟的嘴呈铅灰色，头顶和头侧呈暗橄榄褐色，枕冠为金黄色或橙黄色，喉部为柠檬黄色；前颈褐色沾绿，胸部为暗橄榄褐色；其余下体逐渐转为橄榄灰色，整个上体呈辉黄绿色；初级飞羽和尾羽均为黑褐色，脚为铅灰色沾绿。雌鸟与雄鸟相似，唯喉部呈栗色。

◎ 主要分布：喜马拉雅山脉、中国南部、东南亚及苏门答腊岛等地。

嘴呈铅灰色

喉部柠檬黄色

枕冠呈金黄色或橙黄色

黑褐色的尾羽

雄鸟

雌雄差异：羽色相似	是否迁徙：不迁徙	栖息地：中、低山常绿阔叶林

■ 科名：啄木鸟科　体重：0.23 ~ 0.24 千克　别名：无

大金背啄木鸟

雄鸟

嘴长而直

深红色的冠羽

黑色的眼后纹

橄榄色的背部

黑色的尾

　　大金背啄木鸟喜欢独自或成对活动，多在树上活动和觅食，有时到地上觅食蚂蚁和昆虫。食物以各种昆虫为主，也吃蠕虫和其他小型无脊椎动物。繁殖期为 3 ~ 5 月，每窝通常产卵 4 ~ 5 枚，卵呈白色。

➲ 形态特征：大金背啄木鸟雄鸟的头顶和冠羽为深红色，后颈和眉纹均为白色，嘴为石板灰色，长而直；白色喉部有五道狭形的黑色横斑，下体余部呈暗白色；背部、肩部和翅膀均为橄榄色，尾黑色，脚趾淡绿褐色。雌鸟头顶及冠羽呈黑色且有白色斑点，其余同雄鸟。

➲ 主要分布：印度、中国、菲律宾、大巽他群岛等地。

雌雄差异：羽色略有不同	是否迁徙：不迁徙	栖息地：低山和平原常绿阔叶林

■ 科名：啄木鸟科　体重：0.03 ~ 0.05 千克　别名：欧亚蚁䴕

蚁䴕

嘴直，细小

背部呈灰褐色，有黑色纵纹

棕黄色的喉部

　　蚁䴕除繁殖期成对以外，喜欢独自活动，多在地面觅食，行走时跳跃前进，飞行迅速而敏捷。一般在低矮的小树或灌丛上休息。食物以蚂蚁、蚂蚁卵和蛹为主。繁殖期为 5 ~ 7 月，每窝通常产卵 5 ~ 14 枚，卵呈卵圆形或长卵圆形、白色，雌雄亲鸟轮流孵卵。

➲ 形态特征：蚁䴕的头顶为污灰色，杂以黑褐色的细横斑，嘴直而细小；上体余部呈灰褐色，两翅沾棕色，均缀有褐色的虫蠹状斑；后颈到上背部有黑色的纵纹，颈部、喉部、前颈和胸部均为棕黄色；肩羽有黑色的纵纹，尾羽有黑色的横斑。

➲ 主要分布：东亚、东南亚、南亚、西亚、北亚、北非和欧洲东南部等地区。

雌雄差异：羽色相似	是否迁徙：迁徙	栖息地：丘陵、平原上的阔叶林

赤胸拟啄木鸟

　　赤胸拟啄木鸟除繁殖期外常独自活动，飞行快速，一般独居，有时会结小群活动，叫声变化多样。它们主要以榕果、无花果、浆果为主食。繁殖期为 3 ~ 5 月，每窝通常产卵 2 ~ 4 枚，卵呈白色，雌雄亲鸟轮流孵卵。

◎ 形态特征：赤胸拟啄木鸟的嘴为黑色，头须前部为朱红色，眼上和眼下均有亮黄色块斑，头顶后部、后颈和颈侧均为暗绿色或石板绿色；背部、肩部、腰部和尾上覆羽均为橄榄绿色，缀以黄色；喉部呈亮黄色，胸部有朱红色的半月形斑，其余下体呈淡黄白色，脚趾为珊瑚红色。

◎ 主要分布：巴基斯坦至中国南部，菲律宾、苏门答腊、爪哇及巴厘岛等地。

眼上、眼下均有亮黄色的块斑

黑色的嘴

胸部有朱红色的半月形斑

脚趾呈珊瑚红色

雌雄差异：羽色相似	是否迁徙：不迁徙	栖息地：开阔的林地、园林、城镇

蓝喉拟啄木鸟

　　蓝喉拟啄木鸟喜欢独自或结成对活动，也结成小群觅食。食物以榕树和其他树木的果实、种子和花等植物性食物为主，也吃昆虫和其他食物。繁殖期为 4 ~ 6 月，每窝通常产卵 3 ~ 4 枚，卵呈白色，雌雄亲鸟轮流孵卵。

◎ 形态特征：蓝喉拟啄木鸟的前额至头顶呈鲜红色，黑色横带将这红色分为前后两块；嘴角为褐色或绿色，先端近黑色，基部为淡黄色；头侧和喉部均为蓝色；上体为草绿色，下体为淡黄绿色；尾羽为深草绿色，脚和趾呈灰绿色或黄绿色。

◎ 主要分布：中国、印度、缅甸、泰国、老挝、越南和印度尼西亚等地。

前额至头顶呈鲜红色

草绿色的背部

嘴先端近黑色

尾羽呈深草绿色

灰绿色或黄绿色的脚

雌雄差异：羽色相似	是否迁徙：不迁徙	栖息地：丘陵和平原地带的常绿阔叶林

科名：须䴕科　　体重：0.15 ~ 0.23 千克　　别名：无

大拟啄木鸟

　　大拟啄木鸟喜欢独自或结成对活动，有时在食物较多的地方会结成小群，经常在高树的顶部休息。食物以马桑、五加科植物以及其他植物的花、果实和种子为主。繁殖期为 4 ~ 8 月，每窝通常产卵 2 ~ 5 枚，卵呈卵圆形、白色，由雌雄亲鸟轮流孵卵。

○ 形态特征：大拟啄木鸟的嘴大而粗厚，呈象牙色或淡黄色；头部、颈部为蓝色或蓝绿色，背部、肩部呈暗绿褐色，其余上体草绿色；下背、腰部、尾上覆羽和尾羽均为亮草绿色，上胸部为暗褐色；腹部为淡黄色，脚呈铅褐色或绿褐色。

○ 主要分布：喜马拉雅山地区国家，中国、缅甸、泰国，中南半岛等地。

嘴大而粗厚

头部呈蓝色或蓝绿色

暗绿褐色的背部

脚为铅褐色或绿褐色

雌雄差异：羽色相似	是否迁徙：不迁徙	栖息地：常绿阔叶林、针阔叶混交林

科名：杜鹃科　　体重：0.023 ~ 0.035 千克　　别名：八声喀咕、哀鹃、雨鹃

八声杜鹃

　　八声杜鹃喜欢独自或成对活动；繁殖期喜鸣叫，阴雨天鸣叫尤其频繁。食物以昆虫为主。卵多呈青蓝色或白色，有锈红色或血色斑点，自己不筑窝和孵卵，通常将卵产在其他鸟的巢中。

○ 形态特征：八声杜鹃体长 21 ~ 25 厘米，嘴形侧扁。雄鸟的头部、颈和上胸呈灰色，背至尾上覆羽呈暗灰褐色；肩和两翅表面为褐色，淡黑色的尾有白色的端斑，胸部以下呈淡棕栗色；上下体均无横斑，尾下覆羽为黑色，脚为黄色。雌鸟羽色较单一，通体灰黑色与栗色相间。

○ 主要分布：孟加拉国、文莱、中国、印度、马来西亚、缅甸、新加坡、泰国、越南等地。

颈部为灰色

背部呈暗灰褐色

黄色的脚

雄鸟

雌雄差异：羽色不同	是否迁徙：迁徙	栖息地：低山丘陵、草坡、山麓平原

■ 科名：杜鹃科   体重：0.1 ~ 0.15 千克   别名：灰毛鸡、大绿嘴地鹃

绿嘴地鹃

眼周裸区为红色

绿色的嘴

胸部呈淡棕灰色

尾特长

　　绿嘴地鹃飞行速度较快，一般单独或结成对活动，叫声柔和。食物以象甲、毛虫、蝗虫等昆虫为主，有时也吃植物果实和种子。繁殖期为3 ~ 7月，每窝通常产卵2 ~ 4枚，卵呈白色。

○ 形态特征：绿嘴地鹃嘴呈绿色，头顶至上背为淡绿灰色，头顶杂有黑色纵纹，眼周裸区呈红色；背中部、尾上覆羽呈暗金属绿色，其余上体、翅和尾为暗蓝绿色或暗绿色；颏至胸部为淡棕灰色，下胸、腹部和翅下覆羽为暗灰棕色，尾特长，脚为石板绿色。

○ 主要分布：中国、印度尼西亚、印度、马来西亚、缅甸、斯里兰卡等地。

| 雌雄差异：羽色相似 | 是否迁徙：不迁徙 | 栖息地：原始林、次生林、人工林 |

■ 科名：杜鹃科   体重：0.11 ~ 0.13 千克   别名：布谷、郭公、获谷

大杜鹃

黑褐色的嘴

前颈呈淡灰色

棕黄色的脚

　　大杜鹃生性孤独，喜欢单独活动，飞行快速而有力，繁殖期间常站在乔木顶枝上不停地鸣叫，有时晚上也鸣叫。食物以松毛虫、五毒蛾、蝗虫、蜂等为主。繁殖期为5 ~ 7月，大杜鹃将蛋卵产在大苇莺、麻雀等雀行目鸟类窝中，由它们完成孵卵和养育。

○ 形态特征：大杜鹃的额为浅灰褐色，头顶、枕至后颈为暗银灰色，嘴为黑褐色，下嘴基部近黄色；背部为暗灰色，腰部及尾上覆羽为蓝灰色，中央尾羽为黑褐色；下体颏、喉部、前颈、上胸以及头侧和颈侧均为淡灰色，其余下体呈白色，缀有黑暗褐色的细窄横斑；脚为棕黄色。

○ 主要分布：北极圈以外的欧洲、非洲、亚洲，包括中国等地。

| 雌雄差异：羽色相似 | 是否迁徙：迁徙 | 栖息地：山地、丘陵和平原地带的森林 |

■ 科名：杜鹃科　　体重：0.13 ~ 0.17 千克　　别名：大鹰鹃、鹰头杜鹃、子规

鹰鹃

　　鹰鹃喜欢单独活动，多在树顶部枝叶间隐藏，叫声响亮，飞行时快速拍翅。食物以昆虫为主，特别喜欢吃蝗虫、蚂蚁等。繁殖期为 4 ~ 7 月，每窝通常产卵 1 ~ 2 枚，卵呈橄榄灰色。鹰鹃喜欢将蛋卵产在钩嘴鹛、喜鹊等鸟窝中，由它们完成孵卵和养育。

● 形态特征：鹰鹃的嘴呈暗褐色，头部和颈侧为灰色，颏呈暗灰色至近黑色，上体和两翅表面呈淡灰褐色；喉部、胸部有栗色和暗灰色的纵纹，下胸和腹部有暗褐色的横斑，其余下体为白色；尾呈灰褐色，脚为橙色至黄色。

● 主要分布：印度、东南亚、印度尼西亚以及中国等地。

暗褐色的嘴

翅膀表面呈淡灰褐色

胸部有栗色和暗灰色纵纹

橙色至黄色的脚

雌雄差异：羽色相似	是否迁徙：部分迁徙	栖息地：山林、平原地带

■ 科名：杜鹃科　　体重：约 0.35 千克　　别名：嫂鸟、哥好雀、哥虎

噪鹃

　　噪鹃喜欢单独活动，经常在大树顶层茂盛的枝叶丛中隐蔽，白天或黑夜都会发出嘹亮的声音，一般只能听见鸣叫声，看不见它们的身影。食物以芭蕉、无花果等植物的果实、种子和昆虫为主。繁殖期为 3 ~ 8 月，一般会将蛋卵产在黑领椋鸟、喜鹊和红嘴蓝鹊的鸟窝中，由它们完成孵卵和养育。

● 形态特征：噪鹃体长为 39 ~ 46 厘米。雄鸟全身羽毛为蓝黑色，有蓝色光泽；下体沾绿色，虹膜为深红色，鸟喙为白色至土黄色或浅绿色，基部较灰暗；尾巴为蓝黑色，较长，脚为蓝灰色。

● 主要分布：孟加拉国、文莱、柬埔寨、中国、印度、马来西亚、缅甸、菲律宾、新加坡等地。

鸟喙为白色至土黄色

虹膜为深红色

胸部为蓝黑色

雄鸟

蓝灰色的脚

蓝黑色的尾巴

雌雄差异：羽色不同	是否迁徙：不迁徙	栖息地：山地、丘陵、红树林、次生林

科名：杜鹃科　**体重：**0.27 ~ 0.32 千克　**别名：**黑贼鸥

长尾贼鸥

长尾贼鸥喜欢单独或成对活动，游泳时头颈向上竖直，长尾也向上举起。食物以各种小动物、植物浆果等为主。繁殖期为 6 ~ 7 月，每窝通常产卵 2 枚，卵呈橄榄色或绿褐色、钝卵圆形，雌雄亲鸟轮流孵卵。

➲ 形态特征：淡色型长尾贼鸥的嘴为黑色，前额、头顶和后枕均为黑褐色，后颈为白色；整个上体呈灰褐色，下体呈白色，到腹部逐渐变暗；腹部和肛周以及尾下覆羽为淡灰褐色，尾呈黑色，中央一对尾羽特别长，脚为灰色或暗灰色。

➲ 主要分布：澳大利亚、埃及、俄罗斯、英国，北美洲、南美洲等地。

头顶呈黑褐色
白色的后颈
嘴呈黑色
胸部为白色

淡色型

雌雄差异：羽色相似	**是否迁徙：**迁徙	**栖息地：**北极附近苔原、海岸

科名：杜鹃科　**体重：**0.3 ~ 0.63 千克　**别名：**白腹贼鸥

短尾贼鸥

短尾贼鸥喜独自或结对活动，善飞行。主要以鱼为食，也吃甲壳类和软体动物；喜抢劫海鸥和其他海鸟的食物。繁殖期 6 ~ 7 月，每窝通常产卵 2 枚，卵呈褐色或橄榄绿色，雌雄亲鸟轮流孵卵。

➲ 形态特征：短尾贼鸥有两种色型：暗色型与淡色型。暗色型通体灰褐色至黑褐色；淡色型夏羽嘴黑色，额、头顶至枕黑褐色，颈部白色，前颈、胸和腹均白色，两胁灰褐色，尾羽黑褐色，脚黑色；淡色型冬羽脸、颈、两胁及尾通常有淡色或暗色斑纹。

➲ 主要分布：冰岛、日本、俄罗斯、巴西、加拿大、智利、古巴、墨西哥、秘鲁等地。

黑褐色的头顶
嘴呈黑色
颈部呈白色
白色的腹部

淡色型（夏羽）

雌雄差异：羽色相似	**是否迁徙：**迁徙	**栖息地：**北极苔原地带、沿海海面

索引